KUHMINSA

한 발 앞서나가는 출판사, 구민사

구민사 출간도서 中 수험서 분야

- 용접
- 자동차
- 조경/산림
- 품질경영
- 산업안전
- 전기
- 건축토목
- 실내건축
- 기술사
- 기계
- 금속
- 환경
- 보일러
- 가스
- 공조냉동
- 위험물

전국 도서판매처

- 일산남부서점
- 안산대동서적
- 대전계룡서점
- 대구북앤북스
- 대구하나도서
- 포항학원사
- 울산처용서림
- 창원그랜드문고
- 순천중앙서점
- 광주조은서림

www.kuhminsa.co.kr

자격증 시험 접수부터 자격증 수령까지!

필기 원서 접수
큐넷(www.q-net.or.kr)
필기 시험은 회원 가입 후 인터넷 접수만 가능
(사진 파일, 접수비(인터넷 결제) 필요)
응시자격 요건 반드시 확인

필기시험
입실 시간 미준수 시 시험 응시 불가
준비물 : 수험표, 신분증, 필기구 지참

필기 합격 확인
큐넷(www.q-net.or.kr)
사이트에서 확인

실기 원서 접수
큐넷(www.q-net.or.kr)
응시 자격 서류는 실기시험 접수기간(4일 내)에
제출해야만 접수 가능

KUHMINSA

전문가를 위한 첫걸음, 쿠민사는 그 이상을 봅니다!

실기 시험
필답형과 작업형으로 분류
원서 접수 시 선택한 장소와 시간에 맞게 시험을 봅니다.
준비물 : 수험표, 신분증, 필기구 지참

최종합격 확인
큐넷(www.q-net.or.kr)
사이트에서 확인

자격증 신청
인터넷으로 신청
(수첩형 자격증의 경우 내방신청 폐지 예정)

자격증 수령
상장형 자격증은 인터넷으로 합격자발표당일부터 발급 가능
수첩형 자격증은 인터넷 신청 후 우편수령만 가능(등기비용 발생)

Preface 머리말

1차(필기)에 통과하신 분들! 축하드립니다. 그러나, 끝이 아닙니다. 2차도 통과해야 "자격증"이 주어집니다. 마지막까지 유종의 미를 거둘 수 있기를 기원합니다.

모든 책이 마찬가지로 어떻게 하면 학생들을 쉽게 공부하게 하면서 합격의 문턱에 가깝게 갈 것인가에 대하여 고민하게 됩니다. 저자 역시 수많은 책과 씨름해본 경험이 이 책을 만들게 된 동기가 되었습니다.

일반 대입 수험서는 주변의 대학생에게 얼마든지 물어볼 수 있으나, 특히 자동차 정비에 관한 내용은 정비공장이나 카센타 사장님께 여쭤보아도 사업에 바쁘셔서 충분한 대답을 얻을 수 없었습니다. 물론 질문하기도 용기가 없기도 하였습니다. 용기도 없고 궁금은 하니 독학은 해야겠고…

예전에는 혼자 독학한다는 것이 매우 어려웠던 시절이었습니다. 도서관에 가도 조금만 늦으면 자리가 없었고, 혹여 들어가도 책을 찾느라 많은 시간을 허비하였습니다. 그나마 찾을 수 있으면 횡재였습니다. 요즘은 네이버 형님과 다음 언니가 다 알려주질 않는가요? 이 책은 그런 부분에서도 채울 수 없는 자동차 정비에 초점을 맞춰 자동차 정비를 배우는 사람들이 혼자서도 독학이 가능하도록 집필하였습니다.

본 자동차정비산업기사 실기 교재의 특징은

첫째, 자동차 실기시험에 필요한 부분을 단기간에 마스터할 수 있도록 각 안별로 간략하게 정리하였습니다.
 (1안~14안까지 체계적으로 구성하였습니다.)
둘째, 가능한 산업인력공단 출제기준에 맞춰 구성하도록 하였습니다.
셋째, 단원별 설명과 문제해설을 통해 충분히 습득하도록 하였습니다.
넷째, 모든 지면은 컬러 인쇄를 하여 시인성이 좋게 구성하였습니다.

책을 집필한다는 것이, 감히 어려운 일이건만 조금이나마 다른 교재와 달리 한 글자라도 쉽게 전달해 줄 수만 있다면 하는 바램으로 시작하였습니다. 내용 중에는 많은 오류가 있을진대 독자 여러분의 정 넘치는 관심으로 지적해주길 바라면서 자동차를 공부하기 위해 이 책을 선택한 모든 독자들에게서 자동차를 혼자 공부하기에 너무 쉬웠다는 자랑을 하는 상상을 하면서 이 책을 여러분에게 부탁합니다.

또한 이 책의 출판을 위해 적극적으로 도움주신 도서출판 구민사 조규백 대표님과 직원 여러분께 깊은 감사를 드립니다.

저자

Construct 이 책의 구성 및 특징

1 핵심 요약 정리

실기시험에 필요한 부분을 단기간 안에 마스터할 수 있도록 각 안별로 간략하게 정리하였습니다. 단원별 설명과 문제해설을 통해 충분히 습득할 수 있도록 하였고, 모든 지면은 풀컬러 인쇄로 시인성이 좋게 구성하였습니다.

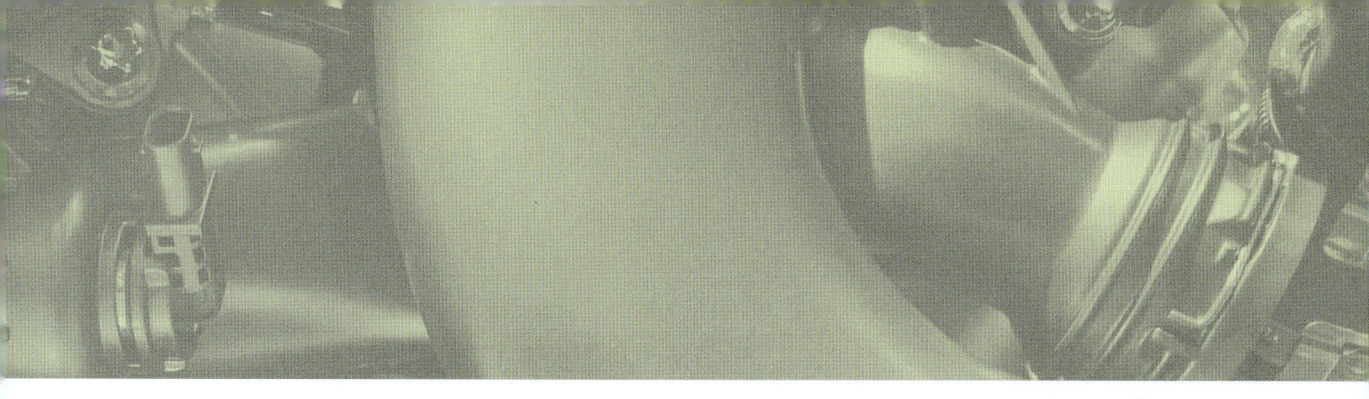

2 실기시험문제 수록

부록으로 실기시험문제 1~14안을 수록하여 실전시험에 대비하였습니다.

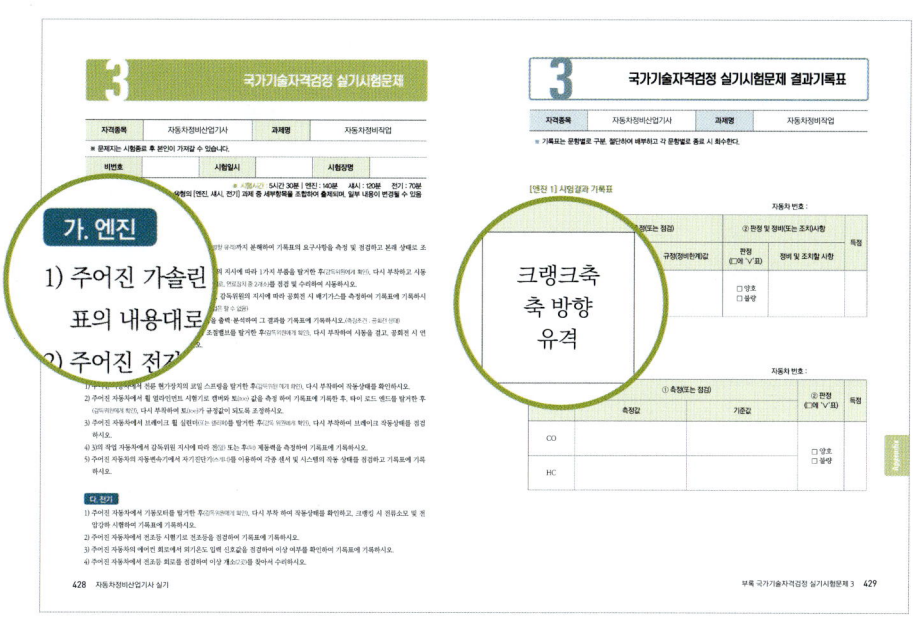

국가기술자격검정 실기시험문제

가. 엔진

1. 엔진 분해, 조립   4
   1-1. 엔진 분해, 조립   4
   1-2. 크랭크축 메인저널 오일간극 측정   21
2. 전자제어 엔진 시동   25
3. 공회전속도 점검   28
   3-1. 공회전속도 점검   28
   3-2. 배기가스 측정   30
4. 맵 센서 파형(Hi-DS) 출력 분석   33
5. 인젝터 탈, 부착 및 점검   37
   5-1. 인젝터 탈, 부착   37
   5-2. 연료 압력 측정   40

나. 섀시

1. 전륜 쇽업소버 및 스프링 탈, 부착   43
   1-1. 전륜 쇽업소버 탈, 부착   43
   1-2. 쇽업소버 스프링 탈, 부착   45
2. 백래시, 런 아웃 측정   49
3. ABS 브레이크 패드 탈, 부착   52
4. 제동력 측정   54
5. 자동변속기 점검   59

다. 전기

1. 기동모터 탈, 부착 및 점검   62
   1-1. 기동모터 탈, 부착   62
   1-2. 크랭킹 시 전류 소모, 전압 강하 시험   65
2. 전조등 점검   68
3. 감광식 룸램프 ETACS(또는 ISU) 출력전압 측정   72
4. 와이퍼 회로 수리   77

Contents
목차

국가기술자격검정 실기시험문제 2

가. 엔진

1. 엔진 분해, 조립   82
   - 1-1. 엔진 분해, 조립   82
   - 1-2. 캠축 휨 측정   83
2. 전자제어 엔진 시동   84
3. 공회전속도 점검   84
   - 3-1. 공회전속도 점검   84
   - 3-2. 인젝터 파형 분석   85
4. 맵 센서 파형(Hi-DS) 출력 분석   88
5. 연료 압력 센서 탈, 부착   89
   - 5-1. 연료 압력 센서 탈, 부착   89
   - 5-1. 디젤 매연 측정   91

나. 섀시

1. 후륜 쇽업소버 및 스프링 탈, 부착   96
   - 1-1. 후륜 쇽업소버 탈, 부착   96
   - 1-2. 쇽업소버 스프링 탈, 부착   98
2. 최소 회전반경 측정   98
3. ABS 브레이크 패드 탈, 부착   101
4. 제동력 측정   101
5. VDC, ECS, TCS 점검   102

다. 전기

1. 발전기 탈, 부착 및 점검   105
   - 1-1. 발전기 탈, 부착   105
   - 1-2. 발전기 충전 전류, 전압 측정   109
2. 전조등 점검   110
3. 센트롤 도어 록킹 스위치 입력신호 점검   111
4. 에어컨 회로 수리   115

국가기술자격검정 실기시험문제 3

가. 엔진

1. 엔진 분해, 조립   122
   - 1-1. 엔진 분해, 조립   122
   - 1-2. 크랭크축 축 방향 유격 측정   123
2. 전자제어 엔진 시동   125
3. 공회전속도 점검 및   125
   - 3-1. 공회전속도 점검   125
   - 3-2. 배기가스 측정   125
4. 산소 센서 파형 출력 분석   126
5. 연료 압력 조절 밸브 탈, 부착   130
   - 5-1. 연료 압력 조절 밸브 탈, 부착   130
   - 5-2. 연료 압력 측정   131

나. 섀시

1. 코일 스프링 탈, 부착   132
2. 캠버, 토(toe) 측정 및 조정   132
   - 2-1. 캠버, 토(toe) 측정   132
   - 2-2. 타이로드 엔드 탈, 부착 후 조정   138
3. 브레이크 휠 실린더(캘리퍼) 탈, 부착   142
4. 제동력 측정   144
5. 자동변속기 점검   144

다. 전기

1. 기동모터 탈, 부착 및 점검   145
   - 1-1. 기동모터 탈, 부착   145
   - 1-2. 크랭킹 시 전류 소모, 전압 강하 시험   145
2. 전조등 점검   145
3. 에어컨 외기온도 입력 신호값 점검   146
4. 전조등 회로 수리   148

국가기술자격검정 실기시험문제 4

가. 엔진

1. 엔진 분해, 조립 — 152
   - 1-1. 엔진 분해, 조립 — 152
   - 1-2. 피스톤링 엔드 갭 측정 — 153
2. 전자제어 엔진 시동 — 155
3. 공회전속도 점검 — 155
   - 3-1. 공회전속도 점검 — 155
   - 3-2. 인젝터 파형 분석 — 155
4. 스텝모터(또는 ISA) 파형 출력, 분석 — 156
5. 연료 압력 센서 탈, 부착 및 점검 — 160
   - 5-1. 연료 압력 센서 탈, 부착 — 160
   - 5-2. 디젤 매연 측정 — 160

나. 섀시

1. CV 조인트 탈, 부착 및 부트 교환 — 161
   - 1-1. CV 조인트 탈, 부착 — 161
   - 1-2. 부트 교환 — 162
2. 셋백(setback), 토(toe) 측정 및 조정 — 165
   - 2-1. 셋백(setback), 토(toe) 측정 — 165
   - 2-2. 타이로드 엔드 탈, 부착 후 조정 — 171
3. 브레이크 슈 및 단품 슈 탈, 부착 — 172
   - 3-1. 브레이크 슈 탈, 부착 — 172
   - 3-2. 단품 슈 탈, 부착 — 177
4. 제동력 측정 — 180
5. VDC, ECS, TCS 점검 — 180

다. 전기

1. 발전기 분해, 조립 및 점검 — 181
   - 1-1. 발전기 분해, 조립 — 181
   - 1-2. 다이오드, 로터 코일 점검 — 183
2. 전조등 점검 — 185
3. 열선 스위치 ETACS(또는 ISU) 입력전압 측정 — 186
4. 파워 윈도우 회로 수리 — 189

국가기술자격검정 실기시험문제 5

가. 엔진

1. 엔진 분해, 조립 — 194
   - 1-1. 엔진 분해, 조립 — 194
   - 1-2. 오일펌프 사이드 간극 측정 — 195
2. 전자제어 엔진 시동 — 197
3. 공회전속도 점검 — 197
   - 3-1. 공회전속도 점검 — 197
   - 3-2. 배기가스 측정 — 197
4. 점화 1차 파형 출력 분석 — 198
5. 연료 압력 센서 탈, 부착 및 점검 — 207
   - 5-1. 연료 압력 센서 탈, 부착 — 207
   - 5-2. 인젝터 리턴(백리크)량 측정 — 207

나. 섀시

1. 클러치 마스터 실린더 탈, 부착 — 212
2. 캐스터, 토(toe) 측정 및 타이 로드 엔드 교환 — 215
   - 2-1. 캐스터, 토(toe) 측정 — 215
   - 2-2. 타이 로드 엔드 교환 — 220
3. 후륜 휠 실린더 탈, 부착 — 221
4. 제동력 측정 — 226
5. 자동변속기 점검 — 226

다. 전기

1. 에어컨 벨트 및 블로워 모터 탈, 부착 및 점검 — 227
   - 1-1. 에어컨 벨트 탈, 부착 — 227
   - 1-2. 블로워 모터 탈, 부착 — 230
   - 1-3. 에어컨 압력 측정 — 232
2. 전조등 점검 — 234
3. 와이퍼 간헐시간 조정스위치 ETACS(또는 ISU) 입력전압 측정 — 235
4. 미등 및 제동등 회로 수리 — 239

국가기술자격검정 실기시험문제 6

가. 엔진

1. 엔진 분해, 조립 — 246
   - 1-1. 엔진 분해, 조립 — 246
   - 1-2. 캠축 양정 측정 — 247
2. 전자제어 엔진 시동 — 249
3. 공회전속도 점검 — 249
   - 3-1. 공회전속도 점검 — 249
   - 3-2. 연료 압력 측정 — 250
4. 점화 1차 파형 출력 분석 — 251
5. 연료 압력 조절 밸브 탈, 부착 및 점검 — 251
   - 5-1. 연료 압력 조절 밸브 탈, 부착 — 251
   - 5-2. 디젤 매연 측정 — 251

나. 섀시

1. 변속조절 솔레노이드 밸브, 오일 펌프 및 필터 탈, 부착 — 252
2. 자유간극, 높이 측정 — 255
3. 브레이크 캘리퍼 탈, 부착 — 257
4. 제동력 측정 — 257
5. VDC, ECS, TCS 점검 — 257

다. 전기

1. 기동모터 분해, 조립 및 점검 — 258
   - 1-1. 기동모터 분해, 조립 — 258
   - 1-2. 전기자 코일과 솔레노이드 풀 인, 홀드 인 시험 — 261
2. 전조등 점검 — 264
3. 점화 키 홀 조명(ETACS 또는 ISU) 출력전압 측정 — 265
4. 경음기 회로 수리 — 268

국가기술자격검정 실기시험문제 7

가. 엔진

1. 엔진 분해, 조립 — 272
   - 1-1. 엔진 분해, 조립 — 272
   - 1-2. 실린더 헤드 변형도 측정 — 273
2. 전자제어 엔진 시동 — 275
3. 공회전속도 점검 — 275
   - 3-1. 공회전속도 점검 — 275
   - 3-2. 배기가스 측정 — 275
4. 흡입공기 유량센서 파형 출력 분석 — 276
5. 연료 압력 조절 밸브 탈, 부착 및 점검 — 279
   - 5-1. 연료 압력 조절 밸브 탈, 부착 — 279
   - 5-2. 인젝터 리턴(백리크)량 측정 — 279

나. 섀시

1. 클러치 어셈블리 탈, 부착 — 280
2. 최소 회전반경 측정 — 281
3. 브레이크 마스터 실린더 탈, 부착 — 282
4. 제동력 측정 — 284
5. 자동변속기 점검 — 284

다. 전기

1. 발전기 분해, 조립 및 점검 — 285
   - 1-1. 발전기 분해, 조립 — 285
   - 1-2. 다이오드, 브러시 점검 — 285
2. 전조등 점검 — 288
3. 에바포레이터(증발기) 온도 센서 출력값 측정 — 289
4. 방향지시등 회로 수리 — 292

국가기술자격검정 실기시험문제 8

가. 엔진

1. 엔진 분해, 조립 — 298
   - 1-1. 엔진 분해, 조립 — 298
   - 1-2. 실린더 마모량 측정 — 299
2. 전자제어 엔진 시동 — 301
3. 솔레노이드 밸브 점검 — 302
4. 점화 1차 파형 출력, 분석 — 304
5. 인젝터 탈, 부착 및 점검 — 304
   - 5-1. 인젝터 탈, 부착 — 304
   - 5-2. 디젤 매연 측정 — 304

나. 섀시

1. 파워 스티어링 오일펌프, 벨트 교환 — 305
2. 링 기어 백래시, 런 아웃 측정 — 308
3. 주차 브레이크 레버 및 브레이크 슈 탈, 부착 — 308
   - 3-1. 주차 브레이크 레버 탈, 부착 — 308
   - 3-2. 브레이크 슈 탈, 부착 — 310
4. 제동력 측정 — 311
5. VDC, ECS, TCS 점검 — 311

다. 전기

1. 와이퍼 모터 탈, 부착 및 점검 — 312
   - 1-1. 와이퍼 모터 탈, 부착 — 312
   - 1-2. 와이퍼 모터 소모 전류 측정 — 314
2. 전조등 점검 — 315
3. 에어컨 외기온도 입력 신호값 점검 — 316
4. 미등 및 번호등 회로 수리 — 318

국가기술자격검정 실기시험문제 9

가. 엔진

1. 엔진 분해, 조립 — 324
   - 1-1. 엔진 분해, 조립 — 324
   - 1-2. 크랭크축 메인저널 마모량 측정 — 325
2-1. 전자제어 엔진 시동 — 326
3. 공회전속도 점검 — 327
   - 3-1. 공회전속도 점검 — 327
   - 3-2. 배기가스 측정 — 327
4. 스텝 모터 파형 측정 — 327
5. 연료 압력 센서 탈, 부착 및 점검 — 328
   - 5-1. 연료 압력 센서 탈, 부착 — 328
   - 5-2. 공회전속도 점검 — 328

나. 섀시

1. 파워 스티어링 오일펌프, 벨트 교환 — 329
2. 링 기어 백래시, 런 아웃 측정 — 329
3. 브레이크 캘리퍼 탈, 부착 — 329
4. 제동력 측정 — 330
5. 자동변속기 점검 — 330

다. 전기

1. 다기능 스위치 탈, 부착 및 점검 — 331
   - 1-1. 다기능 스위치 탈, 부착 — 331
   - 1-2. 경음기 음량 측정 — 333
2. 전조등 점검 — 336
3. 센트럴 도어 록킹 스위치 입력신호 점검 — 336
4. 와이퍼 회로 수리 — 336

국가기술자격검정 실기시험문제 10

가. 엔진

1. 엔진 분해, 조립 ... 340
    - 1-1. 엔진 분해, 조립 ... 340
    - 1-2. 크랭크축 축 방향 유격 측정 ... 340
2. 전자제어 엔진 시동 ... 341
3. 공회전속도 점검 ... 341
    - 3-1. 공회전속도 점검 ... 341
    - 3-2. 연료 압력 측정 ... 341
4. TDC 센서 파형 출력, 분석 ... 342
5. 인젝터 탈, 부착 및 점검 ... 346
    - 5-1. 인젝터 탈, 부착 ... 346
    - 5-2. 디젤 매연 측정 ... 346

나. 섀시

1. 허브 및 너클 탈, 부착 ... 347
2. 캠버, 토(toe) 측정 및 조정 ... 351
    - 2-1. 캠버, 토(toe) 측정 ... 351
    - 2-2. 타이 로드 엔드로 조정 ... 351
3. 브레이크 휠 실린더 탈, 부착 ... 351
4. 제동력 측정 ... 352
5. VDC, ECS, TCS 점검 ... 352

다. 전기

1. 윈도우 레귤레이터 탈, 부착 및 점검 ... 353
    - 1-1. 윈도우 레귤레이터 탈, 부착 ... 353
    - 1-2. 윈도우 모터 전류 소모 시험 ... 355
2. 전조등 점검 ... 357
3. ETACS(또는 ISU) 기본 입력 전압 측정 ... 358
4. 실내등 및 도어 오픈 경고등 회로 수리 ... 361

국가기술자격검정 실기시험문제 11

가. 엔진

1. 엔진 분해, 조립 ... 366
    - 1-1. 엔진 분해, 조립 ... 366
    - 1-2. 크랭크축 핀 저널 오일 간극 측정 ... 367
2. 전자제어 엔진 시동 ... 369
3. 공회전속도 점검 ... 370
    - 3-1. 공회전속도 점검 ... 370
    - 3-2. 인젝터 파형 측정 ... 370
4. 디젤 전자제어 인젝터 파형 출력, 분석 ... 374
5. 인젝터 탈, 부착 및 점검 ... 378
    - 5-1. 인젝터 탈, 부착 ... 378
    - 5-2. 디젤 매연 측정 ... 378

나. 섀시

1. 사이드 시임 및 스페이서 탈, 부착 ... 379
2. 셋백(setback), 토(toe) 측정 및 조정 ... 382
    - 2-1. 셋백(setback), 토(toe) 측정 ... 382
    - 2-2. 타이 로드 엔드로 조정 ... 382
3. 브레이크 캘리퍼 탈, 부착 ... 383
4. 제동력 측정 ... 383
5. 자동변속기 점검 ... 383

다. 전기

1. 에어컨 벨트 및 블로워 모터 탈, 부착 및 점검 ... 384
    - 1-1. 에어컨 벨트 탈, 부착 ... 384
    - 1-2. 블로워 모터 탈, 부착 ... 384
    - 1-3. 에어컨 압력 측정 ... 384
2. 전조등 점검 ... 385
3. 와이퍼 간헐시간 조정스위치 ETACS(또는 ISU) 입력전압 측정 ... 385
4. 파워 윈도우 회로 수리 ... 385

국가기술자격검정 실기시험문제 12

가. 엔진

1. 엔진 분해, 조립 — 388
   - 1-1. 엔진 분해, 조립 — 388
   - 1-2. 크랭크축 저널 오일 간극 측정 — 388
2. 전자제어 엔진 시동 — 389
3. 공회전속도 점검 — 389
   - 3-1. 공회전속도 점검 — 389
   - 3-2. 배기가스 측정 — 389
4. 점화 1차 파형 출력, 분석 — 390
5. 분사펌프 교환 및 점검 — 390
   - 5-1. 연료 압력 조절 밸브 탈, 부착 — 390
   - 5-2. 에어 빼기 작업 — 392
   - 5-3. 연료 압력 점검 — 393

나. 섀시

1. 쇽업소버 스프링 탈, 부착 — 394
2. 캐스터, 토(toe) 측정 및 타이 로드 엔드 교환 — 394
   - 2-1. 캐스터, 토(toe) 측정 — 394
   - 2-2. 타이 로드 엔드 교환 — 394
3. 브레이크 패드 탈, 부착 — 395
4. 제동력 측정 — 395
5. VDC, ECS, TCS 점검 — 395

다. 전기

1. 기동모터 탈, 부착 및 점검 — 396
   - 1-1. 기동모터 탈, 부착 — 396
   - 1-2. 크랭킹 시 전압 강하 시험 — 396
2. 전조등 점검 — 396
3. 열선 스위치 ETACS(또는 ISU) 입력전압 측정 — 397
4. 전조등 회로 수리 — 397

국가기술자격검정 실기시험문제 13

가. 엔진

1. 엔진 분해, 조립 — 400
   - 1-1. 엔진 분해, 조립 — 400
   - 1-2. 크랭크축 축방향 유격 측정 — 400
2. 전자제어 엔진 시동 — 401
3. 공회전속도 점검 — 401
   - 3-1. 공회전속도 점검 — 401
   - 3-2. 인젝터 파형 측정, 분석 — 401
4. 맵 센서 파형 출력, 분석 — 402
5. 연료 압력 센서 탈, 부착 및 점검 — 402
   - 5-1. 연료 압력 센서 탈, 부착 — 402
   - 5-2. 디젤 매연 측정 — 402

나. 섀시

1. 코일 스프링 탈, 부착 — 403
2. 페달 자유간극 측정 및 조정 — 403
3. 브레이크 휠 실린더 탈, 부착 — 404
4. 제동력 측정 — 404
5. 자동변속기 점검 — 404

다. 전기

1. 발전기 분해, 조립 및 점검 — 405
   - 1-1. 발전기 분해, 조립 — 405
   - 1-2. 다이오드 및 로터 코일 점검 — 405
2. 전조등 점검 — 405
3. 열선 스위치 ETACS(또는 ISU) 입력전압 측정 — 406
4. 방향지시등 회로 수리 — 406

국가기술자격검정 실기시험문제 14

가. 엔진

1. 엔진 분해, 조립   410
   - 1-1. 엔진 분해, 조립   410
   - 1-2. 캠축 휨 측정   410
2. 전자제어 엔진 시동   411
3. 공회전속도 점검   411
   - 3-1. 공회전속도 점검   411
   - 3-2. 배기가스 측정   411
4. 산소 센서 파형 출력, 분석   412
5. 연료 압력 조절 밸브 탈, 부착 및 점검   412
   - 5-1. 연료 압력 조절 밸브 탈, 부착   412
   - 5-2. 연료 압력 측정   412

나. 섀시

1. 드라이브 액슬 축 탈, 부착   413
2. 최소 회전반경 측정 및 조정   413
   - 2-1. 최소 회전반경 측정   413
   - 2-2. 타이 로드 엔드로 조정   413
3. 브레이크 라이닝 슈 및 패드 탈, 부착   414
4. 제동력 측정   414
5. VDC, ECS, TCS 점검   414

다. 전기

1. 기동모터 탈, 부착 및 점검   415
   - 1-1. 기동모터 탈, 부착   415
   - 1-2. 크랭킹 시 전류 소모 및 전압 강하 시험   415
2. 전조등 점검   415
3. 와이퍼 간헐시간 조정스위치 ETACS (또는 ISU) 입력전압 측정   416
4. 미등 및 제동등 회로 수리   416

Appendix 부록

자동차정비산업기사 실기시험 공개문제표		420	국가기술자격검정 실기시험문제 8	463
			국가기술자격검정 실기시험문제 결과기록표 8	464
국가기술자격검정 실기시험문제 1		421		
국가기술자격검정 실기시험문제 결과기록표 1		422	국가기술자격검정 실기시험문제 9	469
			국가기술자격검정 실기시험문제 결과기록표 9	470
국가기술자격검정 실기시험문제 2		427		
국가기술자격검정 실기시험문제 결과기록표 2		428	국가기술자격검정 실기시험문제 10	475
			국가기술자격검정 실기시험문제 결과기록표 10	476
국가기술자격검정 실기시험문제 3		433		
국가기술자격검정 실기시험문제 결과기록표 3		434	국가기술자격검정 실기시험문제 11	481
			국가기술자격검정 실기시험문제 결과기록표 11	482
국가기술자격검정 실기시험문제 4		439		
국가기술자격검정 실기시험문제 결과기록표 4		440	국가기술자격검정 실기시험문제 12	487
			국가기술자격검정 실기시험문제 결과기록표 12	488
국가기술자격검정 실기시험문제 5		445		
국가기술자격검정 실기시험문제 결과기록표 5		446	국가기술자격검정 실기시험문제 13	493
			국가기술자격검정 실기시험문제 결과기록표 13	494
국가기술자격검정 실기시험문제 6		451		
국가기술자격검정 실기시험문제 결과기록표 6		452	국가기술자격검정 실기시험문제 14	499
			국가기술자격검정 실기시험문제 결과기록표 14	500
국가기술자격검정 실기시험문제 7		457		
국가기술자격검정 실기시험문제 결과기록표 7		458		

기존에는 1안~14안까지 수록되었으나 2016년부터 24안까지 추가 되었으며, 15안~24안까지의 내용은 새로운 안이 출제된 것이 아니라 1안~14안까지의 내용이 복합적(엔진, 섀시, 전기)으로 섞여 있습니다.
이에 1안~14안까지의 내용을 중점적으로 공부하시면 자동차정비산업기사 실기시험에 충분한 대비가 가능합니다.

Information 자동차정비산업기사 시험정보

구분	필기원서접수 (인터넷)	필기시험	필기합격 (예정자)발표	실기원서접수	실기시험	최종합격자 발표일
2025년 정기산업기사 1회	2025.01.13 ~ 2025.01.16	2025.02.27~ 2025.03.04	2025.03.12	2025.03.24~ 2025.03.27	2025.04.19 ~ 2025.05.09	1차 2025.06.05 2차 2025.06.13
2025년 정기산업기사 2회	2025.04.14 ~ 2025.04.17	2025.05.10~ 2025.05.30	2025.06.11	2025.06.23~ 2025.06.26	2025.07.19 ~ 2025.08.06	1차 2025.09.05 2차 2025.09.12
2025년 정기산업기사 3회	2025.07.21 ~ 2025.07.24	2025.08.09~ 2025.09.01	2025.09.10	2025.09.22~ 2025.09.25	2025.11.01 ~ 2025.11.21	1차 2025.12.05 2차 2025.12.24

1. 원서접수시간은 원서접수 첫날 10:00부터 마지막 날 18:00까지 임.
2. 필기시험 합격예정자 및 최종합격자 발표시간은 해당 발표일 09:00임.
3. 시험 일정은 종목별, 지역별로 상이할수 있음
   [접수 일정 전에 공지되는해당 회별 수험자 안내(Q-net 공지사항 게시)] 참조 필수

취득방법

① 시행처 : 한국산업인력공단
② 관련학과 : 대학 및 전문대학의 자동차과, 자동차공학 관련학과
③ 시험과목
   - 필기 : 1.자동차 엔진정비 2.자동차 섀시정비 3.자동차 전기·전자장치정비 4.친환경 자동차정비
   - 실기 : 자동차정비 작업
④ 검정방법
   - 필기 : 객관식 4지 택일형, 과목당 20문항(과목당 30분)
   - 실기 : 작업형(5시간 30분 정도, 100점)
⑤ 합격기준
   - 필기 : 100점을 만점으로 하여 과목당 40점 이상, 전과목 평균60점 이상
   - 실기 : 100점을 만점으로 하여 60점 이상

시험수수료

필기 : 19,400원
실기 : 58,200원

Standard 자동차정비산업기사 출제기준

직무분야	기계	중직무분야	자동차	자격종목	자동차정비산업기사	적용기간	2025.1.1 ~2027.12.31
직무내용	자동차의 엔진, 섀시, 전기·전자장치, 친환경 자동차 등의 결함이나 고장부위를 진단, 정비, 검사하고 관리하는 직무이다.							
수행준거	1. 각 네트워크 통신장치의 특성을 이해하고, 전자제어 모듈간의 원활한 통신을 위하여 통신과 관련된 배선 및 장치를 점검·진단 및 수리, 교환, 검사하는 능력이다. 2. 가솔린 전자제어장치의 엔진 컨트롤 모듈을 진단장비의 서비스데이터·관련 측정장비로 점검, 진단, 조정, 수리, 교환하는 능력이다. 3. 엔진 컨트롤 모듈에 입력되는 센서들과 출력되는 제어장치의 서비스 데이터를 점검·진단하여 조정, 수리, 교환하는 능력이다. 4. 진단장비의 서비스 데이터 및 배출가스수치를 상호 비교분석하여 엔진연소상태와 배출가스정화장치의 작동여부 및 촉매의 이상 유무를 점검, 조정, 교환, 수리하는 능력이다 5. 자동변속기의 오일 점검과 변속상태와 소음, 충격, 슬립 여부를 점검하고 액츄에이터의 작동 상태와 제어장치를 진단 및 측정 장비로 점검하여 문제의 부분을 조정, 수리 교환하는 능력이다. 6. 오일의 누유, 차체의 기울어짐, 차고와 승차감, 소음을 분석하여 문제의 부분을 수리, 교환할 수 있는 능력이다. 7. 각종 센서 및 입력 값과 규정 값을 상호 비교 분석하여 컨트롤 모듈의 정상작동 여부를 점검하여 에어펌프 및 스탭모터의 작동상태를 확인하여 누유 및 배선수리 및 부품을 교환하는 능력이다 8. 오일의 양과 상태, 누유, 압력, 소음, 벨트의 상태를 점검하고, 각종 센서의 입력값과 규정값을 상호비교 분석, 컨트롤 모듈의 정상작동 여부를 점검하여 센서 및 배선의 수리와 부품을 교환할 수 있으며, 작동 중 핸들링을 비교 분석하여 문제의 부분을 수리하는 능력이다. 9 전자제어식 제동장치 관련부품을 포함한 각종 센서의 데이터 값을 분석하여 컨트롤 모듈의 정상작동 여부, 공압식 에어라인의 압력을 점검하고 누설상태 및 작동상태에 따른 관련 부품을 수리 및 교환하는 능력이다. 10. 각종 편의장치의 정상적인 작동을 위하여 진단장비를 활용하여 전원 및 컨트롤 모듈을 점검?진단하고 규정값에 맞게 조정, 수리, 교환하는 능력이다. 11. 실내적정온도를 유지하기 위하여 흡입 및 토출압력을 측정하고 각 센서의 데이터값과 액추에이터의 작동 여부를 점검·진단 후 냉·난방장치를 수리, 교환, 검사하는 능력이다.							
실기검정방법	작업형				시험시간	5시간 30분 정도		

실기 과목명	주요항목	세부항목
자동차정비 실무	1. 네트워크통신장치 정비	1. 네트워크통신장치 점검·진단하기 2. 네트워크통신장치 수리하기 3. 네트워크통신장치 교환하기 4. 네트워크통신장치 검사하기
	2. 가솔린 전자제어 장치 정비	1. 가솔린 전자제어장치 점검·진단하기 2. 가솔린 전자제어장치 조정하기 3. 가솔린 전자제어장치 수리하기 4. 가솔린 전자제어장치 교환하기 5. 가솔린 전자제어장치 검사하기

실기 과목명	주요항목	세부항목
자동차정비 실무	3. 디젤전자제어 장치 정비	1. 디젤 전자제어장치 점검·진단하기 2. 디젤 전자제어장치 조정하기 3. 디젤 전자제어장치 수리하기 4. 디젤 전자제어장치 교환하기 5. 디젤 전자제어장치 검사하기
	4. 배출가스장치 정비	1. 배출가스장치 점검·진단하기 2. 배출가스장치 조정하기 3. 배출가스장치 수리하기 4. 배출가스장치 교환하기 5. 배출가스장치 검사하기
	5. 자동변속기 정비	1. 자동변속기 점검·진단하기 2. 자동변속기 조정하기 3. 자동변속기 수리하기 4. 자동변속기 교환하기 5. 자동변속기 검사하기
	6. 유압식 현가장치 정비	1. 유압식 현가장치 점검·진단하기 2. 유압식 현가장치 교환하기 3. 유압식 현가장치 검사하기
	7. 전자제어 현가 장치 정비	1. 전자제어 현가장치 점검·진단하기 2. 전자제어 현가장치 조정하기 3. 전자제어 현가장치 수리 하기 4. 전자제어 현가장치 교환하기 5. 전자제어 현가장치 검사하기
	8. 전자제어 조향 장치 정비	1. 전자제어 조향장치 점검·진단하기 2. 전자제어 조향장치 조정하기 3. 전자제어 조향장치 수리 하기 4. 전자제어 조향장치 교환하기 5. 전자제어 조향장치 검사하기
	9. 전자제어 제동 장치 정비	1. 전자제어 제동장치 점검·진단하기 2. 전자제어 제동장치 조정하기 3. 전자제어·제동장치 수리하기 4. 전자제어·제동장치 교환하기 5. 전자제어·제동장치 검사하기
	10. 편의장치 정비	1. 편의장치 점검?진단하기 2. 편의장치 조정하기 3. 편의장치 수리하기 4. 편의장치 교환하기 5. 편의장치 검사하기
	11. 냉·난방장치 정비	1. 냉·난방장치 점검?진단하기 2. 냉·난방장치 수리하기 3. 냉·난방장치 교환하기 4. 냉·난방장치 검사하기
	12. 하이브리드 고 전압장치 정비	1. 하이브리드 전기장치 점검·진단하기 2. 하이브리드 전기장치 수리하기 3. 하이브리드 전기장치 교환하기 4. 하이브리드 전기장치 검사하기
	13. 전기자동차정비	1. 전기자동차 고전압 배터리 정비하기 2. 전기자동차 전력통합제어장치 정비하기 3. 전기자동차 구동장치 정비하기 4. 전기자동차 편의·안전장치 정비하기
	14. 수소연료전지 차 정비	1. 수소 공급장치 정비하기 2. 수소 구동장치 정비하기

자동차정비산업기사 실기시험 공개문제

기존에는 1안~14안까지 수록되었으나 2016년부터 24안까지 추가 되었으며, 15안~24안까지의 내용이 새로운 것이 아니라 1안~14안까지의 내용이 복합적(엔진, 섀시, 전기)으로 섞여 있습니다. 이에 1안~14안까지의 내용을 중점적으로 공부하시면 자동차정비산업기사 실기시험에 충분히 대비가 가능합니다.

구분사		1	2	3	4	5	6	7	8	9	10	11	12	13	14
엔진	1	분해, 조립 /측정	엔진 분해, 조립 /메인저널 오일간극	엔진 분해, 조립 /점속 캡	엔진 분해, 조립 /크랭크축 축방향유격	엔진 분해, 조립 /피스톤링 엔드 캡	엔진 분해, 조립 /오일펌프 사이드 간극	엔진 분해, 조립 /캠축 양정	엔진 분해 /실린더 헤드 변형도	엔진 분해, 조립 /실린더 마모율	엔진 분해, 조립 /메인저널 오일간극	엔진 분해, 조립 /크랭크축 축방향유격	엔진 분해, 조립 /크랭크축 수리하여 시동	엔진 분해, 조립 /핀저널 오일간극	엔진 분해, 조립 /메인저널 오일간극	엔진 분해, 조립 /크랭크축 축방향유격	엔진 분해, 조립 /점속 캡
	2	시동					1개 부품 탈, 부착 /관련 부품 이상개소(시동되고, 점화회로, 연료장치) 중 2개소를 점검 및 수리하여 시동									
	3	측정	공회전속도, 배기가스 (CO, HC)	공회전속도, 인젝터 파형	공회전속도, 배기가스 (CO, HC)	공회전속도, 인젝터 파형	공회전속도, 배기가스 (CO, HC)	공회전속도, 연료 압력	공회전속도, 배기가스 (CO, HC)	퍼지 컨트롤 S/V	공회전속도, 배기가스 (CO, HC)	공회전속도, 연료 압력	공회전속도, 인젝터 파형	공회전속도, 배기가스 (CO, HC)	공회전속도, 인젝터 파형	공회전속도, 배기가스 (CO, HC)
	4	파형	맵 센서	맵 센서	산소 센서	스텝 모터	점화 1차	점화 1차	흡입공기 유량 센서	점화 1차	스텝 모터	TDC 센서	디젤 엔진 인젝터 파형	점화 1차	맵 센서	산소 센서
	5	탈, 부착 /측정	인젝터 /연료 압력	연료 압력 센서 /메인	연료 압력 조절 밸브 /연료 압력	연료 압력 센서 /메인	연료 압력 조절 밸브 /인젝터 리턴 (배리드)	연료 압력 조절 밸브 /인젝터 리턴 (배리드)	연료 압력 조절 밸브 /인젝터 리턴 (배리드)	인젝터 /메인	연료 압력 센서 /공회전속도	인젝터 /메인	인젝터 /메인	디젤 엔진 분사 펌프 /연료 압력	연료 압력 센서 /메인	연료 압력 조절 밸브 /연료 압력
섀시	1	탈, 부착 /측정	전륜 쇽업쇼바	후륜 쇽업쇼바 스프링	전륜 코일 스프링	CV 조인트 부트	클러치 마스터 실린더	A/T 시프트 S/V 오일펌프 및 밸브	클러치 어셈블리	파워 스티어링 오일펌프 및 벨트	파워 스티어링 오일펌프 및 벨트	전륜 허브 및 너클	사이드 슬립 및 스페어	속업쇼바 스프링	전륜 코일 스프링	CV 조인트 부트
	2	측정 /조정	배기시, 런아웃 /탱기어	최소 회전반경 /타이로드 엔드	캠버, 토 /타이로드 엔드	셋백, 토 /타이로드 엔드	캐스터, 토 /타이로드 엔드	페달 자유간극 /휠	최소 회전반경 /타이로드 엔드	배기시, 런아웃 /탱기어	배기시, 런아웃 /탱기어	캠버, 토 /타이로드 엔드	셋백, 토 /타이로드 엔드	캐스터, 토 /타이로드 엔드	페달 자유간극 /타이로드 엔드	최소 회전반경 /타이로드 엔드
	3	탈, 부착 /측정	브레이크 패드	브레이크 패드	브레이크 휠 실린더 (캘리퍼)	브레이크 라이닝 슈	브레이크 휠 실린더	브레이크 캘리퍼	브레이크 마스터 실린더	브레이크 베퍼	브레이크 캘리퍼	브레이크 휠 실린더	브레이크 캘리퍼	브레이크 패드	브레이크 휠 실린더	브레이크 라이닝 슈 및 패드
	4	측정								전 or 후 제동력 측정						
	5	이상내용	ABS	ABS	ABS	ABS	ABS	ABS	ABS	ABS	ABS	ABS	ABS	ABS	ABS	ABS
전기	1	탈, 부착 /측정	기동모터 /크랭킹 소모 전류 및 전압강하	발전기 /출력 전류 및 출력 전압	기동모터 /크랭킹 소모 전류 및 전압강하	발전기 /정류다이오드 및 로터 코일	에어컨 벨트 블로워 모터 /에어컨 압력	기동모터 (전기자 코일 솔레노이드 홀인 홀드 일)	발전기 (다이오드 및 브러시)	와이퍼 모터 /와이퍼 소모 전류	컴비네이션 스위치 /경음기 음량	파워 윈도우 레귤레이터 /모터 소모 전류	에어컨 벨트 블로워 모터 /에어컨 압력	기동모터 /크랭킹 소모 전류 및 전압강하	발전기 /정류다이오드 및 로터 코일	기동모터 /크랭킹 소모 전류 및 전압강하
	2	측정								전조등 광도, 광축, 광축						
	3	ETACS	감광식 룸램프	센트럴 도어 록킹 스위치	에어컨 외기온도	열선 스위치	와이퍼 간헐시간 조정스위치	점화 키 홀 조명	에어포켓레이터 온도 센서	에어컨 외기온도	센트럴 도어 록킹 스위치	편광장치 점원점검	와이퍼 간헐시간 조정스위치	열선 스위치	열선 스위치	와이퍼 간헐시간 조정스위치
	4	회로 수리 (2개소)	와이퍼	에어컨	전조등	파워 윈도우	미등 및 제동등	경음기	방향지시등	미등 및 번호등	와이퍼	실내등 및 도어 오픈 경고등	파워 윈도우	전조등	방향지시등	미등 및 제동등

자동차정비산업기사 실기

김승수 · 김형진 · 김영직

구민사

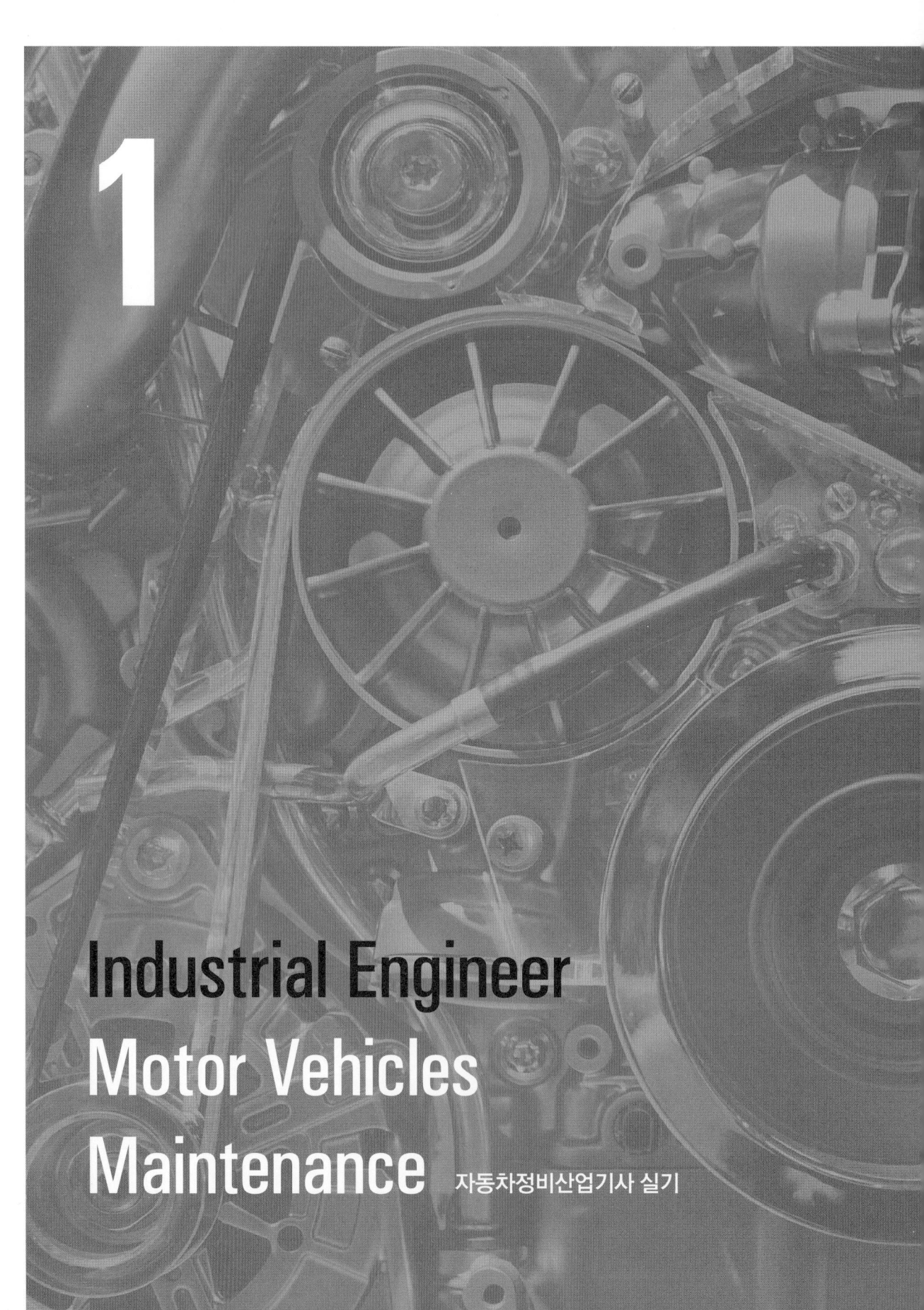

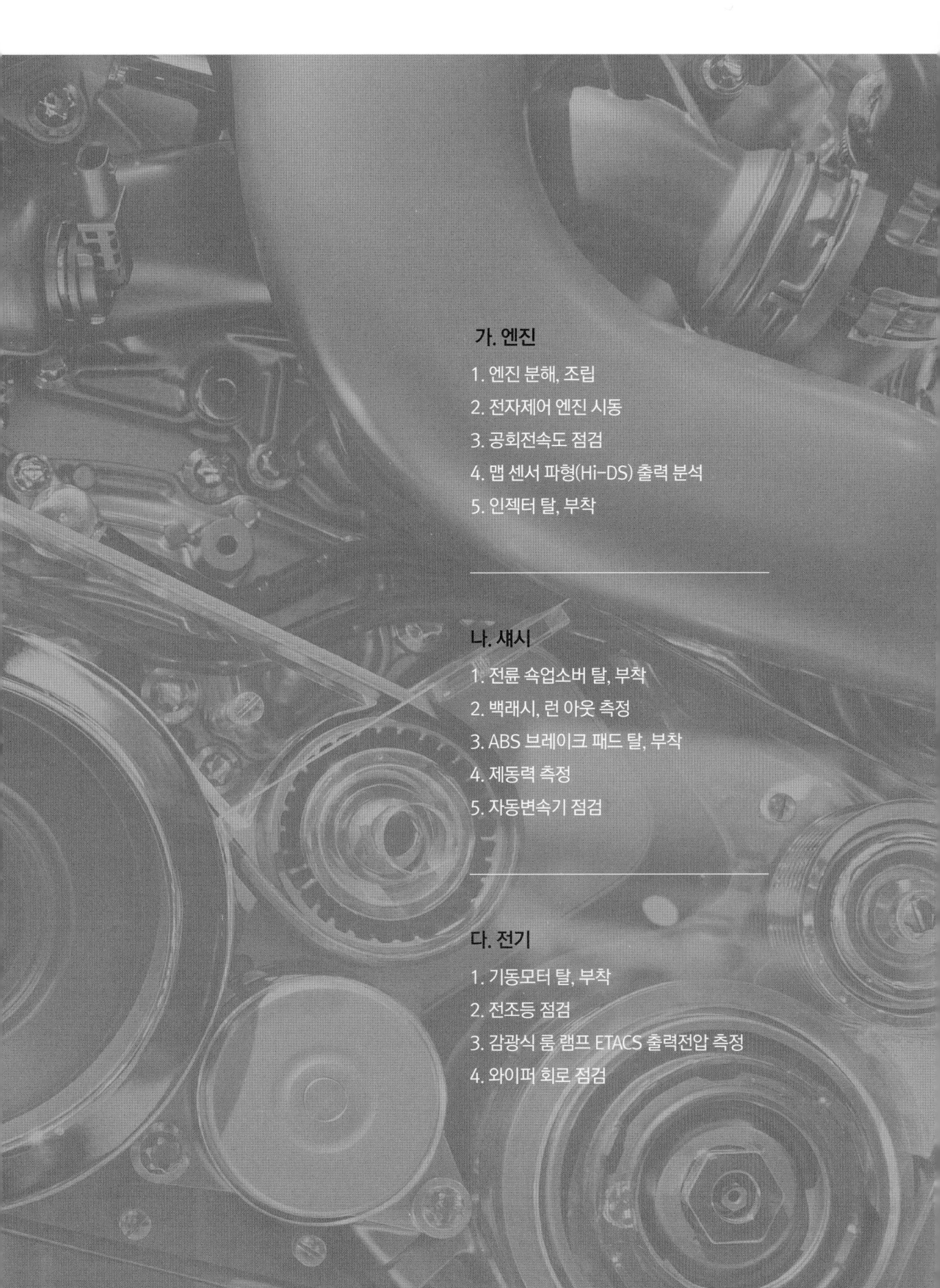

가. 엔진
1. 엔진 분해, 조립
2. 전자제어 엔진 시동
3. 공회전속도 점검
4. 맵 센서 파형(Hi-DS) 출력 분석
5. 인젝터 탈, 부착

나. 섀시
1. 전륜 쇽업소버 탈, 부착
2. 백래시, 런 아웃 측정
3. ABS 브레이크 패드 탈, 부착
4. 제동력 측정
5. 자동변속기 점검

다. 전기
1. 기동모터 탈, 부착
2. 전조등 점검
3. 감광식 룸 램프 ETACS 출력전압 측정
4. 와이퍼 회로 점검

자동차정비산업기사
국가기술자격검정 실기시험문제

자격종목	자동차정비산업기사	과제명	자동차정비작업

※ 문제지는 시험종료 후 본인이 가져갈 수 있습니다.

비번호		시험일시		시험장명	

※ 시험시간 : 5시간 30분 | 엔진 : 140분　샤시 : 120분　전기 : 70분

✓ 요구사항

가. 엔진　1. 주어진 엔진을 기록표의 측정항목(크랭크축 메인저널 오일간극)까지 분해하여 기록표의 요구사항을 측정 및 점검하고 본래 상태로 조립하시오.

1-1. 엔진 분해, 조립

1) 시험용 엔진의 흡기 다기관을 확인한다.

2) 흡기 다기관을 탈거한다.

3) 탈거한 흡기 다기관을 정렬한다.

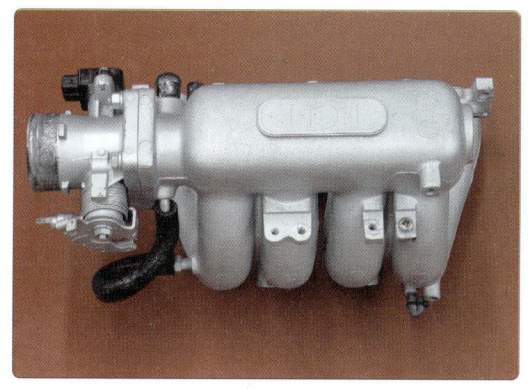

4) 배기 다기관 위치를 확인한다.

5) 배기 다기관을 탈거한다.

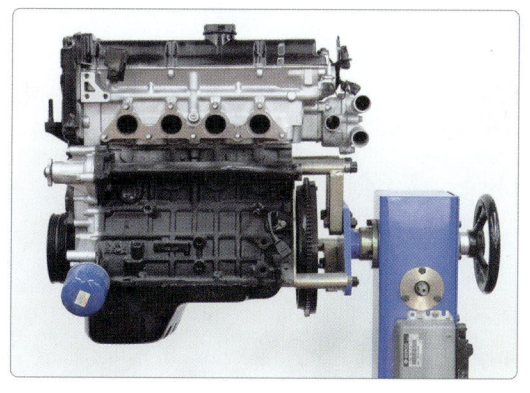

6) 탈거한 배기 다기관을 정렬한다.

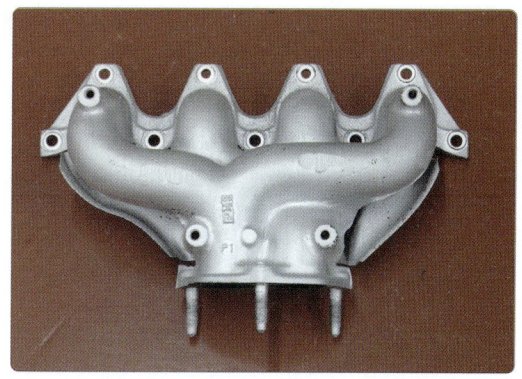

7) 크랭크축을 회전시켜 캠축 타이밍 마크를 정렬한다.

8) 크랭크축을 회전시켜 크랭크축 타이밍 마크를 정렬한다.

9) 타이밍 벨트 아이들 베어링을 확인한다.

10) 아이들 베어링과 타이밍 벨트를 탈거한다.

11) 탈거한 아이들 베어링을 정렬한다.

12) 탈거한 타이밍 벨트를 정렬한다

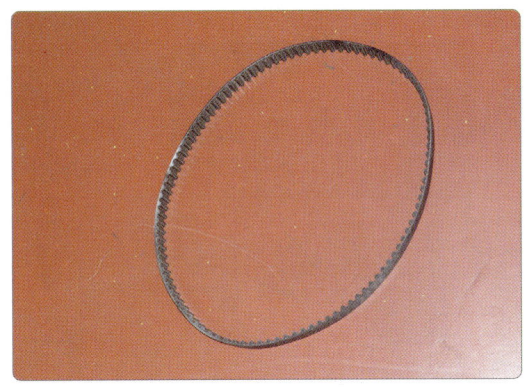

13) 텐션 베어링을 확인한다.

14) 텐션 베어링을 탈거한다.

15) 탈거한 텐션 베어링을 정렬한다.

16) 워터펌프를 확인한다.

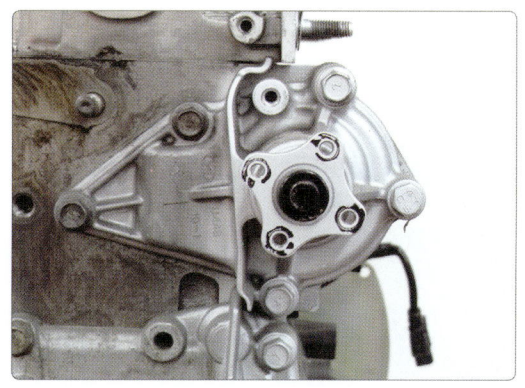

17) 워터펌프를 탈거한다.

18) 탈거한 워터펌프를 정렬한다

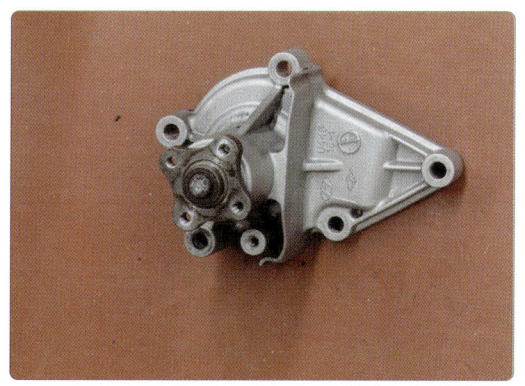

19) 크랭크축 벨트 풀리를 탈거한다.

20) 벨트 풀리와 키를 정렬한다.

21) 로커암 커버를 확인한다.

22) 로커암 커버를 탈거한다.

23) 로커암 커버를 정렬한다.

24) 흡, 배기 캠축을 확인한다.

25) 흡기 베어링 캡을 탈거 후 정렬한다.

26) 배기 베어링 캡을 탈거 후 정렬한다.

27) 흡, 배기 캠축을 탈거 후 정렬한다.

28) 바깥쪽에서 안쪽으로 헤드 볼트를 탈거한다.

29) 탈거한 헤드 볼트를 정렬한다.

30) 실린더 헤드를 탈거한다.

31) 실린더 헤드를 정렬한다.

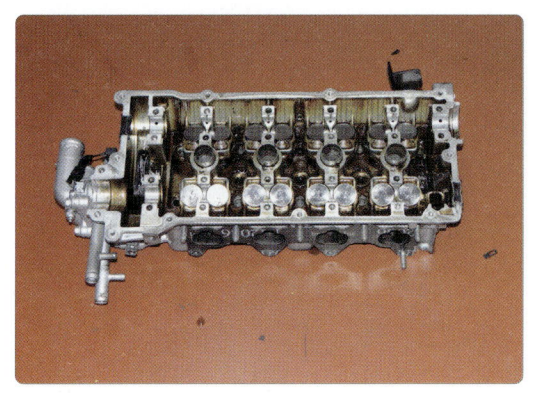

32) 헤드 가스켓을 탈거한다.

33) 오일 팬을 확인한다.

34) 오일 팬을 탈거한다.

35) 탈거한 오일 팬을 정렬한다.

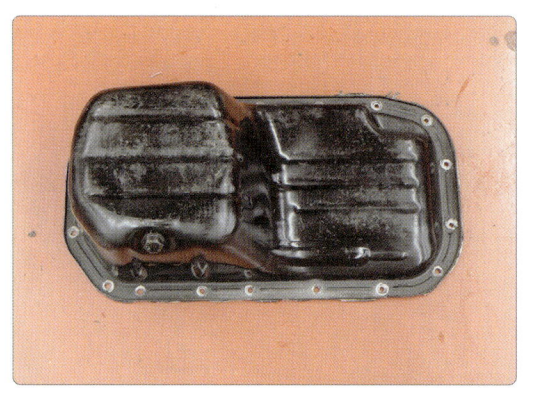

36) 오일 스트레이너를 확인한다.

37) 오일 스트레이너를 탈거한다.

38) 오일 스트레이너를 정렬한다.

39) 프런트 케이스를 확인한다.

40) 프런트 케이스를 탈거한다.

41) 프런트 케이스를 정렬한다.

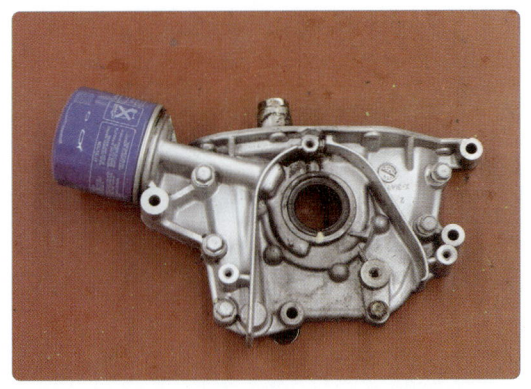

42) 1, 4번 커넥팅 로드를 12시 방향으로 돌린다.

43) 1, 4번 피스톤을 탈거한다.

44) 1, 4번 피스톤을 정렬한다.

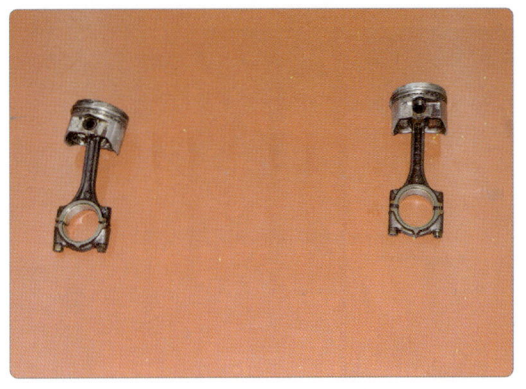

45) 2, 3번 커넥팅 로드를 12시 방향으로 돌린다.

46) 2, 3번 피스톤을 탈거한다.

47) 2, 3번 피스톤을 정렬한다.

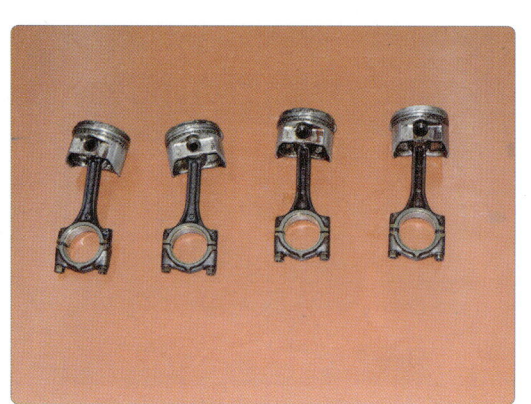

48) 크랭크축 리테이너를 확인한다.

49) 크랭크축 리테이너를 탈거한다.

50) 크랭크축 리테이너를 정렬한다.

51) 크랭크축 메인 베어링을 확인한다.

52) 1 → 5 → 2 → 4 → 3 순서로 베어링 캡을 탈거한다.

53) 크랭크축 메인 베어링 캡을 정렬한다.

54) 크랭크축을 확인한다.

55) 크랭크축을 탈거한다.

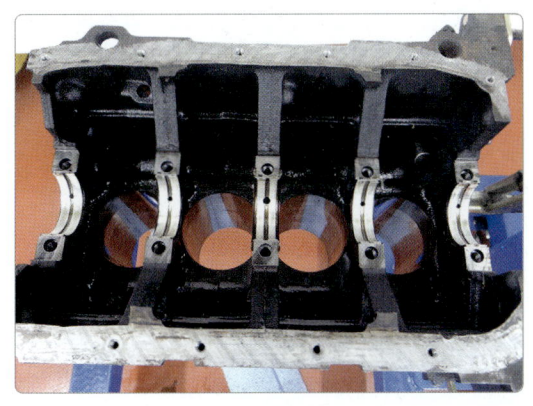

56) 크랭크축을 정렬 후 감독위원에게 확인을 받는다.

57) 크랭크축을 장착한다.

58) 3 → 2 → 4 → 1 → 5 순서로 베어링 캡을 장착한다.

59) 토크렌치를 사용하여 규정토크로 체결한다.
  (3 → 2 → 4 → 1 → 5)

60) 크랭크축 오일 실을 장착한다.

61) 1, 4번 핀 저널이 12시 방향으로 향하도록 크랭크축을 회전한다.

62) 엔진을 180° 회전시킨 후 밸브 노치가 흡기 방향(왼쪽)으로 향하도록 1번 피스톤을 장착한다.

63) 피스톤링 컴프레서로 피스톤링을 압축 후 밀어 넣는다.

64) 1번 베어링 노치를 확인한다.

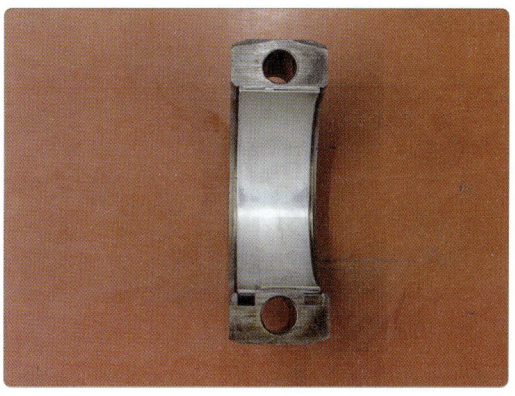

65) 커넥팅 로드쪽 베어링 노치를 확인한다.

66) 베어링 노치가 같은 방향으로 가도록 조립 후 규정토크로 체결한다.

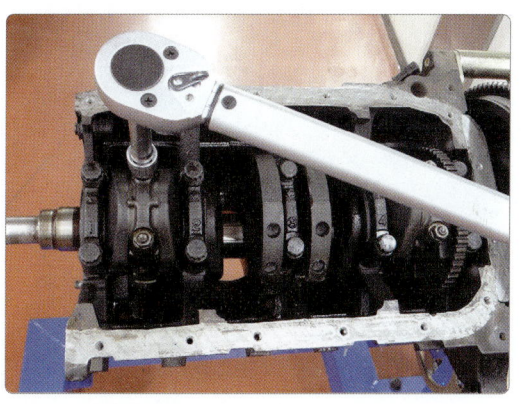

67) 크랭크 축을 돌려 가면서 1 → 4 → 2 → 3 순서로 피스톤을 장착한다.

68) 프런트 케이스를 장착한다.

69) 오일 스트레이너를 장착한다.

70) 오일 팬을 장착한다.

71) 실린더 헤드 가스켓을 장착한다.

72) 실린더 헤드 장착 후 중앙에서 바깥쪽으로 규정토크를 이용해 헤드 볼트를 체결한다.

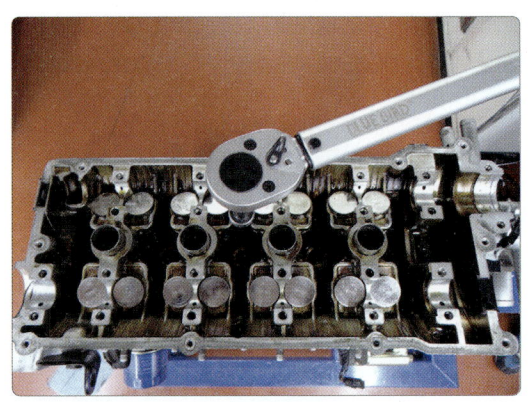

73) 검정색 체인 2조가 배기 캠축 방향으로, 1조가 흡기 방향으로 타이밍 체인을 조립한다.

74) 흡, 배기 캠축을 장착한다.

75) 배기 캠축 베어링을 번호(E2 → E3 → E1 → E4 → R → 리테이너 커버) 순서대로 장착한다.

76) 흡기 캠축 베어링을 번호 (I3 → I2 → I4 → I1 → L) 순서대로 장착한다.

77) 로커암 커버를 장착한다.

78) 아이들 베어링을 장착한다.

79) 텐션 베어링을 장착한다.

80) 스프링 위쪽을 거치 후 아래쪽을 드라이버를 이용하여 밀어 넣는다.

81) 타이밍 벨트를 베어링에 걸고 당긴 후 고정 볼트를 고정한다.

82) 드라이버를 사용하면 텐셔너가 손상되므로 절대금지

83) 크랭크축 타이밍 마크를 정렬한다.

84) 캠축 타이밍 마크 ①을 정렬한다.

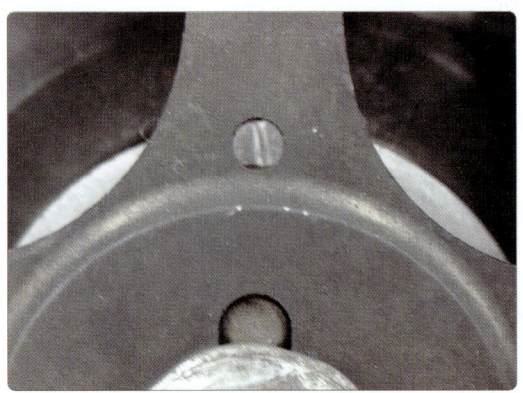

85) 타이밍 벨트를 크랭크축에서 우측 방향으로, 캠축에서는 벨트의 1/2만 풀리에 접촉되도록 장착한다.

86) 타이밍 벨트 1/2 장착 후 벨트를 밀어 넣는다.

87) 텐션 베어링 장력 조정 볼트를 좌측으로 1회전한다.(스프링 장력에 의해 벨트 텐션이 오른쪽으로 작동하는지 확인)

88) 타이밍 벨트에 장력을 주기 위해 크랭크축을 오른쪽으로 45° 회전시킨다.

89) 장력 조정 볼트를 규정토크로 체결한다.

90) 고정 볼트를 규정토크로 체결한다.

91) 크랭크축을 오른쪽으로 2회전한 후 타이밍 마크를 확인한다.

92) 배기 다기관을 장착한다.

93) 흡기 다기관을 장착 후 감독위원의 확인을 받는다.

1-2. 크랭크축 메인저널 오일간극 측정

1-2-1. 플라스틱 게이지 측정

1) 감독위원이 지정한 위치의 메인 베어링 캡을 탈거한다.

2) 플라스틱 게이지를 설치한다.

3) 메인 베어링 캡을 규정토크로 조립한다.

4) 메인 베어링 캡을 다시 탈거한다.

5) 플라스틱 게이지 포장지의 비교 눈금을 확장된 플라스틱 게이지와 비교한다.

6) 측정값 .076은 0.076mm이다.

1-2-2. 텔레스코핑 게이지와 마이크로미터 측정

1) 크랭크축을 탈거하고 메인 베어링 장착 후 규정토크로 조립한다.

2) 텔레스코핑 게이지를 감독위원이 지정한 메인 베어링에 90° 각도로 내경을 측정한다.

3) 측정한 텔레스코핑 게이지를 마이크로미터에 물려 측정값을 읽는다.

4) 내경 측정값은 57.04mm이다.

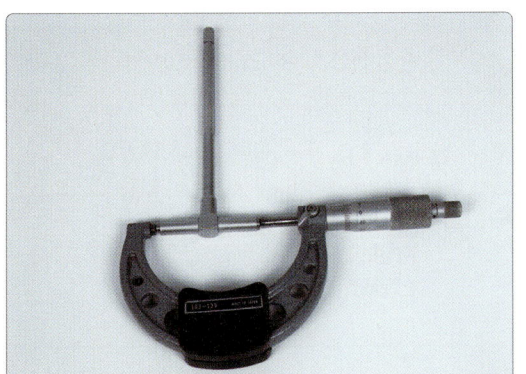
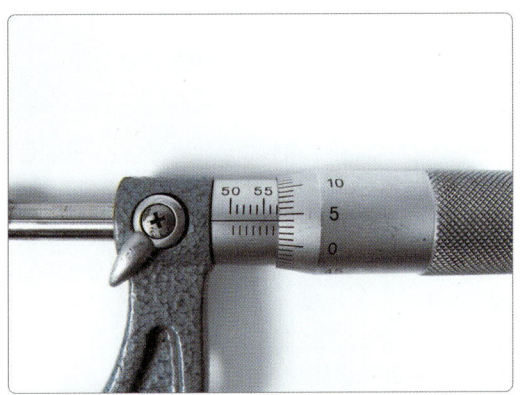

5) 크랭크축 외경을 측정한다.

6) 크랭크축 외경은 57.00mm이다.

7) 측정값은 메인 베어링 내경 - 크랭크축 외경 = 측정값
(57.04mm - 57.00mm = 0.04mm, 측정값은 0.04mm이다.)

1-2-3. 답안지 작성

1) 측정값 0.04mm를 답안지에 기입한다.
2) 규정값 0.02~0.06mm를 답안지에 기입한다.

[엔진 1] 시험결과 기록표

자동차 번호 :

항목	① 측정(또는 점검)		② 판정 및 정비(또는 조치)사항		득점
	측정값	규정(한계)값	판정 (□에 'V'표)	정비 및 조치할 사항	
크랭크축 메인저널 오일간극	0.04mm	0.02~0.06mm	☑ 양호 □ 불량	없음	

※ 감독위원이 지정하는 부위를 측정한다.

1-2-4. 판정 및 정비 조치사항

1) 측정값이 규정값 범위를 벗어나면 불량에 ☑ 표시 후 "크랭크축 메인 베어링 교환/재점검"으로 답안지를 작성한다.

2) 측정값이 규정값 범위 내에 있으므로 양호에 ☑ 표시 후 정비 및 조치사항에 "없음"으로 답안지를 작성한다.

| 가. 엔진 | 2. 주어진 자동차의 전자제어 엔진에서 감독위원의 지시에 따라 1가지 부품을 탈거한 후 (감독위원에게 확인), 다시 부착하고 시동에 필요한 관련 부분의 이상개소(시동회로, 점화회로, 연료장치 중 2개소)를 점검 및 수리하여 시동하시오. |

2-1. 전자제어 엔진 시동

2-1-1. 아반떼 시동용 엔진

1) 시동용 엔진을 확인한다.

2) 키 박스 커넥터를 점검한다.

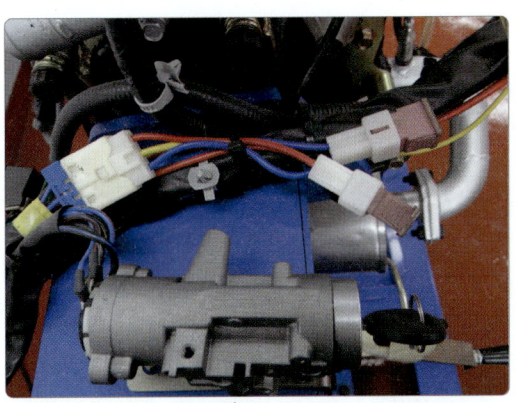

3) 기동전동기 ST 단자를 점검한다.

4) 연료펌프 커넥터를 점검한다.

5) 메인 퓨즈를 점검한다.

6) ECU 커넥터를 점검한다.

7) 메인 릴레이를 점검한다.

8) 크랭크각 센서 커넥터를 점검한다.

9) #1번 TDC 센서 커넥터를 점검한다.

10) ISC 밸브 커넥터를 점검한다.

11) TPS 커넥터를 점검한다.

12) MAP 센서 커넥터를 점검한다.

13) 점화 1차 코일 커넥터와 고압케이블을 점검한다.

14) 시동 준비가 되면 감독위원에게 확인 후 시동한다.

가. 엔진

3. 2의 시동된 엔진에서 공회전속도를 확인하고 감독위원의 지시에 따라 배기가스를 측정하여 기록표에 기록하시오.(단, 시동이 정상적으로 되지 않은 경우 본 항의 작업은 할 수 없음)

3-1. 공회전속도 점검

1) 차량 진단장비 하이스캔 전원을 연결 후 자기진단 커넥터를 연결하고 기관을 시동한다.

2) 기능선택 메뉴에서 차량 통신을 선택한다.

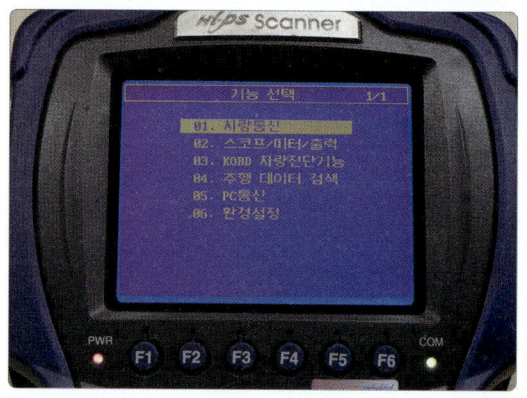

3) 진단하고자 하는 차량 제작사를 선택한다.

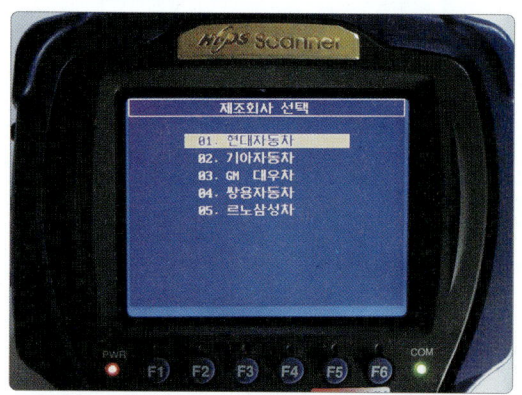

4) 차종 소나타(NF)를 선택한다.

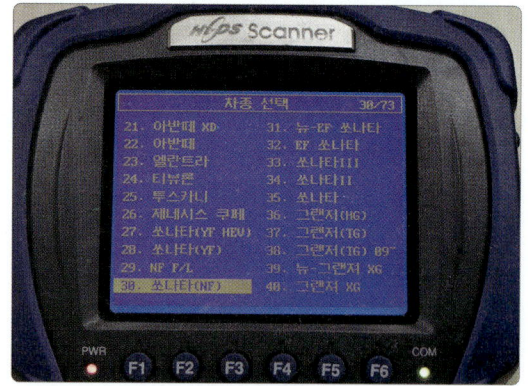

5) 엔진제어 가솔린을 선택한다.

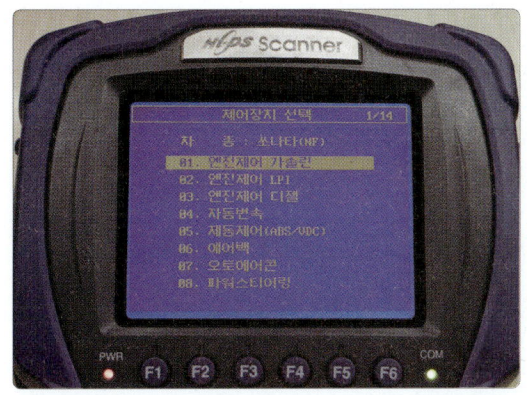

6) 2.0/2.4를 선택한다.

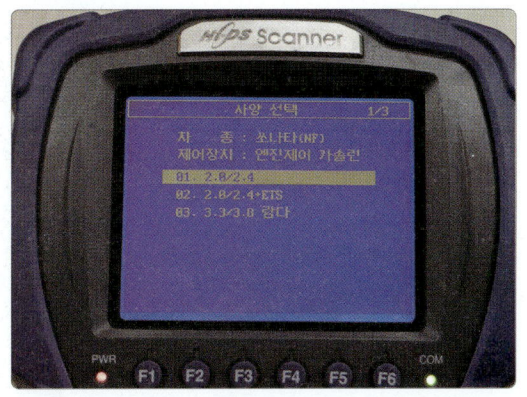

7) 센서출력으로 이동한다.

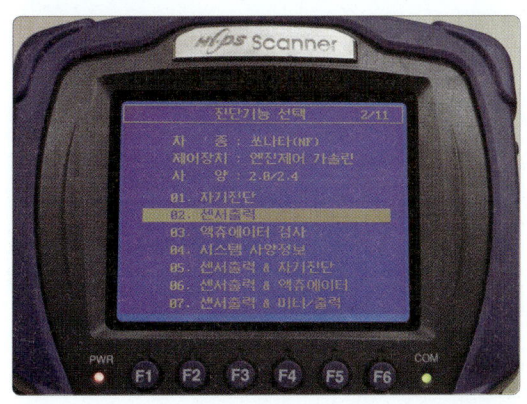

8) 엔진 회전수를 확인한다.(972rpm)

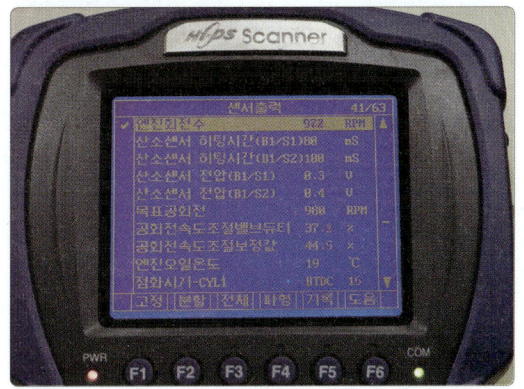

9) 클러스터에서 직접 측정할수도 있음(900rpm)

3-2. 배기가스 측정

3-2-1. CO, HC

1) 배출가스 시험기 설치 후 시험차량을 시동하고 채취 푸로브를 배기머플러에 연결 후 예열한다.

2) 측정기 화면을 확인한다.

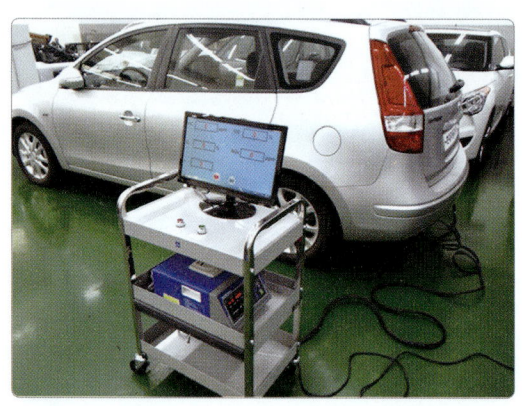

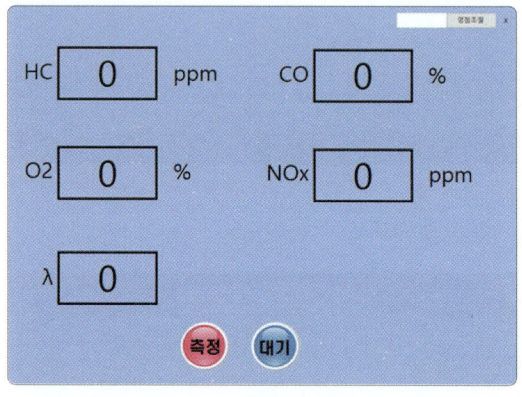

3) 측정기 전면의 측정 버튼을 누른다.

4) 측정값이 수시로 변함으로 현재 보이는 값을 읽는다.(CO: 0.6%, HC: 95ppm)

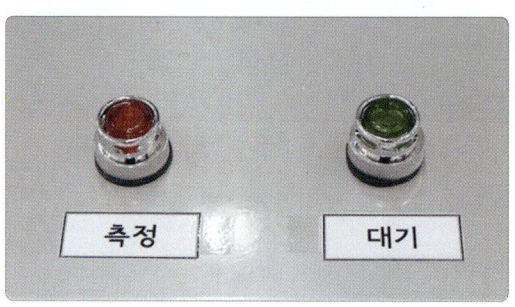

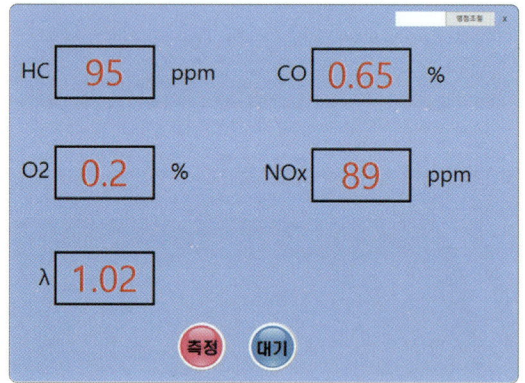

3-2-2. 답안지 작성

1) 측정값 CO : 0.6%, HC : 95ppm을 답안지에 기입한다.
2) 등록증 상 2002년 기준값 CO : 1.2% 이하, HC : 220ppm 이하를 답안지에 기입한다.

제 호		자동차 등록증			최초등록일 : 0000년 00월 00일	
① 자동차등록번호		48 나 3702	② 차종	중형승용	③ 용도	자가용
④ 차 명		NF 소나타	⑤ 형식 및 연식	UP203A		
⑥ 차대 번호		KNHUP75232S712220	⑦ 원동기 형식	K5		
⑧ 사용본거지		서울특별시 노원구 덕릉로 70가길 81				
소유자	⑨ 성명(명칭)	자동차	⑩ 주민(사업자) 등록번호	510909-1234567		
	⑪ 주소	서울특별시 노원구 덕릉로 70가길 81				

자동차관리법 제8조의 규정에 의하여 위와 같이 등록하였음을 증명합니다.

0000년 00월 00일

서울특별시 노원구청장

대기환경보전법 [별표21] 〈개정 2013. 2. 1〉				
승용	수시, 정기검사			정밀검사
배기가스	CO	HC	λ	년도별, 배기량별로 구분
2005년까지	1.2% 이하	220ppm 이하	1 ± 0.1	
2006년 이후	1.0% 이하	120ppm 이하		

※ 규정값은 수시, 정기검사 규정값 적용

[엔진 3] 시험결과 기록표

자동차 번호 :

항목	① 측정(또는 점검)		② 판정 (□에 'V'표)	득점
	측정값	기준값		
CO	0.6%	1.2% 이하	☑ 양호 □ 불량	
HC	95ppm	220ppm 이하		

※ 감독위원이 제시한 자동차 등록증(또는 차대번호)을 활용하여 차종 및 연식을 적용합니다.
※ 자동차검사기준 및 방법에 의하여 기록 판정합니다.
※ CO는 소수점 둘째자리 이하는 버리고 0.1% 단위로 기록합니다.
※ HC는 소수점 첫째자리 이하는 버리고 1ppm 단위로 기록합니다.

3-2-3. 판정 및 정비 조치사항

1) 측정값 CO : 0.6%, HC : 95ppm이 규정값 CO : 1.2% 이하, HC : 220ppm 이하 범위 내에 있으므로 양호에 ☑ 표시한다.
2) 측정값이 규정값 범위를 벗어나면 불량에 ☑ 표시한다.

| 가. 엔진 | 4. 주어진 자동차의 엔진에서 맵 센서의 파형을 분석하여 그 결과를 기록표에 기록하시오.
(측정조건 : 급가감속 시) |

4-1. 맵 센서 파형(Hi-DS) 출력 분석

4-1-1. 측정

1) 윈도우 초기화면에서 Hi-DS를 클릭한다.

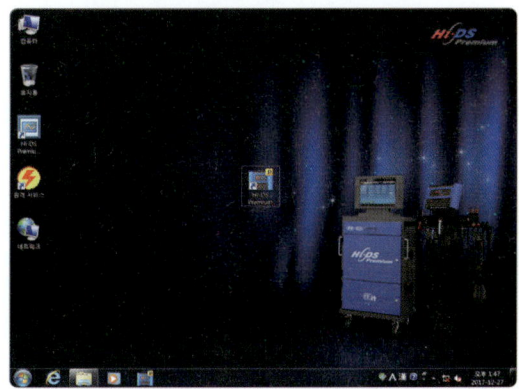

2) 로그인 창에서 로그인 취소를 클릭한다.

3) 다음 화면 사용제약 경고문에서 확인을 클릭한다.

4) 다음 화면에서 오실로스코프를 클릭한다.

5) 다음 화면에서 제작사, 차종, 연식, 엔진형식을 클릭한다.

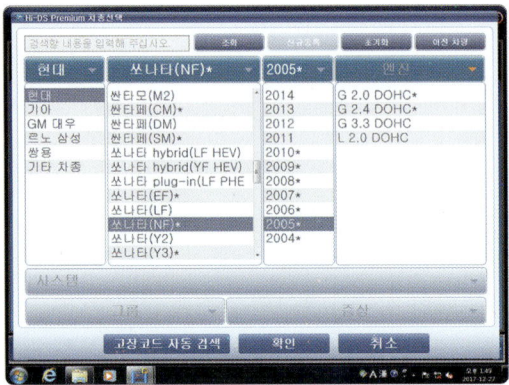

6) 측정할 시스템을 선택한다.

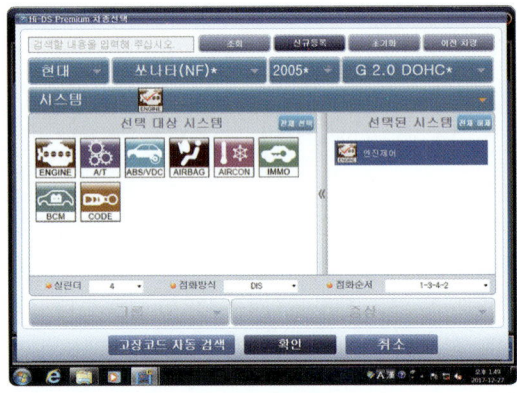

7) 다음 화면에서 10.0V, 1.5s로 설정 후 창을 확장한다.

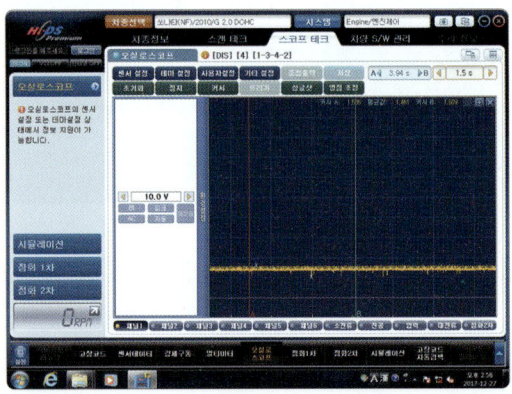

8) 10.0V, 1.5s로 설정을 확인한다.

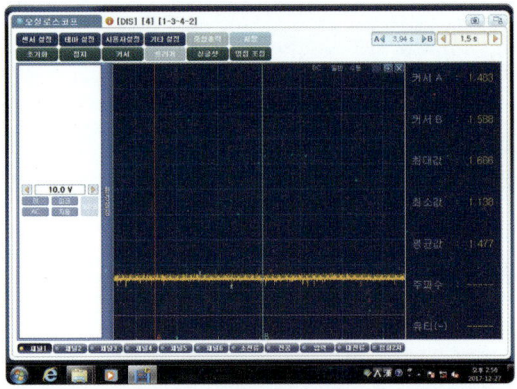

9) 맵 센서에 1번 채널 프로브를 연결하고 엔진을 시동한다.

10) 엔진을 급 가속 후 정지 버튼을 누른다.

11) A 커서와 B 커서를 움직여 최소값과 최대값을 측정한다.

12) 프린터를 클릭하여 선택영역을 선택한다.

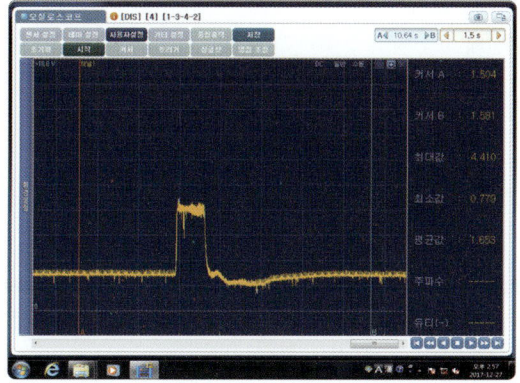
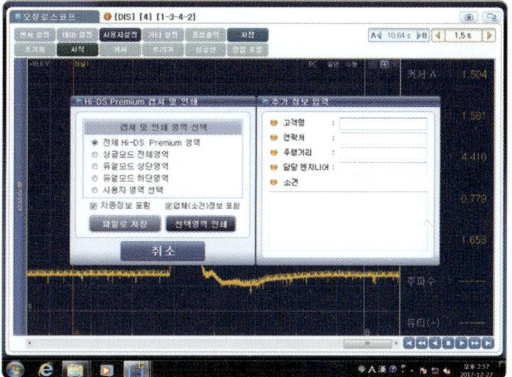

13) 확인을 클릭하여 인쇄한다.

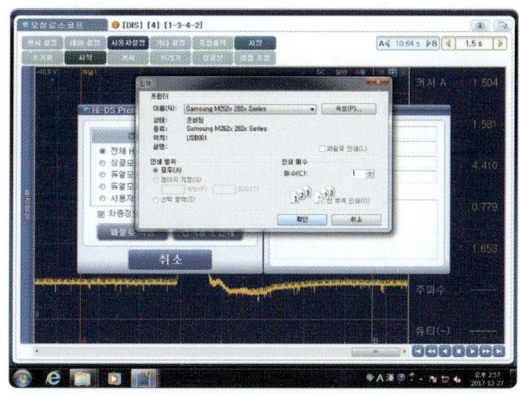

4-1-2. 답안지 작성

1) 출력한 파형에 전폐구간, 전개구간, 맥동구간 전압을 표시한다.
2) 출력한 파형에 전폐구간(커서 A 값) : 1.504V, 전개구간(최대값) : 4.410V, 맥동구간(최소값) : 0.779V를 기입한다.

[엔진 4] 시험결과 기록표

자동차 번호 :

측정항목	파형상태	득점
파형 측정	요구사항 조건에 맞는 파형을 프린트하여 아래사항을 분석 후 뒷면에 첨부 ① 파형에 불량요소가 있는 경우에는 반드시 표기 및 설명되어야 함. ② 파형의 주요 특징에 대하여 표기 및 설명되어야 함.	

4-1-3. 판정 및 정비 조치사항

1) 규정값은 차종에 따라 다르므로 감독위원이 제시한다.
   (예 : 전폐구간 : 1~2V, 전개구간 : 3.5~5.5V, 맥동구간 : 0.2~1.5V)
2) 양호 판정 시 "측정값이 규정값 범위 내에 있으므로 양호함"으로 프린트한 파형 상단에 기록한다.
3) 불량 판정 시 "출력 전압이 규정값을 벗어나므로 맵 센서를 교환/재점검"으로 프린트한 파형 상단에 기록한다

가. 엔진

5. 주어진 전자제어 디젤 엔진에서 인젝터를 탈거한 후(감독위원에게 확인), 다시 부착하여 시동을 걸고, 공회전 시 연료 압력을 점검하여 기록표에 기록하시오.

5-1. 인젝터 탈, 부착

1) 인젝터 커넥터를 탈거한다.

2) 오버플로우 파이프 고정 핀을 탈거한다.

3) 오버플로우 파이프를 탈거한다.

4) 고압파이프를 탈거한다.

5) 인젝터 고정 볼트 캡을 OPEN 쪽으로 회전시킨다.

6) 인젝터 고정 볼트 캡을 탈거한다.

7) 인젝터 고정 볼트를 탈거한다.

8) 고정 볼트를 탈거한 후, (+) 드라이버를 삽입한다.

9) 고정 키를 뒤로 밀고 인젝터를 탈거한다.

10) 탈거한 인젝터를 감독위원에게 확인을 받는다.

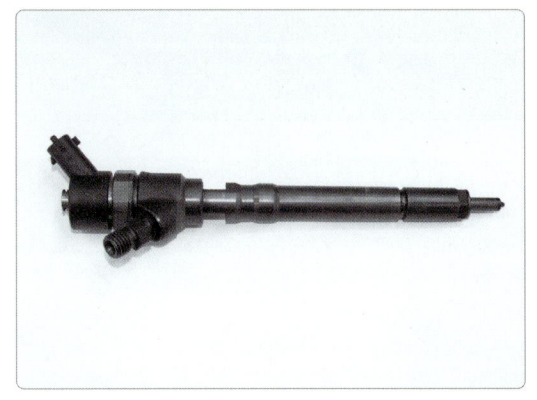

11) 인젝터를 장착하고 고정 키를 정렬한다.

12) 인젝터 고정 볼트를 장착한다.

13) 인젝터 고정 볼트 캡을 CLOSE 쪽으로 돌린다.

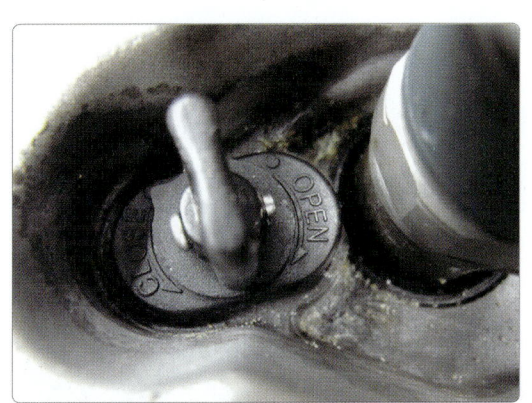

14) 고압파이프를 장착한다.

15) 오버플로우 파이프를 연결한다.

16) 오버플로우 파이프 고정 핀을 장착한다.

17) 인젝터 커넥터를 연결 후 감독위원에게 확인을 받는다.

5-2. 연료 압력 측정

5-2-1. 측정

1) 엔진 시동 후 스캐너를 준비한다.

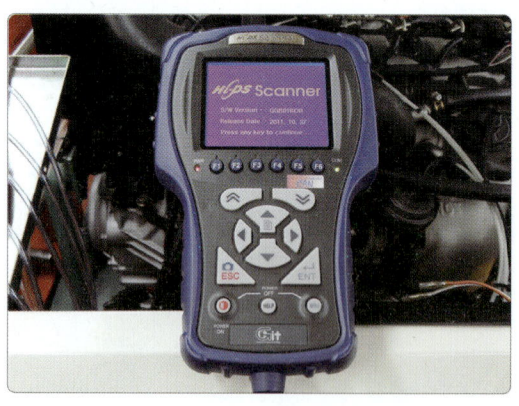

2) 차량 통신 기능을 선택한다.

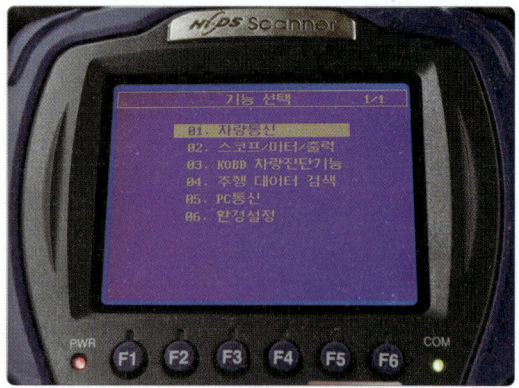

3) 현대자동차를 선택한다.

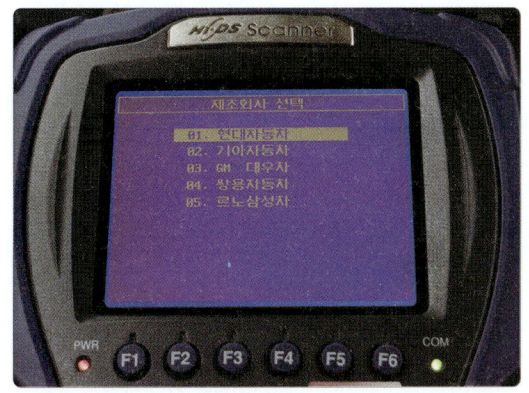

4) 차종에서 산타페를 선택한다.

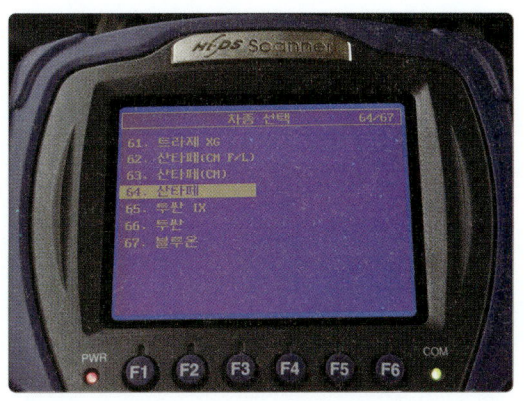

5) 제어장치 선택에서 엔진제어 디젤을 선택한다.

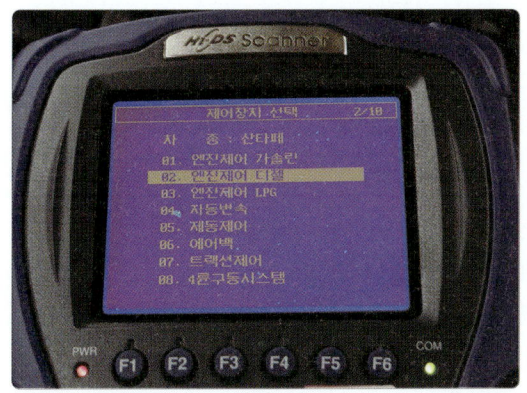

6) 사양 선택에서 VGT를 선택한다.

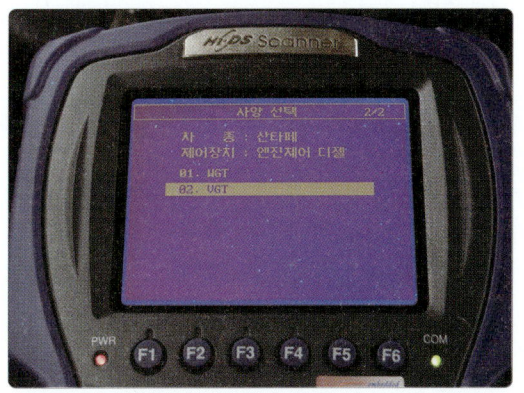

7) 센서 출력을 선택한다.

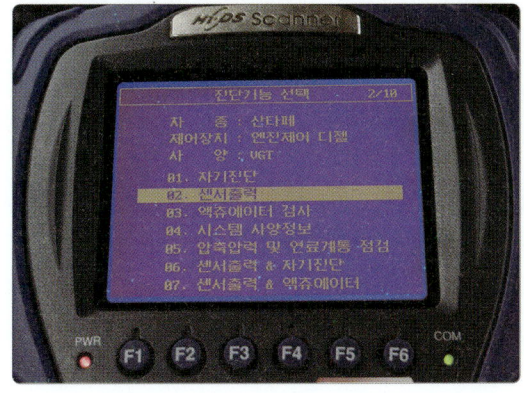

8) 레일 압력을 측정한다.(280.5bar)

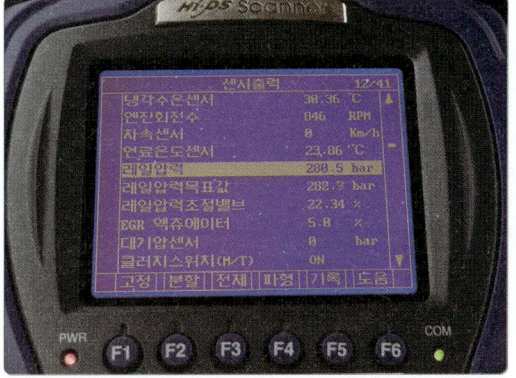

5-2-2. 답안지 작성

1) 연료 압력 280.5bar를 답안지에 기입한다.
2) 규정값 250~300bar를 답안지에 기록한다.

[엔진 5] 시험결과 기록표

자동차 번호 :

항목	① 측정(또는 점검)		② 판정 및 정비(또는 조치)사항		득점
	측정값	기준값	판정 (□에 'V'표)	정비 및 조치할 사항	
연료 압력 (고압)	280.5bar	250~300bar	☑ 양호 □ 불량	없음	

5-2-3. 판정 및 정비 조치사항

1) 측정값이 규정값 범위 내에 있으므로 양호에 ☑ 표시한다.
2) 측정값이 규정값을 벗어나면 "연료 압력 조절기 교환/재점검"으로 답안지를 작성한다.

나. 섀시

1. 주어진 자동차에서 전륜 현가장치의 쇽업소버를 탈거한 후(감독위원에게 확인), 다시 부착하여 작동상태를 확인하시오.

1-1. 전륜 쇽업소버 탈, 부착

1) 자동차를 리프트로 들어 올리고 바퀴를 떼어낸다.

2) 스트럿 어셈블리에서 브레이크 호스 고정 볼트를 떼어낸다.

3) 스트럿 어셈블리와 조향너클 암을 연결하는 로워 마운팅 볼트를 탈거한다.

4) 조향너클 암을 떼어낸다.

5) 바퀴 하우징 위쪽에 있는 스트럿 어셈블리 마운트에 방향 표시를 한 후 너트를 푼다.

6) 스트럿 어셈블리를 차체에서 떼어낸 후 감독위원에게 확인받는다.

7) 스트럿 어셈블리 마운트에 방향 표시를 맞춘 후 너트를 체결한다.

8) 스트럿 어셈블리와 조향 너클 암을 연결하는 볼트를 체결한다.

9) 브레이크 호스 고정 볼트를 체결한다.

10) 타이어를 장착 후 감독위원에게 확인받는다.

1-2. 쇽업소버 스프링 탈, 부착

1) 스트럿 어셈블리를 스프링 압축기에 장착한다.

2) 스프링 탈착기 압축레버를 스프링에 고정한다.

3) 높이 조절 장치를 스프링과 수평이 되도록 조정한다.

4) 스프링이 시트에서 스프링이 분리될 때까지 압축한다.

5) 고정 너트를 푼다.

6) 고정 너트를 탈거한다.

7) 더스트 커버를 탈거한다.

8) 압축 레버를 분리한다.

9) 스프링을 분리한다.

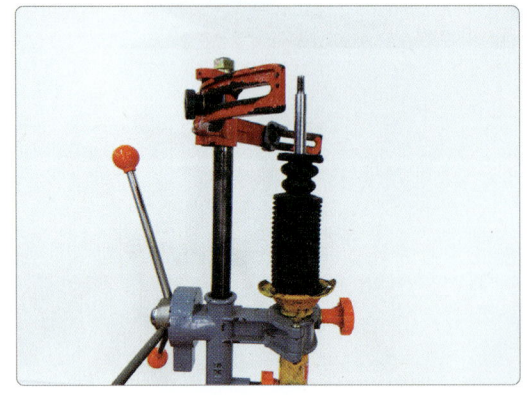

10) 범퍼 고무를 분리한다.

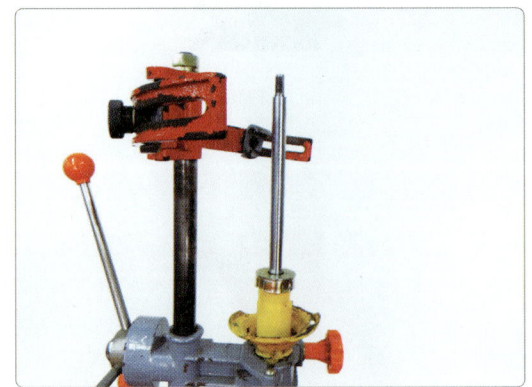

11) 탈거한 스프링을 감독위원에게 확인받는다.

12) 스프링을 다시 장착한다.

13) 범퍼 고무를 장착한다.

14) 탈착기 압축레버를 스프링에 고정한다.

15) 높이 조절 장치를 스프링과 수평이 되도록 조정한다.

16) 압축레버를 1회전하여 스프링을 압축한다.

17) 더스트 커버를 장착한다.

18) 스프링 시트를 장착하고 고정 너트를 장착한다.

19) 고정 너트를 규정 토크로 조인다.

20) 감독위원에게 확인받는다.

나. 섀시	2. 주어진 종 감속 장치에서 링 기어의 백래시와 런 아웃을 측정하여 기록표에 기록한 후, 백래시가 규정값이 되도록 조정하시오.

2-1. 백래시, 런 아웃 측정

2-1-1. 측정

1) 종 감속 기어 링 기어에 잇면과 90°각도로 다이얼 게이지를 설치한다.

2) 링 기어를 좌, 우로 움직여 백래시를 측정한다. (측정값 0.06mm)

3) 링 기어 뒷면에 다이얼 게이지를 설치한다.
4) 구동 피니언을 돌리면서 런 아웃을 측정한다.
 (측정값 0.05mm)

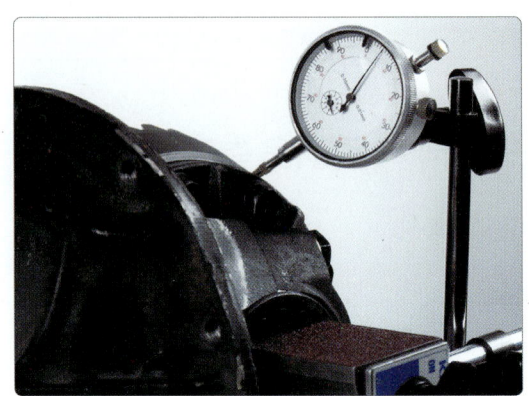

2-1-2. 답안지 작성

1) 백래시 측정값 0.06mm, 런 아웃 측정값 0.05mm를 답안지에 기입한다.
2) 백래시 규정값 0.05~0.15mm, 런 아웃 규정값 0.08mm 이하를 답안지에 기입한다.

[섀시 2] 시험결과 기록표

자동차 번호 :

항목	① 측정(또는 점검)		② 판정 및 정비(또는 조치)사항		득점
	측정값	규정(한계)값	판정 (□에 'V'표)	정비 및 조치할 사항	
백래시	0.06mm	0.05~0.15mm	☑ 양호 □ 불량	없음	
런 아웃	0.05mm	0.08mm 이하			

2-1-3. 판정 및 정비 조치사항

1) 측정값이 규정값 범위 내에 있으므로 양호에 ☑ 표시 후 "없음"으로 답안지를 작성한다.
2) 백래시 불량 시 "조정 너트로 조정/재점검"으로 답안지를 작성한다.
3) 런 아웃이 불량하면 링 기어를 교환한다.

나. 섀시

3. ABS가 설치된 주어진 자동차에서 브레이크 패드를 탈거한 후(감독위원에게 확인), 다시 부착하여 브레이크 작동상태를 점검하시오.

3-1. ABS 브레이크 패드 탈, 부착

1) 타이어를 탈거한다.

2) 캘리퍼의 아래쪽 슬라이딩 볼트를 탈거한다.

3) 피스톤 어셈블리를 들어올린다.

4) 패드를 탈거한다.

5) 마모 인디게이터를 점검 후 감독위원에게 확인을 받고 재조립한다.

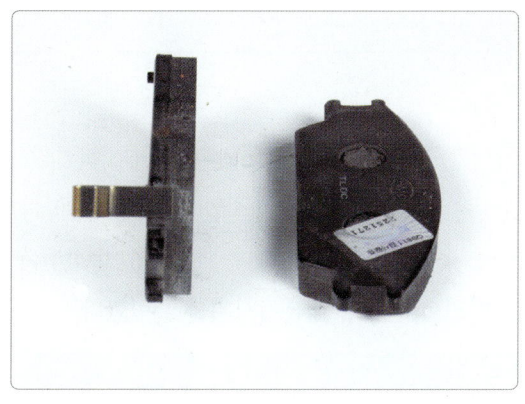

6) 피스톤 압축기를 사용하여 피스톤을 압축한다.

7) 압축기가 없는 경우 피스톤 쪽 패드만 장착한 상태에서 (-) 드라이버를 이용하여 피스톤을 압축한다.

8) 브레이크 패드를 장착한다.

9) 캘리퍼를 덮고 슬라이딩 볼트를 조립한다.

10) 타이어를 장착하고 감독위원에게 확인받는다.

나. 섀시

4. 3의 작업 자동차에서 감독위원 지시에 따라 전(앞) 또는 후(뒤) 제동력을 측정하여 기록표에 기록하시오.

4-1. 제동력 측정

4-1-1. 앞 제동력 측정(구형 측정기)

1) 제동력 측정 차량을 준비한다.

2) 메인 화면에서 대본검사기를 클릭한다.

3) 로그인 메뉴가 나오면 취소를 클릭한다.

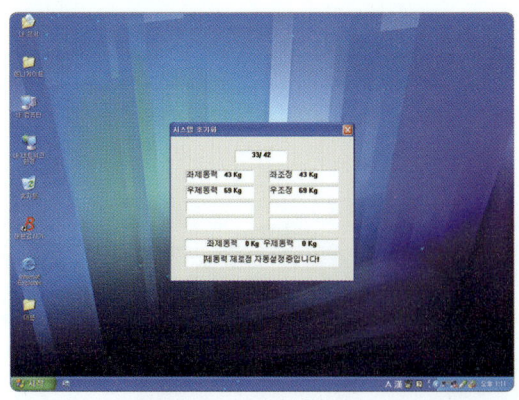

4) 수동, 브레이크, 검사시작을 순서대로 클릭한다.

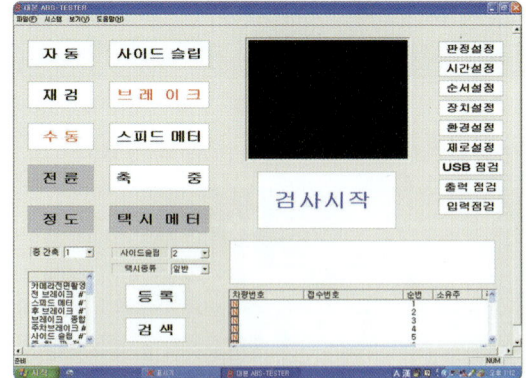

5) 전 브레이크를 클릭한다.

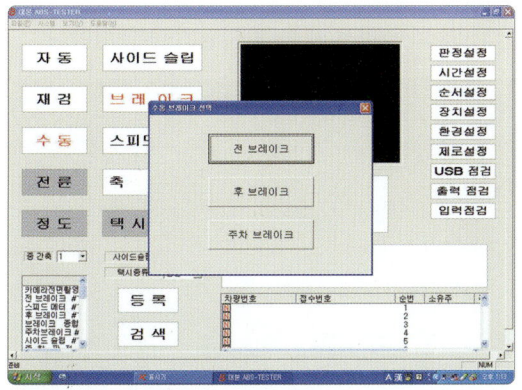

6) 좌측 하단의 상시 판정을 클릭하여 최대 판정으로 변경한다.

7) 축중 600kg을 입력한다.

8) 운전석의 관리원에게 브레이크를 밟으라고 한다.

9) 좌, 우측 제동력의 최대값이 홀드된다.

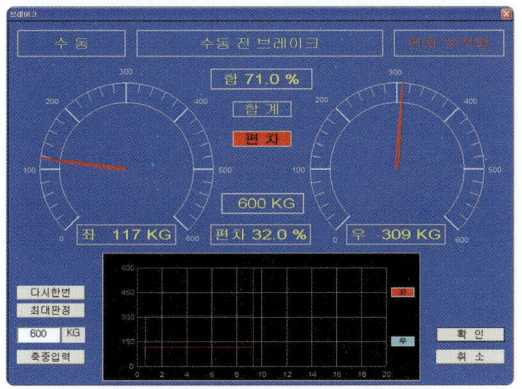

4-1-2. 앞 제동력 측정(신형 측정기)

1) 제동력 측정 차량을 준비한다.

2) 메인 화면에서 제동력 시험기를 클릭한다.

3) 시험기 화면에서 제동력을 클릭한다.

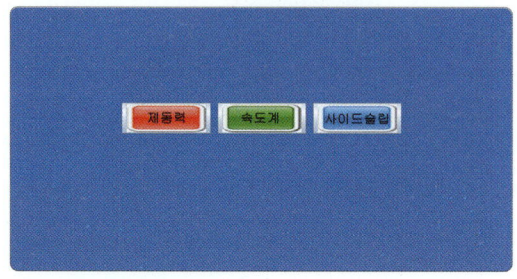

4) 화면 상단에 전륜을 클릭한다.

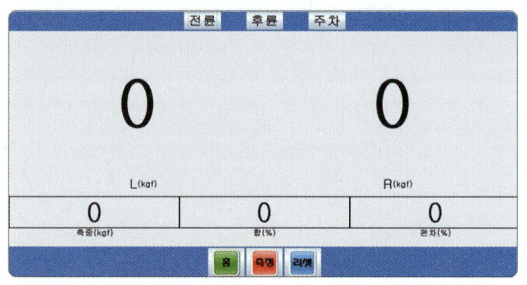

5) 전륜이 활성화되고 축중이 자동 입력된다.

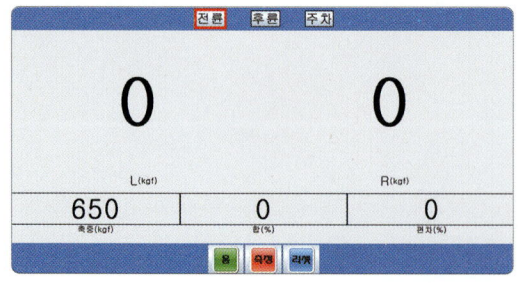

6) 측정 버튼을 클릭하면 좌, 우측 제동력이 측정된다.

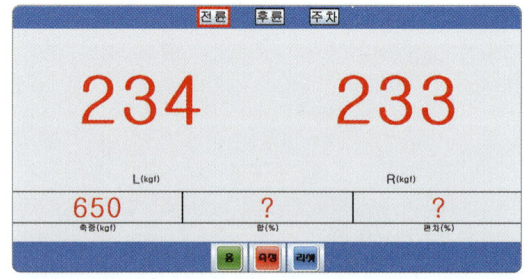

4-1-3. 답안지 작성

1) 측정 위치 앞에 ☑ 표시한다.
2) 측정된 제동력 좌 : 234kgf, 우 : 233kgf을 답안지에 기입한다.
3) 기준값 앞 축중의 앞에 ☑ 표시한다.
4) 측정위치 앞의 기준값 편차 8% 이하, 합 50% 이상은 수검자가 외워서 기록한다.
5) 축중 수동 입력 시 전축중 650kgf은 감독위원이 제시한다.
6) 앞 제동력 편차 $\frac{234-233}{650} \times 100 = 0.15\%$를 산출근거 편차 칸에 기록한다.
7) 앞 제동력 합 $\frac{234+233}{650} \times 100 = 71.8\%$를 산출근거 합 칸에 기록한다.
8) 계산값이 규정값 범위 내에 있음으로 양호에 ☑ 표시한다.

[섀시 4] 시험결과 기록표

자동차 번호 :

항목	구분	측정값	기준값(%) (□에 'V'표)		산출근거	판정 (□에 'V'표)	득점
제동력위치 (□에 'V'표) ☑ 앞 □ 뒤	좌	234kgf	☑ 앞 □ 뒤	축중의	편차 $\frac{234-233}{650} \times 100 = 0.15\%$	☑ 양호 □ 불량	
	우	233kgf	제동력 편차	8% 이하	합 $\frac{234+233}{650} \times 100 = 71.8\%$		
			제동력 합	50% 이상			

※ 감독위원이 지정하는 부위를 측정합니다. 자동차 검사기준 및 방법에 의하여 기록 판정합니다.

4-1-4. 제동력 판정 공식

$$제동력의 총합 = \frac{앞\ 좌\cdot우,\ 뒤\ 좌\cdot우\ 제동력의\ 합}{차량\ 총\ 중량} \times 100 = 차량\ 총중량의\ 50\%\ 이상\ 합격$$

$$앞바퀴\ 제동력의\ 합 = \frac{앞\ 좌\cdot우\ 제동력의\ 합}{앞\ 축중} \times 100 = 앞축중의\ 50\%\ 이상\ 합격$$

$$뒷바퀴\ 제동력의\ 합 = \frac{뒤\ 좌\cdot우\ 제동력의\ 합}{뒤\ 축중} \times 100 = 뒤축중의\ 20\%\ 이상\ 합격$$

$$좌우\ 제동력의\ 편차 = \frac{큰쪽\ 제동력\ -\ 작은쪽\ 제동력}{해당\ 축중} \times 100 = 좌\cdot우\ 편차\ 8\%\ 이하\ 합격$$

$$주차\ 브레이크\ 제동력 = \frac{뒤\ 좌\cdot우\ 제동력의\ 합}{차량\ 총중량} \times 100 = 차량\ 총중량의\ 20\%\ 이상\ 합격$$

| 나. 섀시 | 5. 주어진 자동차의 자동변속기에서 자기진단기(스캐너)를 이용하여 각종 센서 및 시스템 작동 상태를 점검하고 기록표에 기록하시오. |

5-1. 자동변속기 점검

5-1-1. A/T 자기진단

1) 차량 진단장비를 연결하고 자기진단 커넥터를 연결 후 시동 키를 On 한다.(기관 정지 상태)

2) 기능선택 메뉴에서 차량 통신을 선택한다.

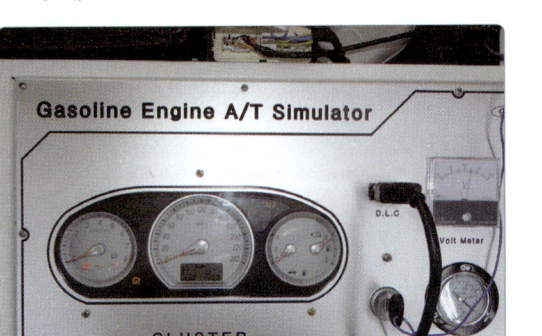
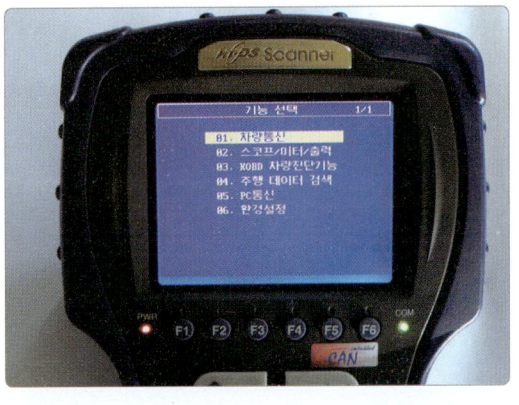

3) 현재 진단하고자 하는 차량 제조회사를 선택 한다.

4) 차종을 선택한다.

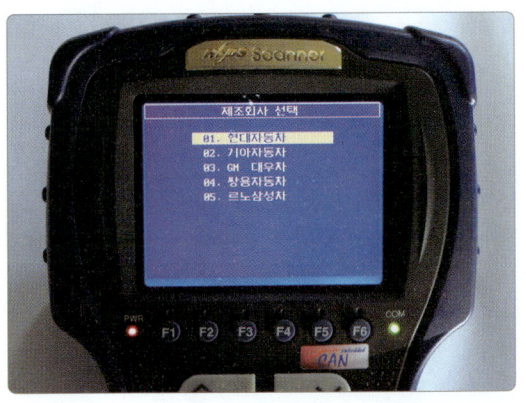
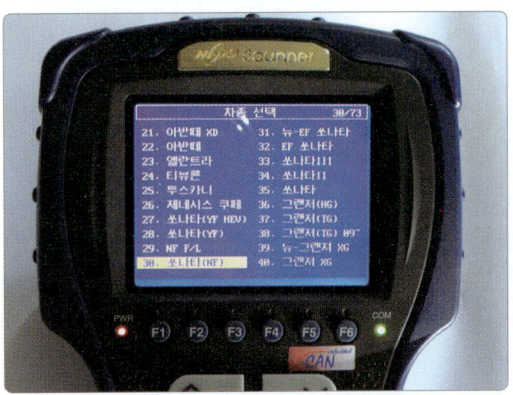

5) 자동변속을 선택한다.

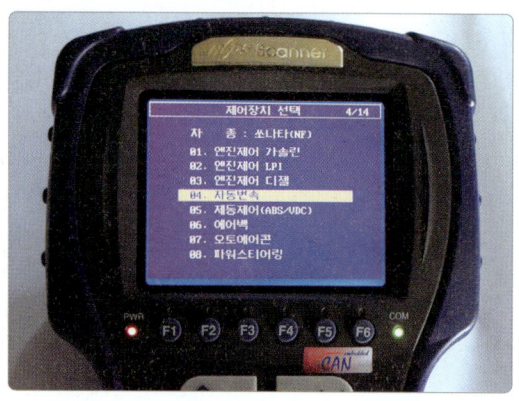

6) 2.0/2.4를 선택한다.

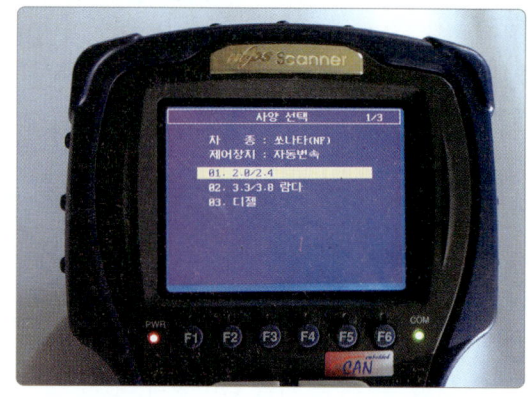

7) 자기진단을 선택한다.

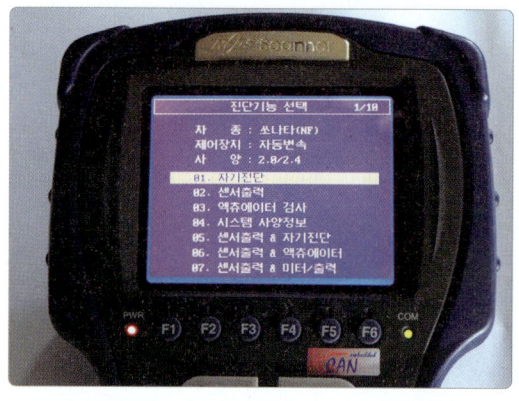

8) 고장코드가 표시된다.(언더DRV클러치SOL 밸브)

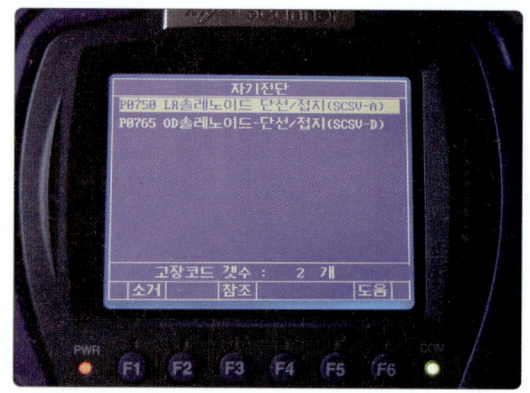

9) 시험 차량의 LR 솔레노이드 커넥터를 확인한다.(커넥터 정상 연결)

10) OD 솔레노이드 커넥터를 확인한다.

5-1-2. 답안지 작성

1) 답안지 이상 부위에 LR 솔레노이드 단선/접지에서 "LR" 솔레노이드만 기입한다.(단선/접지 제외)
2) 답안지 이상 부위에 OD 솔레노이드 단선/접지에서 "OD" 솔레노이드만 기입한다.(단선/접지 제외)
3) 커넥터 탈거 시 : "커넥터 탈거", 커넥터 연결 시 "솔레노이드 불량"으로 답안지를 작성한다.

[섀시 5] 시험결과 기록표

자동차 번호 :

항목	① 측정(또는 점검)		② 정비(또는 조치)사항	득점
	이상부위	내용 및 상태	정비 및 조치할 사항	
A/T 자기진단	LR 솔레노이드	솔레노이드 불량	LR 솔레노이드 교환/고장코드 삭제 후 재점검	
	OD 솔레노이드	솔레노이드 불량	OD 솔레노이드 교환/고장코드 삭제 후 재점검	

5-1-3. 판정 및 정비 조치사항

1) 솔레노이드 불량 시 "솔레노이드 교환/고장코드 삭제 후 재점검"으로 답안지를 작성한다.
2) 커넥터 탈거 시 "커넥터 연결/고장코드 삭제 후 재점검"으로 답안지를 작성한다.

다. 전기	1. 주어진 자동차에서 기동모터를 탈거한 후(감독위원에게 확인), 다시 부착하여 작동상태를 확인하고, 크랭킹 시 소모 전류 및 전압 강하 시험을 하여 기록표에 기록하시오.

1-1. 기동모터 탈, 부착

1) 축전지 (-) 단자의 케이블을 분리한다.

2) 기동모터의 솔레노이드 스위치 B 단자 보호 튜브를 밀어낸다.

3) B 단자 고정 너트를 탈거한다.

4) B 단자 축전지 케이블을 분리한다.

5) ST 단자 커넥터를 분리한다.

6) 트랜스 액슬 하우징에 두개의 고정 볼트를 탈거한다.

7) 기동모터를 떼어낸다.

8) 기동모터를 탈거하여 감독위원에게 확인받는다.

9) 기동모터를 트랜스 액슬 하우징에 장착하고 두개의 고정 볼트를 조립한다.

10) 기동모터의 솔레노이드 스위치 단자의 B 단자 배선을 연결한다.

11) 기동모터의 솔레노이드 스위치 ST 단자 배선을 연결한다.

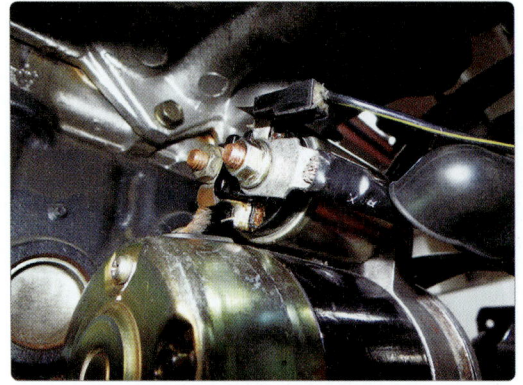

12) 기동모터의 솔레노이드 스위치 B 단자 보호 튜브를 장착한다.

13) 축전지 (-) 단자의 케이블을 연결하고 감독위원에게 확인받는다.

1-2. 크랭킹 시 소모 전류, 전압 강하 시험

1-2-1. 측정

1) 시험 차량의 축전지 용량을 확인한다.(12V 70AH)

2) 기동모터 B 단자 터미널에 전류계를 설치하고 0점 조정한다.(DCA 레인지)

3) 기동모터를 크랭킹시키면서 5회전 시 DATE HOLD 버튼을 누른 후 전류를 측정한다. (130.5A)

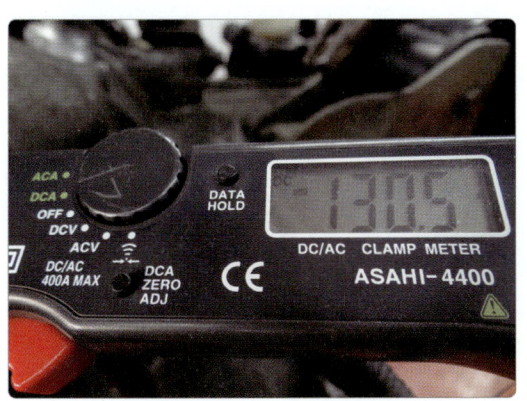

4) 축전지에 전압계를 설치한다.(20V 레인지)

5) 기동모터를 크랭킹시키면서 5회전 시 DATA HOLD 버튼을 누른 후 전압을 측정한다. (11.72V)

1-2-2. 답안지 작성

1) 측정값 소모 전류 130.5A, 전압 강하 11.72V를 답안지에 기입한다.
2) 전압 강하 시험은 축전지 전압의 20% 이내이면 양호하다.(축전지가 12V 70AH이면 12V× 0.2=2.4V이므로 12V-2.4V=9.6V, 규정값은 "9.6V 이상")
3) 크랭킹 전류시험은 부하시험이므로 장착된 축전지 용량의 3배 이하의 전류가 측정되면 양호하다. (축전지가 12V 70AH이면 기준값은 : 70×3=210, "210A 이하")

[전기 1] 시험결과 기록표

자동차 번호 :

항목	① 측정(또는 점검)		② 판정 및 정비(또는 조치)사항		득점
	측정값	규정(정비한계)값	판정 (□에 'V'표)	정비 및 조치할 사항	
전압 강하	11.72V	9.6V 이상	☑ 양호 □ 불량	없음	
소모 전류	130.5A	소모 전류 규정값 산출근거 기록			
		70×3=210A 이하			

※ 규정값은 감독위원이 제시한 값으로 작성하고, 측정·판정합니다.

1-2-3. 판정 및 정비 조치사항

1) 측정값이 규정값 범위안에 들어오므로 양호에 ☑ 표시한다.
2) 소모 전류, 전압 강하 측정값이 규정값 범위를 벗어나면 정비 및 조치사항은 "기동모터 교환/재점검"으로 답안지를 작성한다.

다. 전기

2. 주어진 자동차에서 전조등 시험기로 전조등을 점검하여 기록표에 기록하시오.

2-1. 전조등 점검

2-1-1. 광도 측정

1) 측정하고자 하는 차량의 전조등을 확인한다.

2) 차량 전조등을 하향등으로 점등하여 감독위원이 지정한 쪽의 전조등 중앙에 측정기를 위치 한다(예 우측 측정)

3) 화면의 측정 버튼을 터치한다.

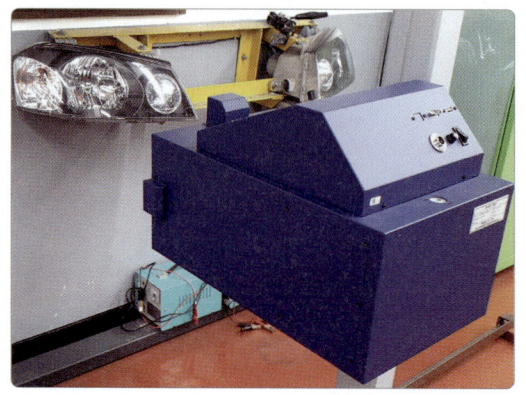
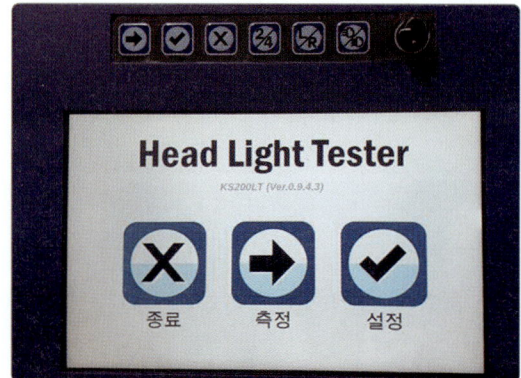

4) 2등식 아이콘을 터치하면 4등식으로 전환된다.

5) 좌 선행 L 아이콘을 터치하면 우 선행 R로 전환된다.

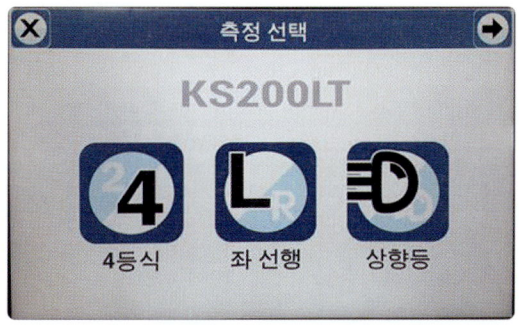 

6) 상향등 아이콘을 터치하면 하향등으로 전환된다.

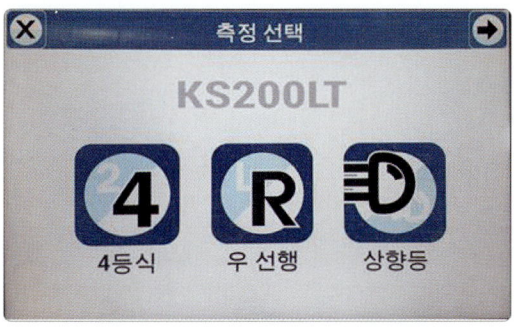 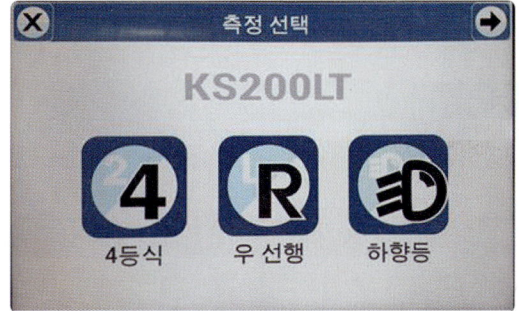

7) 오른쪽 상단에 화살표 아이콘을 터치한다.

8) 측정기를 상, 하, 좌, 우로 움직여서 전조등 흑점을 맞춘 후 오른쪽 상단에 화살표 아이콘을 터치한다.

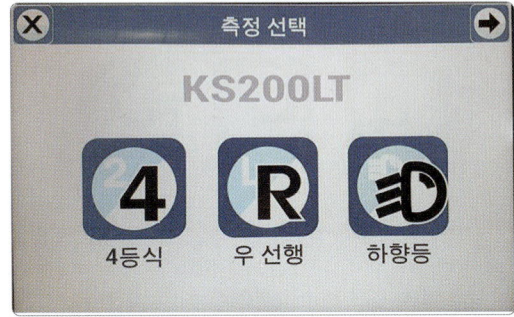
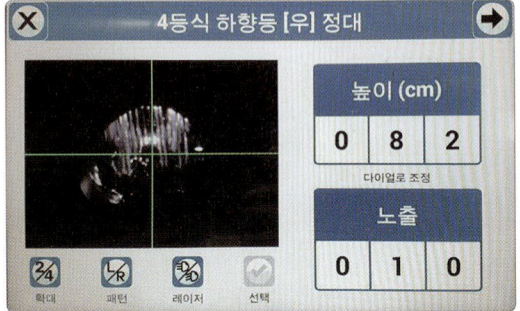

9) 상하(cm)아이콘을 터치하여 단위를 %로 전환한다.

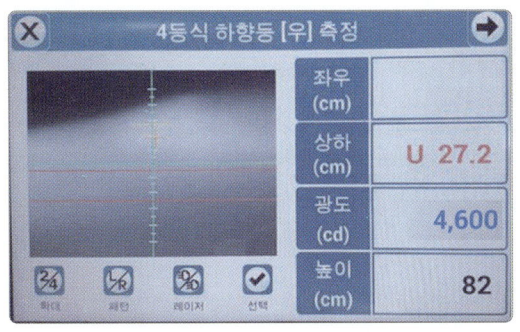
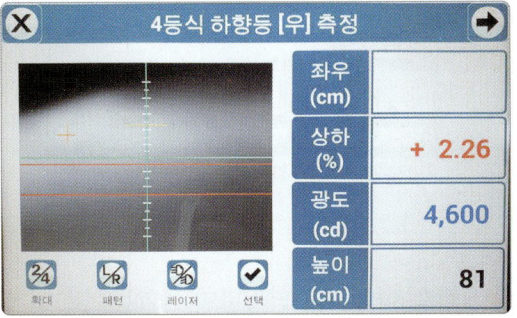

10) 측정값을 읽는다.(진폭 : +2.26%, 광도 : 4,600cd)

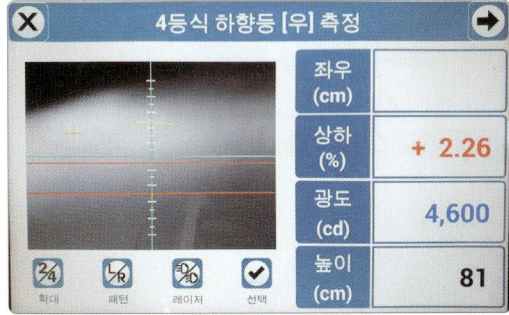

2-1-2. 답안지 작성

1) 전조등 구분 위치 우측에 ☑ 표시한다.
2) 설치높이가 81cm 이므로 ☑ ≤1.0m에 ☑ 표시한다.
3) 전조등 광도 측정값 4.600cd를 기입한다.
4) 진폭 측정값 +2.26%를 답안지에 기입한다.
5) 광도 기준값3,000cd 이상, 진폭(82 ≤ 1.0m)기준값 -0.5 ~ -2.5% 를 기준값 칸에 기입한다.

[전기 2] 시험결과 기록표

자동차 번호 :

구분	① 측정(또는 점검)			② 판정 (□에 'V'표)	득점
	측정항목	측정값	기준값		
□에 'V'표 □ 좌 ☑ 우 설치높이 ☑ ≤ 1.0m □ 〉1.0m	광도	4,600 cd	3000 cd 이상	☑ 양호 □ 불량	
	진폭	+2.26 %	-0.5 ~ -2.5 %	□ 양호 ☑ 불량	

※ 측정 위치는 감독위원이 지정하는 위치에 ☑ 표시합니다.
※ 자동차검사기준 및 방법에 의하여 기록 · 판정합니다.

2-1-3. 판정 및 정비 조치사항

1) 광도 측정값이 규정값 범위 내에 있으므로 양호에 ☑ 표시한다.
2) 진폭 측정값이 규정값 범위를 벗어남으로 불량에 ☑ 표시한다.

📖 **참고**

※**전조등 광도 개정 규정값(하향등)**

가)변환빔의 광도는 3000cd 이상일 것
나)변환빔의 진폭은 10m 위치에서 다음 수치 이내일 것
   설치 높이 ≤ 1.0m : -0.5 ~ -2.5%
   설치 높이 〉1.0m : -1.0 ~ -3.0%
다)컷오프선의 꺽임점(각)이 있는 경우 꺽임점의 연장선은 우측 상향일 것

다. 전기

3. 주어진 자동차에서 감광식 룸 램프 기능이 작동 시 편의장치(ETACS 또는 ISU) 커넥터에서 작동 전압의 변화를 측정하고 이상여부를 확인하여 기록 표에 기록하시오.

3-1. 감광식 룸 램프 ETACS (또는 ISU) 출력전압 측정

3-1-1. 측정

1) 커넥터 표에서 M25-1 커넥터 11번 실내등, 16번 GND 위치를 확인한다.

AVANTE XD ETACS, A/C

(M25-1)

1	2	3	4	5	6		8	9	10
11	12	13	14	15	16	17	18	19	20

(M25-2)

1	2		4	5	6	7	8
9	10	11	12	13	14		

(M25-3)

	2	3	4			7	8
	9	10	11	12			

1	B+
2	"P"포지션 신호
3	뒷도어 록/언록 신호
4	파워윈도우 릴레이 컨트롤
5	ON/ST 전원
6	IG 전원
7	
8	운전석앞 도어 스위치
9	조수석앞 도어 스위치
10	트렁크 램프 컨트롤
11	실내등
12	디포거 릴레이 컨트롤
13	시트벨트 경고등
14	도어록 릴레이(록)
15	미등 릴레이 컨트롤
16	GND
17	파킹브레이크 신호
18	전도어 스위치
19	엔진회전시 입력신호
20	도어록 릴레이(언록)

1	키홀조명
2	도어 경고 스위치 신호
3	
4	시트벨트 스위치
5	운전석앞 도어록/언록
6	조수석앞 도어록/언록
7	와셔신호
8	간헐와이퍼
9	간헐와이퍼 시간지연조절
10	와이퍼 릴레이 컨트롤
11	엔진체크 경고등 컨트롤
12	디포거 스위치
13	IG 릴레이(1) 컨트롤
14	미등 스위치 입력
15	
16	

2	외기온도 센서
3	
3	
4	증발기 온도센서
5	
6	
7	AQS
8	
10	
11	
12	GND

2) Hi-DS 1번 (+) 프로브를 에탁스 M25-1 커넥터 11번 실내등 핀에, (-) 프로브를 16번 GND 핀에 연결한다

3) 시동키를 탈 후 운전석 도어를 열어놓는다.

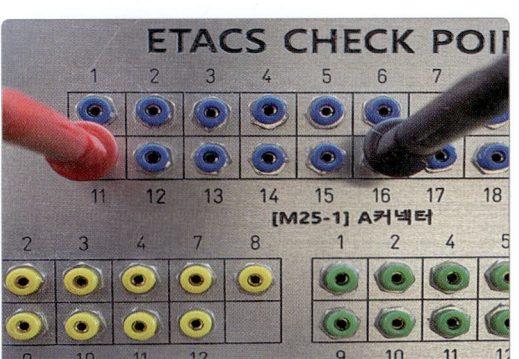

4) 실내등을 도어 모드(●)로 점등한다.

5) 바탕 화면에서 Hi-DS를 클릭한다.

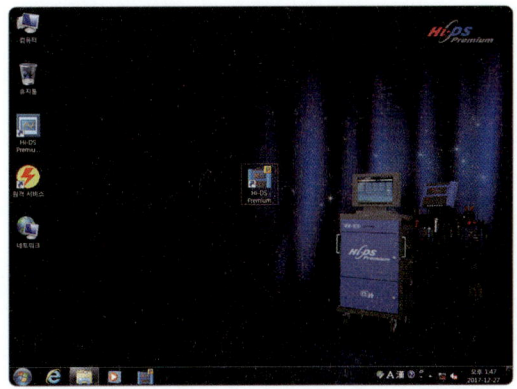

6) 로그인 창에서 로그인 취소를 클릭한다.

7) 다음 화면에서 사용제약 경고문에서 확인을 클릭한다.

8) 다음 화면에서 오실로스코프를 클릭한다.

9) 다음 화면에서 제작사, 차종, 연식, 엔진형식을 클릭한다.

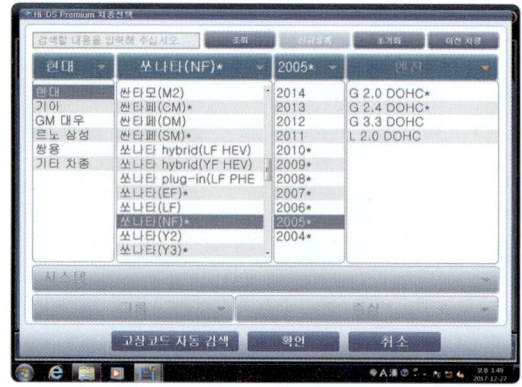

10) 측정할 시스템을 선택한다.

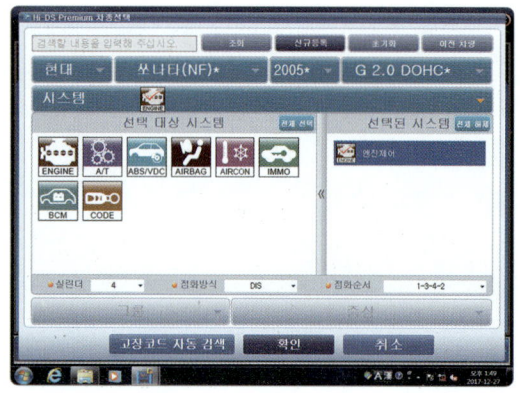

11) 다음 화면에서 60.0V, 1,5s로 설정 후 운전석 도어를 닫는다.

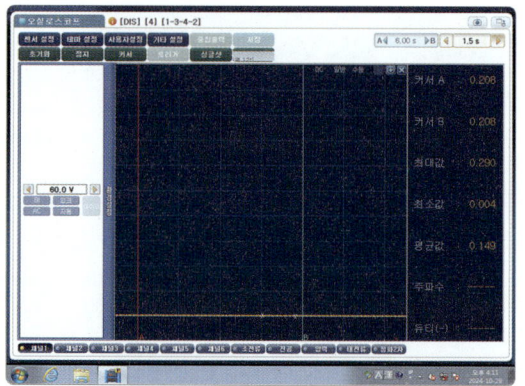

12) 실내등이 서서히 어두워지면서 완전 소등 되고 파형이 출력되면 정지을 누른다.

13) A 커서를 왼쪽 라인에, B 커서를 우측라인에 정렬 후 감광 시간을 기록한다.(5.47s)

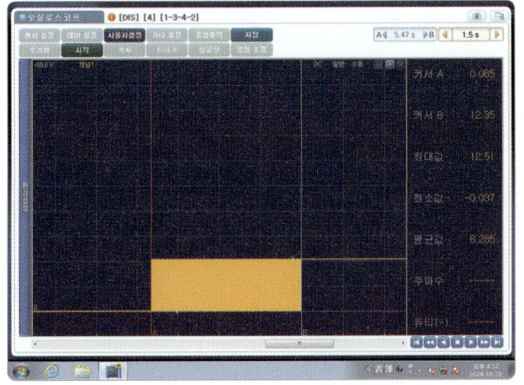

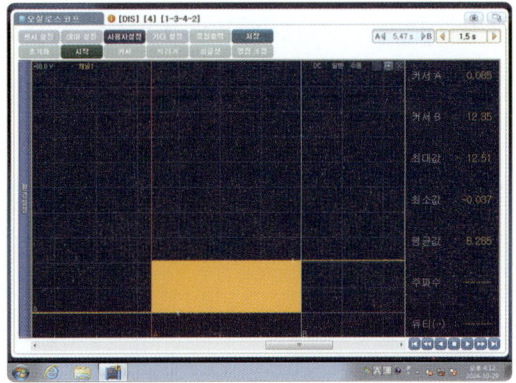

14) 전압 변화 A 커서값 0.085V → B커서값 12.35V 측정한다.

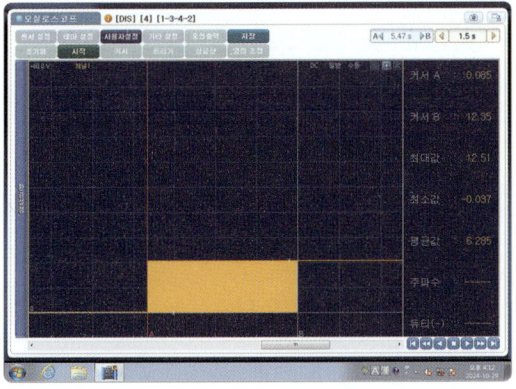

3-1-2. 답안지 작성

1) 파형에서 감광시간 5.47s를 답안지에 기록한다.
2) 전압 변화 A커셔 0.085V → B 커셔값 12.35V를 답안지에 기록한다.

[전기 3] 시험결과 기록표

자동차 번호 :

측정항목	① 측정(또는 점검)		② 판정 및 정비(또는 조치)사항		득점
	감광시간	전압(V) 변화	판정 (□에 'V'표)	정비 및 조치할 사항	
작동 변화	5.74sec	0.085V → 12.35V	☑ 양호 □ 불량	없음	

3-1-3. 판정 및 정비 조치사항

1) 측정값이 규정값 범위 안에 들어오므로 양호에 ☑ 판정한다.
2) 실내등이 서서히 소등(감광)되지 않고 그냥 소등되면 엔진 키가 On 위치에 있는지 확인한다.(엔진 키가 Off(LOCK) 위치에 있거나 탈거된 상태에서만 감광됨)
3) 측정값이 규정값을 벗어나면 "에탁스 교환/재점검"으로 답안지를 작성한다.

| 다. 전기 | 4. 주어진 자동차에서 와이퍼 회로를 점검하여 이상 개소(2곳)를 찾아서 수리하시오. |

4-1. 와이퍼 회로 수리

4-1-1. 점검

1) 엔진룸 퓨즈 박스에서 IG2 퓨즈(30A)를 확인한다.

2) 실내 퓨즈 박스에서 와이퍼, 퓨즈(20A)와 와이퍼 릴레이를 확인한다.

3) 와이퍼 모터 커넥터 탈거를 확인한다.

4) 와이퍼 스위치 커넥터를 확인한다.

4-1-2. 예상 고장부위

1) 고장부위가 확인되면 수리하지 말고 감독위원에게 확인을 받는다.
2) 예상답안
   ① 와이퍼 모터 커넥터 탈거
   ② IG2 퓨즈(30A) 단선(또는 없음, 파손)
   ③ 와이퍼 퓨즈(20A) 단선(또는 없음, 파손)
   ④ 와이퍼 릴레이 없음(또는 파손)
   ⑤ 엔진 키 박스 커넥터 탈거
   ⑥ 와이퍼 S/W 커넥터 탈거

2

Industrial Engineer Motor Vehicles Maintenance 자동차정비산업기사 실기

가. 엔진

1. 엔진 분해, 조립
2. 전자제어 엔진 시동
3. 공회전속도 점검
4. 맵 센서 파형(Hi-DS) 출력 분석
5. 연료 압력 센서 탈, 부착

나. 섀시

1. 후륜 쇽업소버 탈, 부착
2. 최소 회전반경 측정
3. ABS 브레이크 패드 탈, 부착
4. 제동력 측정
5. VDC, ECS, TCS 점검

다. 전기

1. 발전기 탈, 부착
2. 전조등 점검
3. 센트럴 도어 록킹 스위치 입력신호 점검
4. 에어컨 회로 수리

2 자동차정비산업기사
국가기술자격검정 실기시험문제

자격종목	자동차정비산업기사	과제명	자동차정비작업

※ 문제지는 시험종료 후 본인이 가져갈 수 있습니다.

비번호		시험일시		시험장명	

※ 시험시간 : 5시간 30분 | 엔진 : 140분   섀시 : 120분   전기 : 70분

✓ 요구사항

가. 엔진	1. 주어진 엔진을 기록표의 측정항목(캠축 휨)까지 분해하여 기록표의 요구사항을 측정 및 점검하고 본래 상태로 조립하시오.

1-1. 엔진 분해, 조립

📖 **1안 참조 – p.4**

1-2. 캠축 휨 측정

1-2-1. 측정

1) 정반위에 V 블록을 놓고 캠축을 설치한 다음, 중심에 다이얼 게이지를 설치한다.

2) 캠축을 천천히 1회전시켜 다이얼 게이지 바늘 지시값을 읽는다.

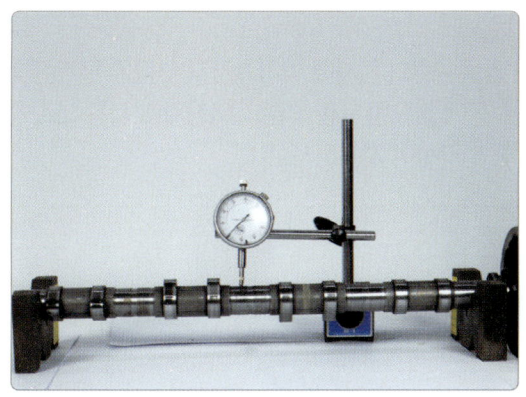
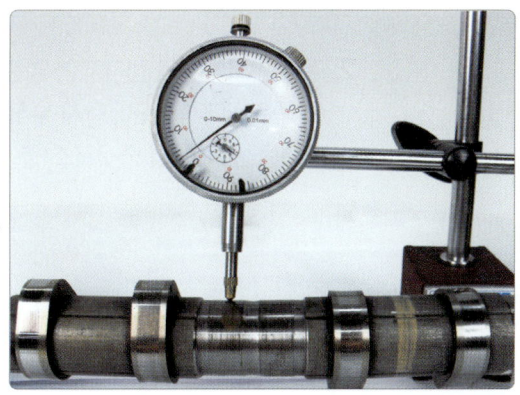

1-2-2. 답안지 작성

1) 다이얼 게이지 바늘 지시값의 1/2이 휨값이다.
2) 다이얼 게이지 값이 0.03mm이므로 0.03mm × 1/2 = 0.015mm, 캠축 휨 0.015mm를 답안지에 기입한다.
3) 규정값 0.05mm 이하를 답안지에 기록한다.

[엔진 1] 시험결과 기록표

자동차 번호 :

항목	① 측정(또는 점검)		② 판정 및 정비(또는 조치)사항		득점
	측정값	규정(한계)값	판정 (□에 'V'표)	정비 및 조치할 사항	
캠축 휨	0.015mm	0.05mm 이하	☑ 양호 □ 불량	없음	

1-2-3. 판정 및 정비 조치사항

1) 측정값이 규정값 범위 내에 있으므로 양호에 ☑ 표시한다.
2) 측정값이 규정값 범위를 벗어나면 불량에 ☑ 표시 후 "캠축 교환/재측정"으로 답안지를 작성한다.

| 가. 엔진 | 2. 주어진 자동차의 전자제어 엔진에서 감독위원의 지시에 따라 1가지 부품을 탈거한 후 (감독위원에게 확인), 다시 부착하고 시동에 필요한 관련 부분의 이상개소(시동회로, 점화회로, 연료장치 중 2개소)를 점검 및 수리하여 시동하시오. |

2-1. 전자제어 엔진 시동

 1안 참조 - p.25

| 가. 엔진 | 3. 2의 시동된 엔진에서 공회전속도를 확인하고 감독위원의 지시에 따라 인젝터 파형을 측정 및 분석하여 기록표에 기록하시오.(단, 시동이 정상적으로 되지 않은 경우 본 항의 작업은 할 수 없음) |

3-1. 공회전속도 점검

 1안 참조 - p.28

3-2. 인젝터 파형 분석

3-2-1. 측정

1) 윈도우 초기화면에서 Hi-DS를 클릭한다.

2) 로그인 창에서 로그인 취소를 클릭한다.

3) 다음 화면 사용제약 경고문에서 확인을 클릭한다.

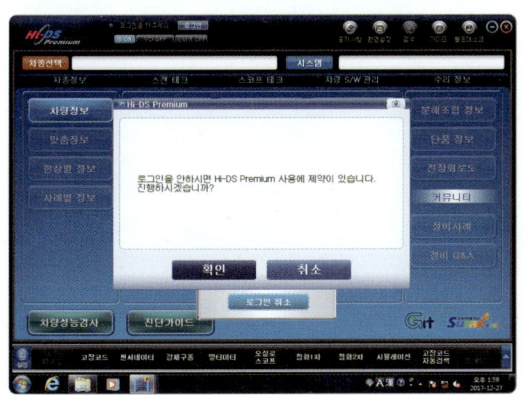

4) 다음 화면에서 오실로스코프를 클릭한다.

5) 다음 화면에서 제작사, 차종, 연식, 엔진형식을 클릭한다.

6) 측정할 시스템을 선택한다.

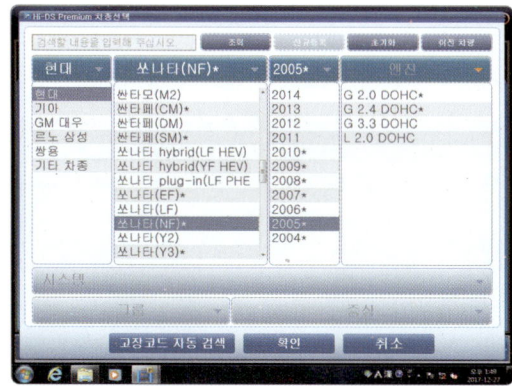

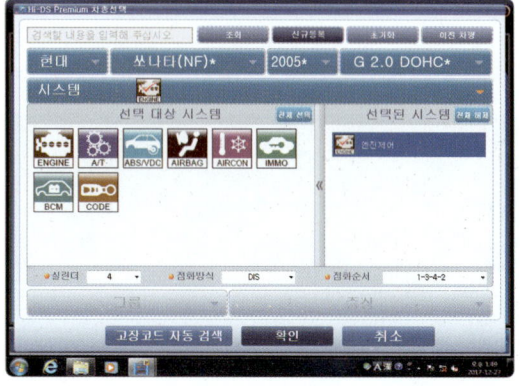

7) 다음 화면에서 100.0V, 3ms로 설정 후 창을 확장한다.

8) 화면을 확대한다.

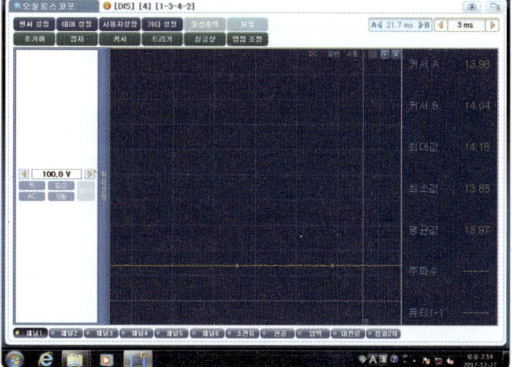

9) 감독위원이 지정한 인젝터에 1번 채널 프로브를 연결하고 엔진을 시동한다. (예 : 3번 인젝터)

10) 30V 라인 정도에 트리거를 설정한다.

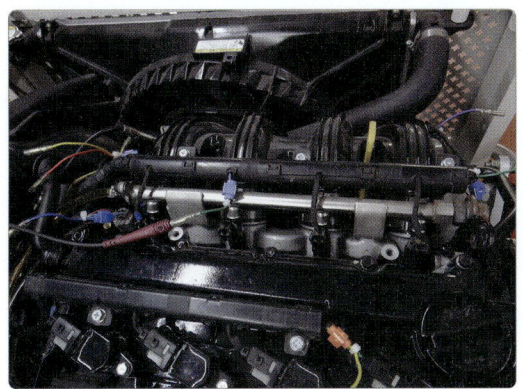

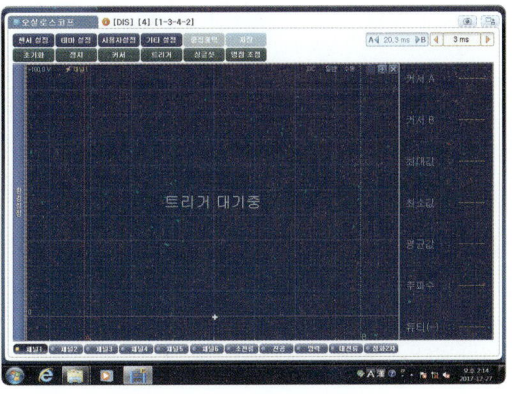

11) 파형이 잡히면 정지버튼을 누른다.

12) A 커서를 TR On 시작점에, B 커서를 서지 전압 꼭지점에서 커서 B값과 최대값이 일치하도록 위치한다.

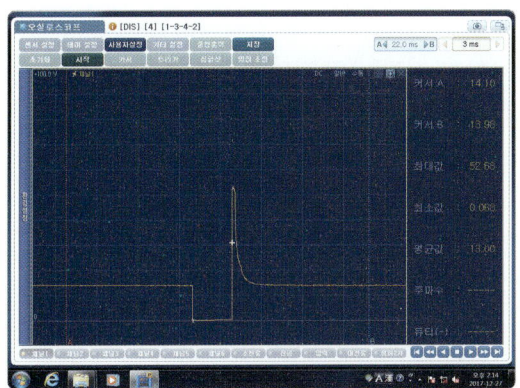

3-2-2. 답안지 작성

1) 인젝터 분사 시간 2.89ms을 답안지에 표시한다.
2) 인젝터 분사 시간 규정값 2.5~5.5ms를 답안지에 표시한다.
3) 서지 전압 52.36V를 답안지에 기록한다.
4) 서지 전압 규정값 60~80V를 답안지에 기록한다.

[엔진 3] 시험결과 기록표

자동차 번호 :

항목	① 측정(또는 점검)		② 판정 및 정비(또는 조치)사항		득점
	측정값	규정(정비한계)값	판정 (□에 'V'표)	정비 및 조치할 사항	
분사 시간	2.89ms	2.5~5.5ms	□ 양호 ☑ 불량	3번 인젝터 교환/재점검	
서지 전압	52.36V	60~80V			

※ 공회전 상태에서 측정하고 기준값은 지침서를 찾아 판정한다.

3-2-3. 판정 및 정비 조치사항

1) 서지 전압이 규정값을 벗어났으므로 "3번 인젝터 교환/재점검"으로 답안지를 작성한다.
2) 분사 시간이 규정값을 벗어나면 "ECU 교환/재점검"으로 답안지를 작성한다.

가. 엔진 4. 주어진 자동차의 엔진에서 맵 센서의 파형을 분석하여 그 결과를 기록표에 기록하시오.(측정조건 : 급가감속 시)

4-1. 맵 센서 파형(Hi-DS) 출력 분석

 1안 참조 - p.33

| 가. 엔진 | 5. 주어진 전자제어 디젤 엔진에서 연료 압력 센서를 탈거한 후(감독위원에게 확인), 다시 부착하여 시동을 걸고, 매연을 측정하여 기록표에 기록하시오. |

5-1. 연료 압력 센서 탈, 부착

1) 시험용 엔진에서 연료 압력 센서 위치를 확인한다.

2) 연료 압력 센서 커넥터를 탈거한다.

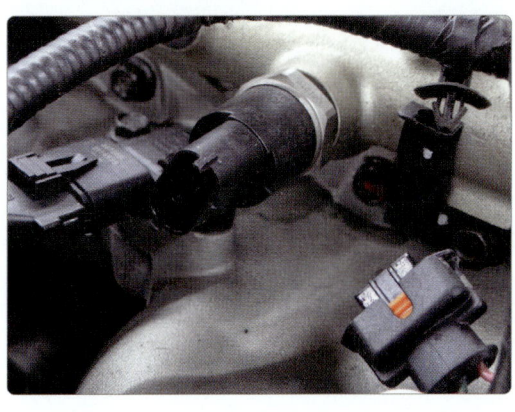

3) 커먼레일에서 연료 압력 센서를 탈거한다.

4) 탈거한 연료 압력 센서를 감독위원에게 확인을 받는다.

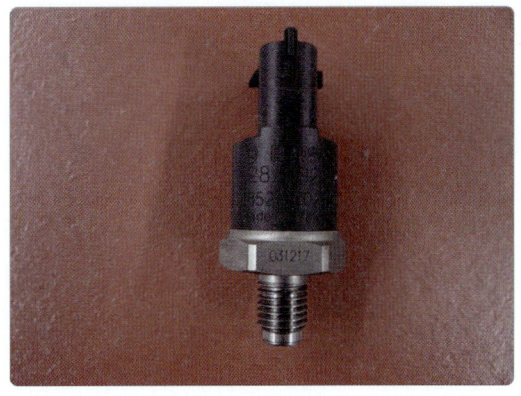

5) 연료 압력 센서를 장착한다.

6) 연료 압력 센서 커넥터를 연결하고 감독위원에게 확인을 받은 후 기관을 시동한다.

5-2. 디젤 매연 측정

5-2-1. 측정

1) 시험차량을 예열하고 시험기를 준비한다.

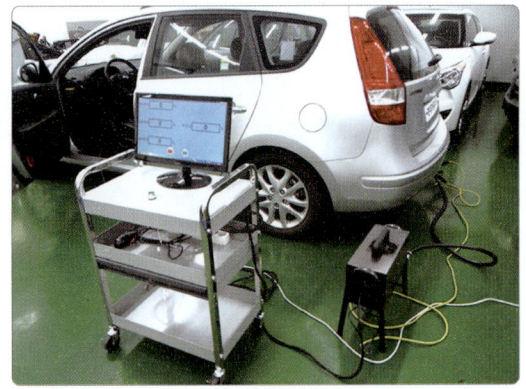

2) 매연 측정 스위치를 확인한다.

3) 측정기 본체의 대기버튼을 누른다.

4) 측정기가 측정 대기상태가 된다.

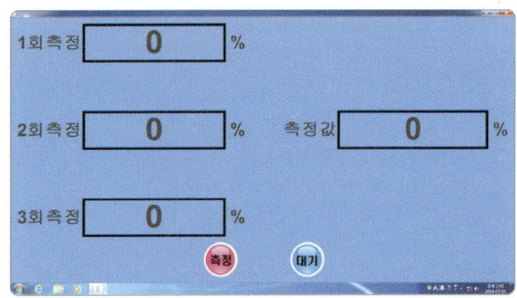

5) 가속페달을 급 가속하면서 측정 스위치를 누르면 1회 측정값이 표시된다.

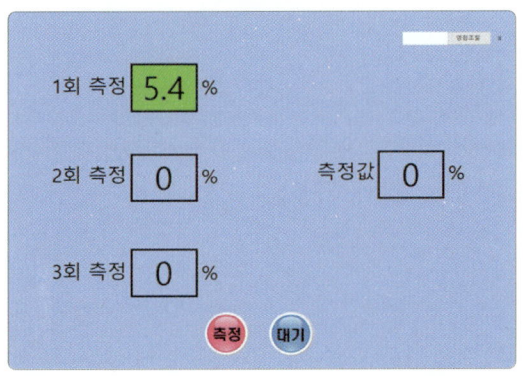

6) 가속페달을 급 가속하면서 측정 스위치를 누르면 2회 측정값이 표시된다.

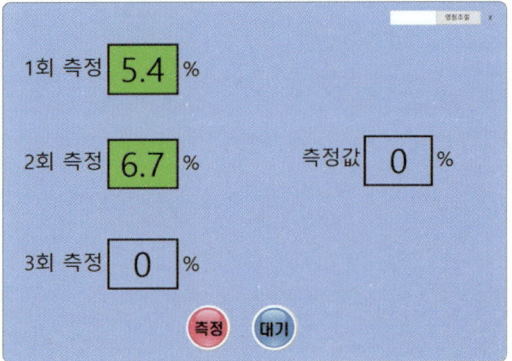

7) 가속페달을 급 가속하면서 측정 스위치를 누르면 3회 측정값 표시 후 평균값이 표시된다.

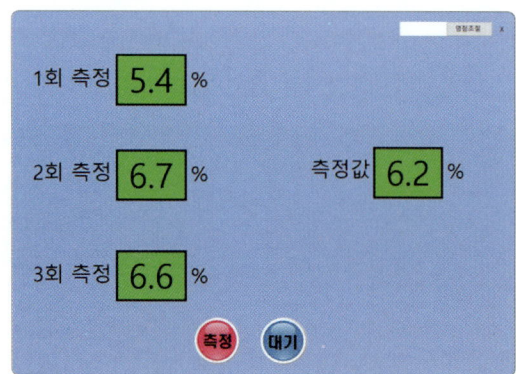

5-2-2. 답안지 작성

1) 차종은 등록증 상 차종 "소형승용"을 기입한다.
2) 연식은 등록증 상 차대번호 앞에서 10번째 "2" 이므로 : 2002년식으로 기입한다.
3) 2002년식 수시 정기검사 기준값 45%를 기준값을 기록한다.(23년 1회 실기검정부터 정비 기능사, 산업기사, 기사, 기능장 디젤 매연측정에서 "Turbo 및 Inter Cooler는 1993년부터 5% 가산한다." 는 대기환경보존법령 개정에 따라 미적용 합니다.
4) 측정은 1회 : 5.4%, 2회 : 6.7%, 3회 : 3.6%를 답안지에 기입한다.
5) 산출 근거는 $\frac{5.4+6.7+6.6}{3}$ = 6.2%를 기입한다.
6) 측정값 6%를 답안지에 정수로 기록한다.
7) 측정값 6%가 규정값 45%이하 범위 내에 있으므로 양호에 ☑ 표시한다.

자동차 등록증

제   호   최초등록일 : 0000년 00월 00일

① 자동차등록번호	48 나 8902	② 차종	소형승용	③ 용도	자가용
④ 차 명	i30	⑤ 형식 및 연식	UP203A		
⑥ 차대 번호	KNHUP75232S715045	⑦ 원동기 형식	K5		
⑧ 사용본거지	서울특별시 노원구 덕릉로 70가길 81				

소유자	⑨ 성명(명칭)	자동차	⑩ 주민(사업자) 등록번호	1233456-1234567
	⑪ 주소	서울특별시 노원구 덕릉로 70가길 81		

자동차관리법 제8조의 규정에 의하여 위와 같이 등록하였음을 증명합니다.

0000년 00월 00일

서울특별시 노원구청장

◆ 차대 번호

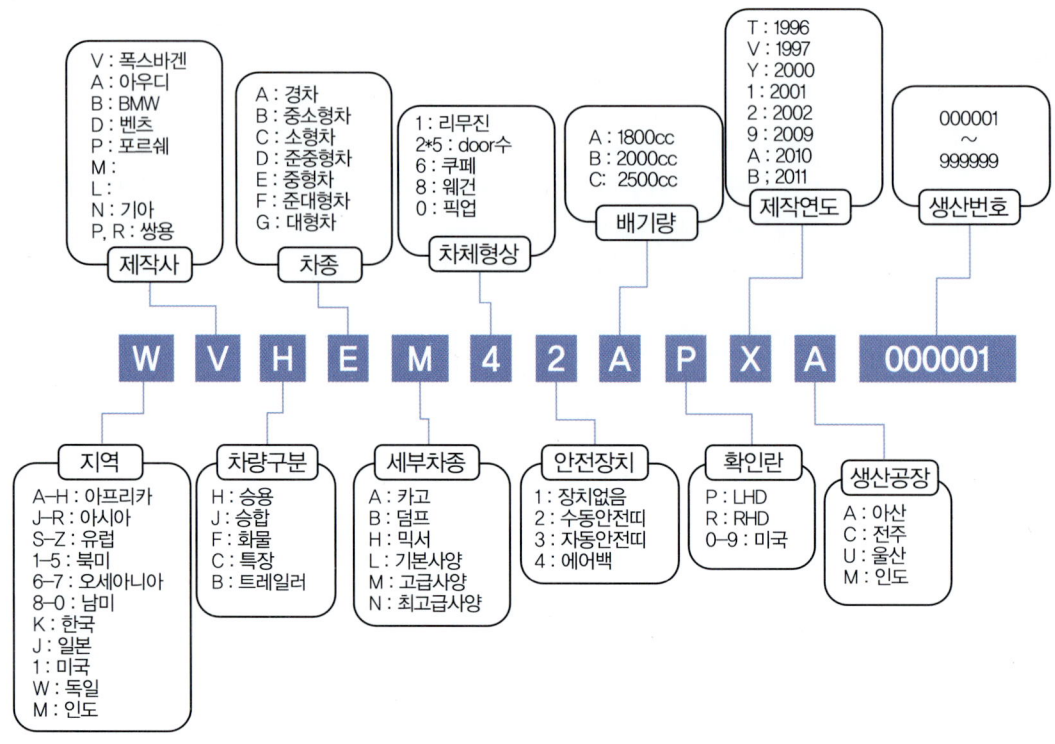

◆ 년도별 수시, 정기검사 규정값

년도	부호	년도	부호	년도	부호	년도	부호	규정값
1980	A	1991	M	2002	2	2013	D	55%이하
1981	B	1992	N	2003	3	2014	E	55%이하
1982	C	1993	P	2004	4	2015	F	45%이하
1983	D	1994	R	2005	5	2016	G	45%이하
1984	E	1995	S	2006	6	2017	H	40%이하
1985	F	1996	T	2007	7	2018	J	40%이하
1986	G	1997	V	2008	8	2019	K	20%이하
1987	H	1998	W	2009	9	2020	L	20%이하
1988	J	1999	X	2010	A	2021	M	10%이하 2016년 9월 1일 이후
1989	K	2000	Y	2011	B	2022	N	10%이하 2016년 9월 1일 이후
1990	L	2001	1	2012	C	2024	P	10%이하 2016년 9월 1일 이후

※ I, O, Q, U, Z 제외 (30년 주기)

[엔진 5] 시험결과 기록표

자동차 번호 :

① 측정(또는 점검)					② 판정		득점
차종	연식	기준값	측정값	측정	산출근거 (계산)기록	판정 (□에 'V'표)	
소형승용	2002년식	45% 이하	6%	1회 : 5.4% 2회 : 6.7% 3회 : 6.6%	$\dfrac{5.4+6.7+6.6}{3}$ = 6.2%	☑ 양호 □ 불량	

※ 자동차 검사기준 및 방법에 의하여 기록 판정합니다.

5-2-3. 판정 및 정비 조치사항

1) 측정값 6%가 규정값 45% 이하 이내이므로 양호에 ☑ 표시한다.
2) 측정값이 규정값 범위를 벗어나면 불량에 ☑ 표시한다.

나. 섀시

1. 주어진 자동차에서 후륜 현가장치의 쇽업소버 스프링을 탈거한 후 (감독위원에게 확인), 다시 부착하여 작동상태를 확인하시오.

1-1. 후륜 쇽업소버 탈, 부착

1) 타이어를 탈거한다.

2) 쇽업소버에서 브레이크 호스 고정 볼트를 탈거한다.

3) 쇽업소버 고정 볼트를 탈거하여 허브 너클과 분리한다.

4) 쇽업소버 상부의 인슐레이터 고정 너트를 탈거한다.

5) 쇽업소버를 차량에서 분리한다.

6) 분리된 쇽업소버를 감독위원에게 확인을 받는다.

7) 쇽업소버를 다시 장착하고 상부의 인슐레이터 고정 너트를 조립한다.

8) 허브 너클 고정 볼트를 체결한다.

9) 쇽업소버에 브레이크 호스 고정 볼트를 조립한다.

10) 타이어를 조립하고 감독위원에게 확인을 받는다.

1-2. 쇽업소버 스프링 탈, 부착

 **1안 참조 - p.45**

| 나. 섀시 | 2. 주어진 자동차에서 최소 회전반경을 측정하여 기록표에 기록하고, 타이 로드 엔드를 탈거한 후(감독위원에게 확인), 다시 부착하여 토(toe)가 규정값이 되도록 조정하시오. |

2-1. 최소 회전반경 측정

2-1-1. 측정

1) 핸들 직진 상태에서 시험 차량 앞, 뒷바퀴 양쪽에 턴테이블을 설치한다.

2) 차량 앞, 뒷 차축의 거리(축거)를 측정한다. (170cm, 1.7m)

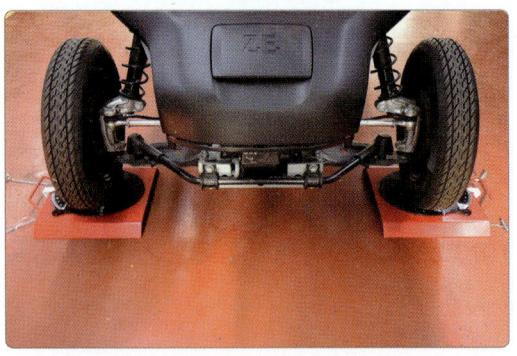
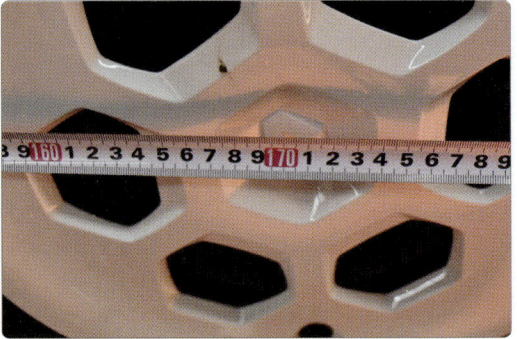

3) 차량의 회전 방향을 확인한다.(감독위원이 제시, 예 : 좌회전)

4) 핸들을 좌측으로 완전히 회전 후 좌측 바퀴의 최대 회전각도를 측정한다.(39°)

5) 좌회전 시 우측 바퀴의 최대 회전 각도를 측정한다.(30°)

6) 바퀴를 직진 상태로 원위치한다.

2-1-2. 답안지 작성

1) 회전 방향 좌에 ☑ 표시한다.
2) 좌측 최대 조향 시 좌측 바퀴 각도(39°)를 답안지에 기입한다.
3) 좌측 최대 조향 시 우측 바퀴 각도(30°)를 답안지에 기입한다.
4) 기준값 12m 이내를 기입한다.(법규사항이므로 암기)
5) 좌회전이므로 우측 바퀴 각도 30°의 sin 값 0.5를 구한다.
6) 계산식은 $\frac{L}{\sin\alpha} + r$ 이다. 계산값 $\frac{1.7}{0.5} + 0.02 = 3.42m$를 측정값 칸에 기입한다.
7) 축거는 앞바퀴 중심에서 뒷바퀴 중심까지의 거리 1.7m이다.(감독위원이 제시)
8) 바퀴의 접지면 중심과 킹핀 각과의 거리(r)는 시험위원이 제시한다.(20mm)
9) 각도별 sin값 : sin 28° : 0.4695, sin 29° : 0.4848, sin 30° : 0.5, sin 31° : 0.515
   sin 32° : 0.5299, sin 33° : 0.5446, sin 34° : 0.5592, sin 35° : 0.5736

[섀시 2] 시험결과 기록표

자동차 번호 :

항목	① 측정(또는 점검)			② 판정 및 정비(또는 조치)사항		득점
	측정값		기준값 (최소 회전반경)	산출근거	판정 (□에 'V'표)	
회전방향 (□에 'V'표) ☑ 좌 □ 우	r	20mm	12m 이내	$\frac{1.7}{0.5} + 0.02$ = 3.42m	☑ 양호 □ 불량	
	축거	1.7m				
	최대 조향시 각도	좌(바퀴)	39°			
		우(바퀴)	30°			
	최소 회전반경	3.42m				

2-1-3. 판정 및 정비 조치사항

1) 측정값 3.42m가 규정값 12m 이내에 들어오므로 양호에 ☑ 표시한다.
2) 측정값이 기준값 범위를 벗어나면 불량에 ☑ 표시한다.

2-2. 타이로드 엔드 탈, 부착

 3안 참조 – p.138

| 나. 섀시 | 3. ABS가 설치된 주어진 자동차에서 브레이크 패드를 탈거한 후(감독위원에게 확인), 다시 부착하여 브레이크 작동상태를 점검하시오. |

3-1. ABS 브레이크 패드 탈, 부착

 1안 참조 – p.52

| 나. 섀시 | 4. 3의 작업 자동차에서 감독위원 지시에 따라 전(앞) 또는 후(뒤) 제동력을 측정하여 기록표에 기록하시오. |

4-1. 제동력 측정

 1안 참조 – p.54

나. 섀시

5. 주어진 자동차의 ABS에서 자기진단기(스캐너)를 이용하여 각종 센서 및 시스템의 작동 상태를 점검하고 기록표에 기록하시오.

5-1. VDC, ECS, TCS 점검

5-1-1. 센서 진단

1) 차량통신을 선택한다.

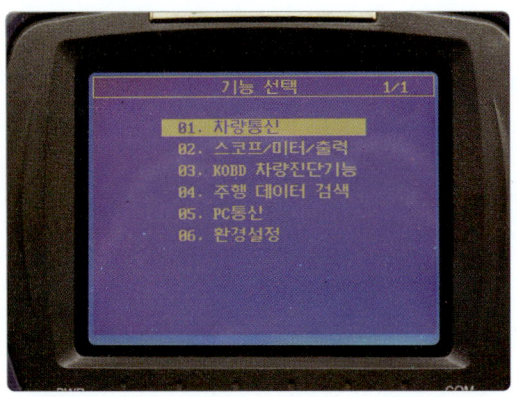

2) 현대자동차를 선택한다.

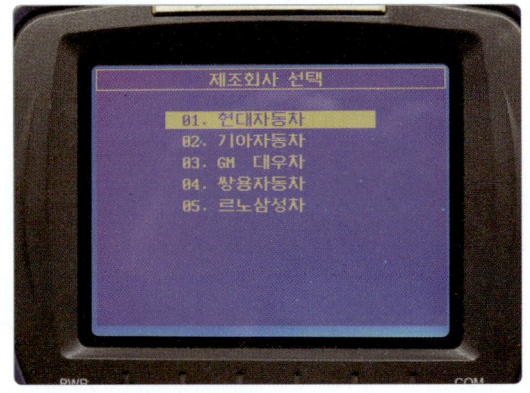

3) i30(FD)를 선택한다.

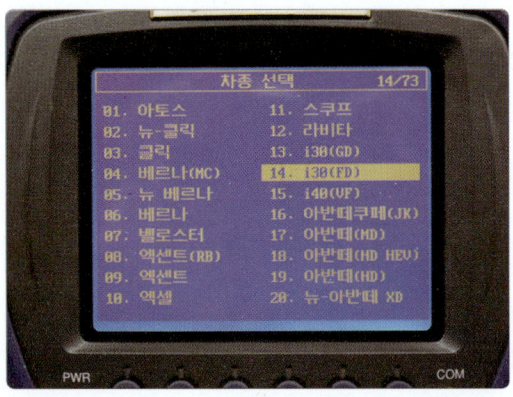

4) 제동제어를 선택한다.

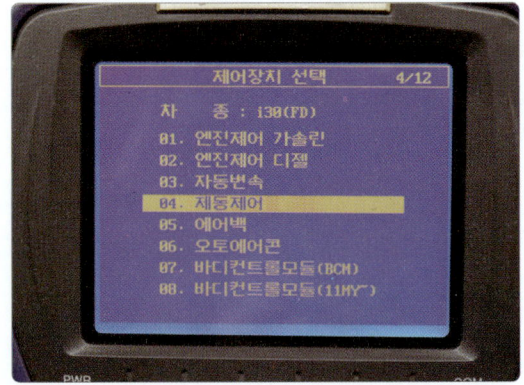

5) 자기진단을 선택한다.

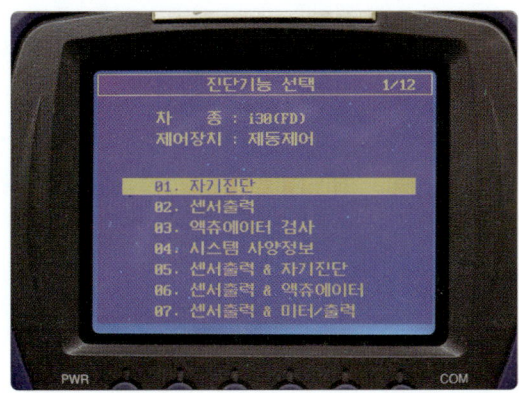

6) 고장코드가 표시된다.
   (뒤 우측 휠센서 - 단선/단락)
   (앞 좌측 휠센서 - 단선/단락)

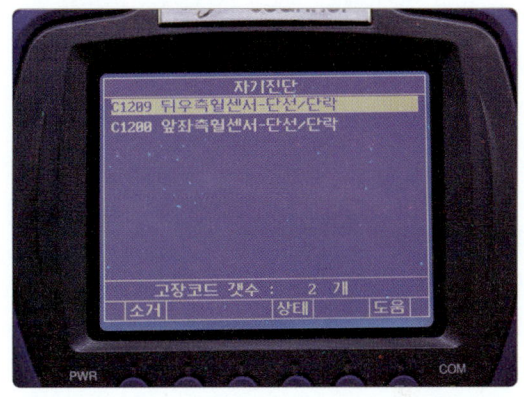

7) 뒤 우측 휠센서 커넥터를 확인한다.
   (커넥터 탈거)

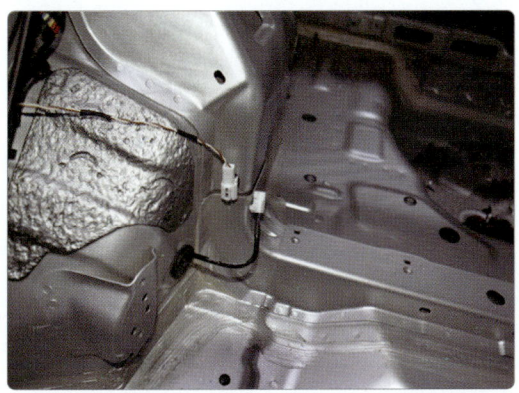

8) 앞 좌측 휠센서 커넥터를 확인한다.
   (커넥터 연결)

5-1-2. 답안지 작성

1) 답안지 이상 부위에 (뒤 우측 휠센서 - 단선/단락), (앞 좌측 휠센서 - 단선/단락)에서 "뒤 우측 휠센서, 앞 좌측 휠센서"만 기입한다.(단선/단락 제외)
2) 뒤 우측 휠센서, 앞 좌측 휠센서 커넥터를 확인하여 탈거 시 "커넥터 탈거", 커넥터 연결 시 "센서 불량"으로 답안지를 작성한다.

[섀시 5] 시험결과 기록표

자동차 번호 :

항목	① 측정(또는 점검)		② 정비(또는 조치)사항	득점
	고장부분	내용 및 상태	정비 및 조치할 사항	
ABS 자기진단	뒤 우측 휠센서	커넥터 탈거	커넥터 연결/고장코드 삭제 후 재점검	
	앞 좌측 휠센서	센서 불량	센서 교환/고장코드 삭제 후 재점검	

5-1-3. 판정 및 정비 조치사항

1) 고장 코드가 표시 된 부품의 커넥터를 확인하고 커넥터 탈거 시 "커넥터 탈거", 정비 및 조치사항은 "커넥터 연결/고장코드 삭제 후 재점검"으로 답안지를 작성한다.
2) 커넥터가 연결되어 있으면 내용 및 상태에는 "센서 불량", 정비 및 조치사항은 "센서 교환/고장코드 삭제 후 재점검"으로 답안지를 작성한다.

다. 전기

1. 주어진 자동차에서 발전기를 탈거한 후(감독위원에게 확인), 다시 부착하여 작동상태를 확인하고, 출력 전압 및 출력 전류를 점검하여 기록표에 기록하시오.

1-1. 발전기 탈, 부착

1) 축전지 (-) 단자의 케이블을 분리한다.

2) 발전기 L 단자 커넥터를 탈거한다.

3) 발전기 B 단자를 탈거한다.

4) 발전기 하부 고정 볼트를 2회전한다.

5) 발전기 상부 고정 볼트를 2회전한다.

6) 장력 조정 볼트가 위로 들릴때까지 회전한다.

7) 장력 조정 볼트를 들어올린다.

8) 발전기 상부 고정 볼트를 탈거한다.

9) 발전기 벨트를 탈거한다.

10) 발전기 하부 고정 볼트를 탈거한다.

11) 발전기를 탈거한다.

12) 탈거한 발전기를 감독위원에게 확인을 받는다.

13) 발전기를 장착하고 하부 고정 볼트를 가조립한다.

14) 발전기 벨트를 장착한다.

15) 벨트 장력 조절기를 장착한다.

16) 벨트 조정 볼트를 돌려 장력을 조정한다.

17) 상부 고정 볼트를 조인다.

18) 하부 고정 볼트를 조인다.

19) 발전기 B 단자를 연결한다.

20) 발전기 L 단자 커넥터를 연결한다.

21) 축전지 (-) 단자의 케이블을 연결하고 감독 위원에게 확인을 받는다.

1-2. 발전기 충전 전류, 전압 측정

1-2-1. 측정

1) 배터리-배선에서 충전 전류를 측정한다. (1.3A)

2) 배터리에서 직접 충전 전압을 측정한다. (13.8V)

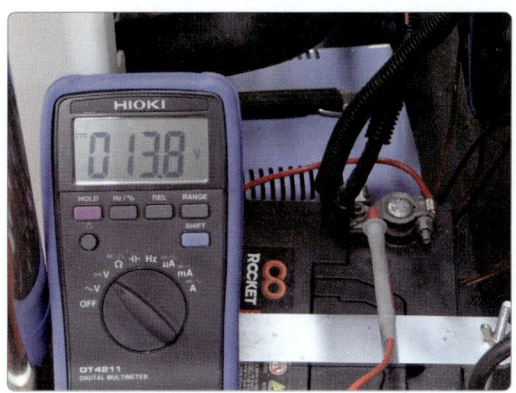

1-2-2. 답안지 작성

1) 충전 전류 측정값 1.3A를 답안지에 기록한다.
2) 충전 전압 측정값 13.8V를 답안지에 기록한다.
3) 충전 전압 규정값 13~15.5V를 답안지에 기록한다.

[전기 1] 시험결과 기록표

자동차 번호 :

항목	① 측정(또는 점검)		② 판정 및 정비(또는 조치)사항		득점
	측정값	규정(정비한계)값	판정 (□에 'V'표)	정비 및 조치할 사항	
충전 전류	1.3A		☑ 양호 □ 불량	없음	
충전 전압	13.8V	13~15.5V			

※규정값은 감독위원이 제시한 값으로 작성하고, 측정·판정합니다.

1-2-3. 판정 및 정비 조치사항

1) 측정값이 규정값 범위안에 들어오므로 양호에 ☑ 표시한다.
1) 충전 전압 측정값 13.8V가 기준값 13~15.5V 범위 내에 있으므로 양호에 ☑ 표시한다.
2) 충전 전압 측정값이 규정값 범위를 벗어나면 불량에 ☑ 표시 후 "발전기 교환/재점검"으로 답안지를 작성한다.
3) 충전 전류는 배터리 충전 상태에 따라 달라지므로 규정값 없음

다. 전기 2.주어진 자동차에서 전조등 시험기로 전조등을 점검하여 기록표에 기록하시오.

2-1. 전조등 점검

1안 참조 - p.68

다. 전기

3. 주어진 자동차에서 센트럴 도어 록킹(도어 중앙 잠금장치) 스위치 조작 시 편의장치(ETACS 또는 ISU) 및 운전석 도어모듈(DDM) 커넥터에서 작동 신호를 측정하고 이상 여부를 확인하여 기록표에 기록하시오

3-1. 센트럴 도어 록킹 스위치 입력신호 점검

3-1-1-. 측정

1) 커넥터 표에서 M25-1 커넥터 14번핀 Lock, 20번핀 Unlock 도어록 릴레이, 16번 GND 핀을 확인한다.

AVANTE XD ETACS, A/C

(M25-1)

1	B+
2	"P"포지션 신호
3	뒷도어 록/언록 신호
4	파워윈도우 릴레이 컨트롤
5	ON/ST 전원
6	IG 전원
7	
8	운전석앞 도어 스위치
9	조수석앞 도어 스위치
10	트렁크 램프 컨트롤
11	실내등
12	디포거 릴레이 컨트롤
13	시트벨트 경고등
14	도어록 릴레이(록)
15	미등 릴레이 컨트롤
16	GND
17	파킹브레이크 신호
18	전도어 스위치
19	엔진회전시 입력신호
20	도어록 릴레이(언록)

(M25-2)

1	키홀조명
2	도어 경고 스위치 신호
3	
4	시트벨트 스위치
5	
6	
7	와셔신호
8	간헐와이퍼
9	간헐와이퍼 시간지연조절
10	와이퍼 릴레이 컨트롤
11	엔진체크 경고등 컨트롤
12	디포거 스위치
13	IG 릴레이(1) 컨트롤
14	미등 스위치 입력
15	
16	

(M25-3)

2	외기온도 센서
3	
3	
4	증발기 온도센서
5	
6	
7	AQS
8	
9	외기온도센서 접지
10	
11	
12	GND

2) 시동키를 탈거한다.

3) 도어 잠금 레버를 Unlock 위치로 한다.

4) 14번핀 출력 전압을 측정한다.(Lock Off시 전압 : 12.82V)

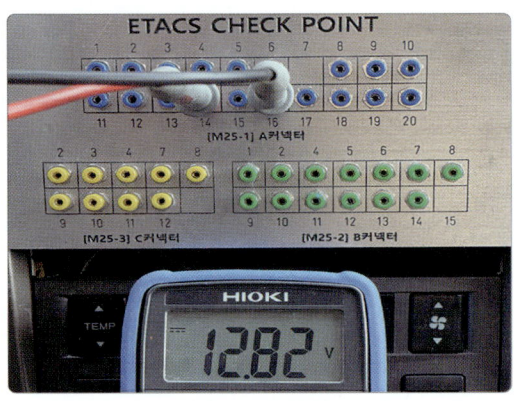

5) 도어 잠금 레버를 Lock 위치로 누름시 최저 전압을 읽는다.(Lock On시 전압 : 0.06V)

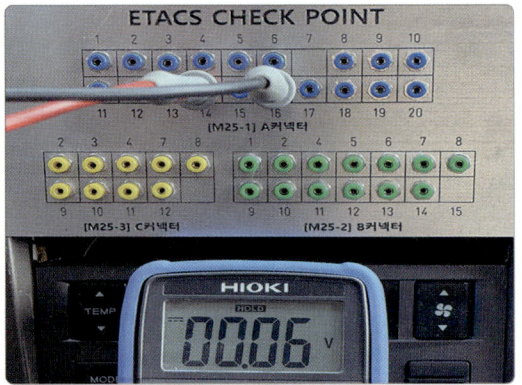

6) 도어 잠금 레버를 Lock 위치로 한다.

7) 20번핀 출력 전압을 측정한다.(Unlock Off시 전압 : 12.82V)

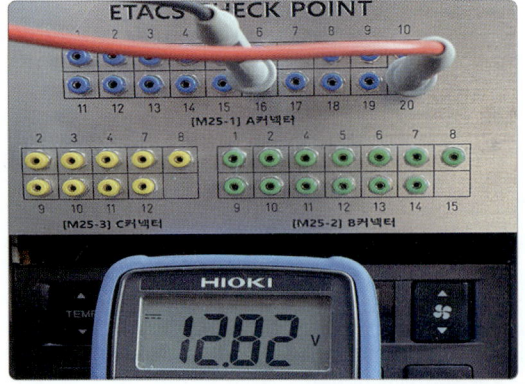

8) 도어 잠금 레버를 Unlock 위치로 당김시 최저 전압을 읽는다.(Unlock On시 전압 : 0.06V)

3-1-2. 답안지 작성

1) 잠김 On 시 전압 0.06V를 측정하여 기록표에 기록한다.
2) 잠김 Off 시 전압 12.82V를 측정하여 기록표에 기록한다.
3) 풀림 On 시 전압 0.06V를 측정하여 기록표에 기록한다.
4) 풀림 Off 시 전압 12.82V를 측정하여 기록표에 기록한다.

[전기 3] 시험결과 기록표

자동차 번호 :

측정항목	① 측정(또는 점검)			② 판정 및 정비(또는 조치)사항		득점
		측정값	규정(한계)값	판정 (□에 'V'표)	정비 및 조치할 사항	
록(Lock)	On	0.06V	0~1.5V	☑ 양호 □ 불량	없음	
	Off	12.82V	10~16V			
언록(Unlock)	On	0.06V	0~1.5V			
	Off	12.82V	10~16V			

3-1-3. 판정 및 정비 조치사항

1) 측정값이 규정값 범위 내에 있으므로 양호에 ☑ 표시한다.
2) 측정값이 규정값 범위를 벗어나면 "센트럴 도어 록킹 스위치 교환/재점검"으로 답안지를 작성한다.

다. 전기

4. 주어진 자동차에서 에어컨 작동회로를 점검하여 이상개소(2곳)를 찾아서 수리하시오.

4-1. 에어컨 회로 수리

4-1-1. 점검

1) 에어컨(10A), 송풍기 고속(30A), 냉각팬(30A), IG 2 퓨즈(30A)와 냉각팬 저속, 고속, 에어컨 릴레이 등을 확인한다.

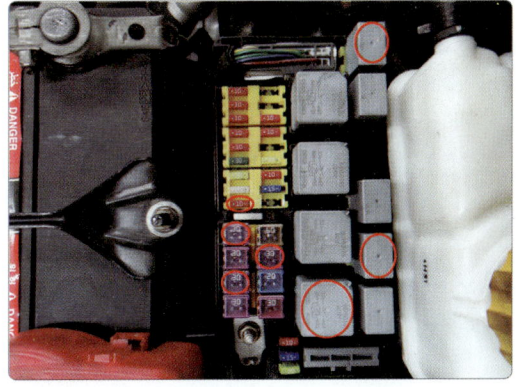

2) 듀얼 압력 S/W 커넥터를 확인한다.

3) 컴프레서 마그네틱 클러치 커넥터를 확인한다.

4) 컨덴서 팬 커넥터를 확인한다.

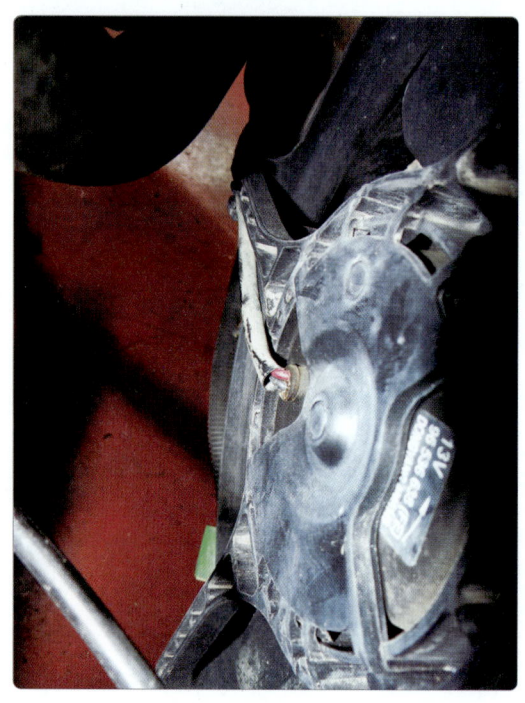

5) 실내 퓨즈 박스의 송풍기 퓨즈(20A), 블로워 모터 4단 릴레이를 확인한다.

6) 엔진 키 박스 커넥터를 점검한다.

7) 에어컨 S/W 커넥터를 확인한다.

8) 블로워 모터 커넥터를 확인한다.

4-1-2. 예상 고장부위

1) 고장부위가 확인되면 수리하지 말고 감독위원에게 확인을 받는다.
2) 예상답안
   ① 에어컨 퓨즈(10A), 송풍기 고속 퓨즈(20A), IG 2 퓨즈(30A), 냉각팬 퓨즈(30A) 단선(또는 없음, 파손)
   ② 냉각팬 저속, 고속 릴레이, 에어컨 릴레이 파손(또는 없음)
   ③ 듀얼압력 S/W 커넥터 탈거
   ④ 컴프레서 마그네틱 클러치 커넥터 탈거
   ⑤ 컨덴서 팬 커넥터 탈거
   ⑥ 엔진 키 박스 커넥터 탈거
   ⑦ 에어컨 S/W 커넥터 탈거
   ⑧ 블로우 모터 커넥터 탈거

MEMO

Industrial Engineer
Motor Vehicles
Maintenance

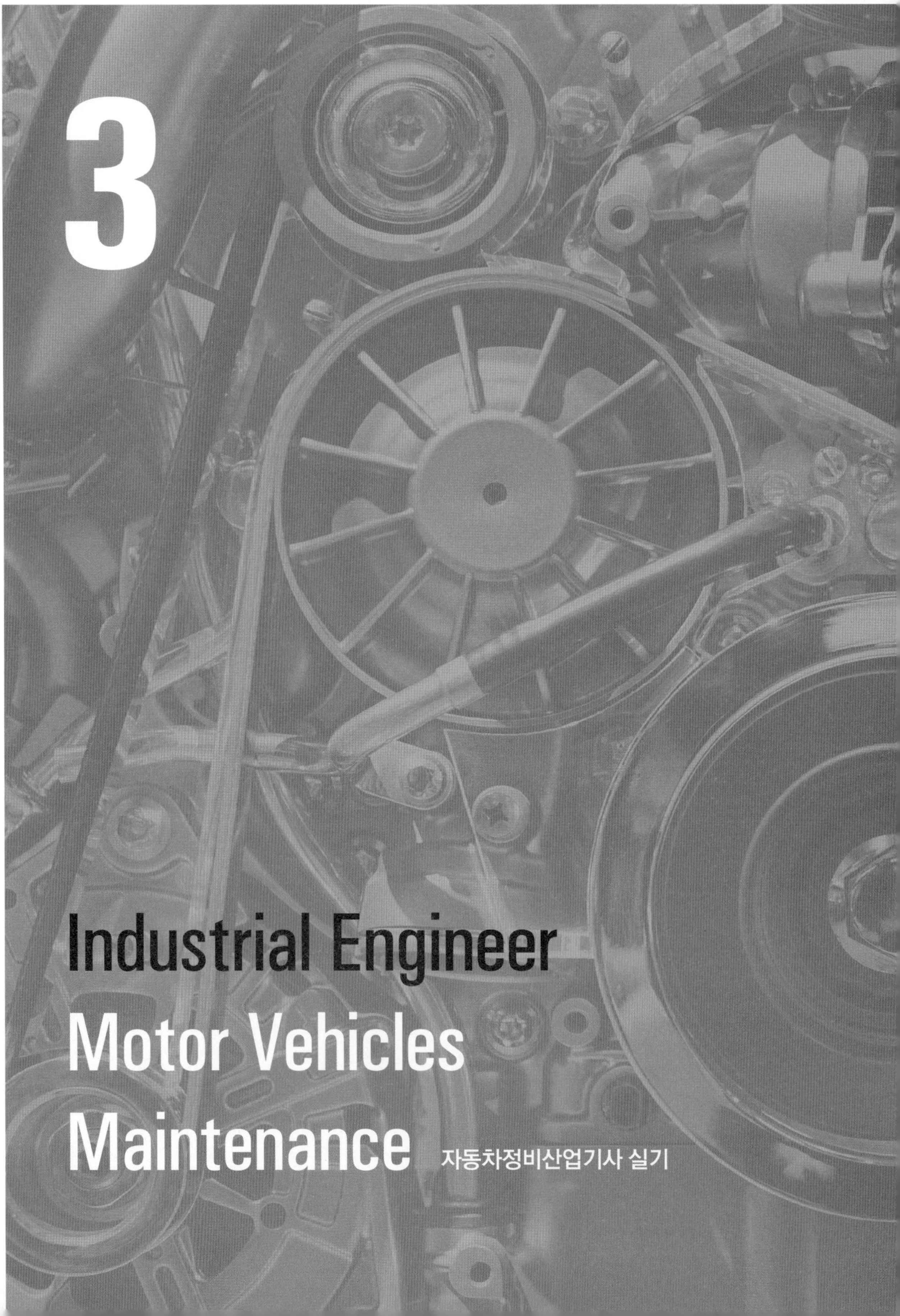

3

Industrial Engineer
Motor Vehicles
Maintenance 자동차정비산업기사 실기

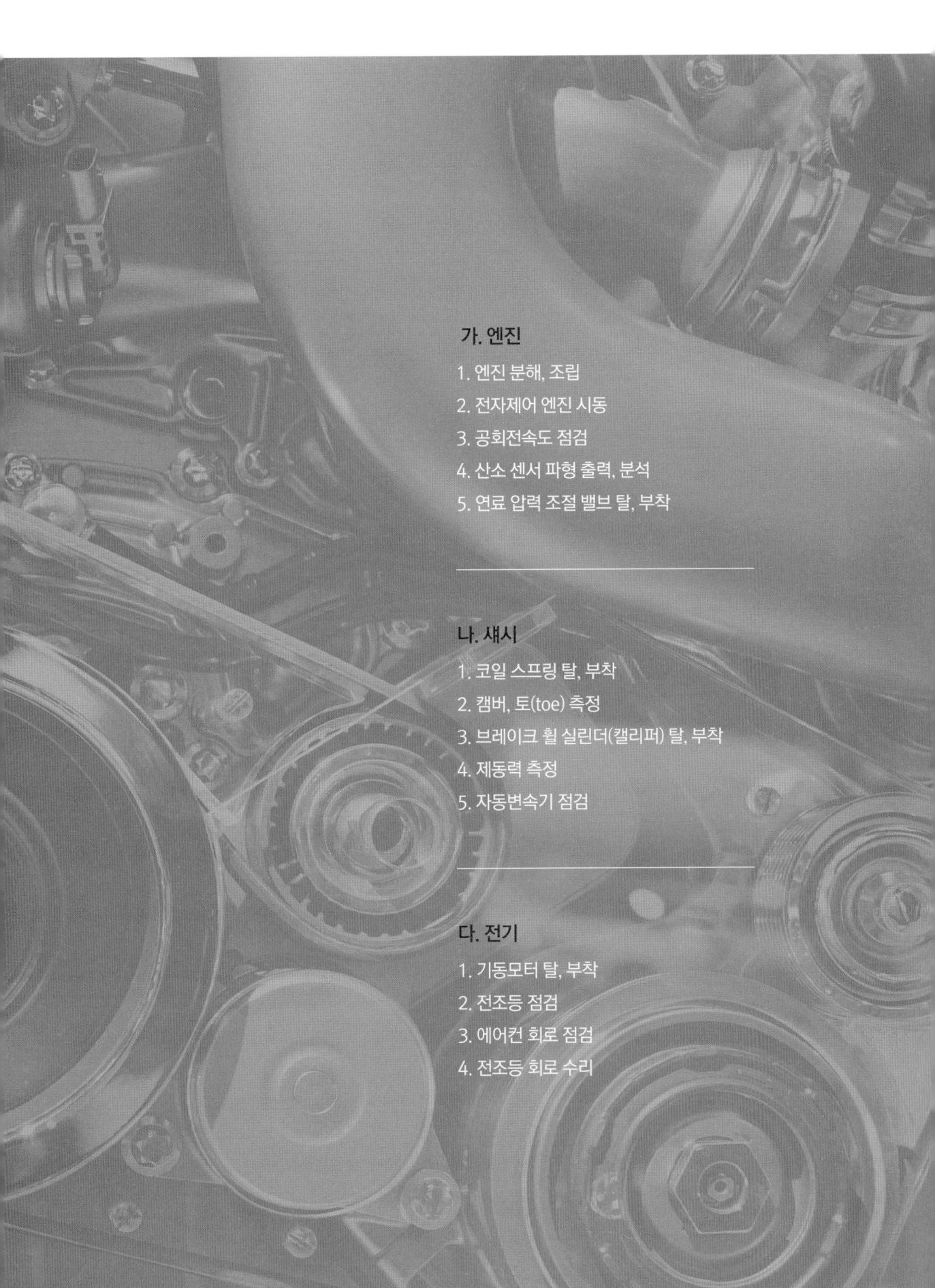

가. 엔진

1. 엔진 분해, 조립
2. 전자제어 엔진 시동
3. 공회전속도 점검
4. 산소 센서 파형 출력, 분석
5. 연료 압력 조절 밸브 탈, 부착

나. 섀시

1. 코일 스프링 탈, 부착
2. 캠버, 토(toe) 측정
3. 브레이크 휠 실린더(캘리퍼) 탈, 부착
4. 제동력 측정
5. 자동변속기 점검

다. 전기

1. 기동모터 탈, 부착
2. 전조등 점검
3. 에어컨 회로 점검
4. 전조등 회로 수리

3 자동차정비산업기사
국가기술자격검정 실기시험문제

| 자격종목 | 자동차정비산업기사 | 과제명 | 자동차정비작업 |

※ 문제지는 시험종료 후 본인이 가져갈 수 있습니다.

| 비번호 | | 시험일시 | | 시험장명 | |

※ 시험시간 : 5시간 30분 | 엔진 : 140분   섀시 : 120분   전기 : 70분

☑ 요구사항

| 가. 엔진 | 1. 주어진 엔진을 기록표의 측정항목(크랭크축 축 방향 유격)까지 분해하여 기록표의 요구사항을 측정 및 점검하고 본래 상태로 조립하시오. |

1-1. 엔진 분해, 조립

1안 참조 - p.4

1-2. 크랭크축 축 방향 유격 측정

1-2-1. 측정

1) 크랭크축에 다이얼 게이지를 설치 후 (-) 드라이버로 크랭크축을 좌측으로 최대한 민 상태에서 다이얼 게이지를 0점 조정한다.

2) 크랭크축을 우측으로 최대한 민 상태에서 게이지 눈금을 읽는다.

3) 다이얼 게이지의 측정값 0.06mm이다.

1-2-2. 답안지 작성

1) 드라이버를 너무 힘을 주어 밀면 스러스트 베어링이 손상되므로 주의한다.
2) 측정값 0.06mm를 답안지에 기입한다.
3) 기준값 0.05~0.18mm을 답안지에 기입한다.

[엔진 1] 시험결과 기록표

자동차 번호 :

항목	① 측정(또는 점검)		② 판정 및 정비(또는 조치)사항		득점
	측정값	규정(한계)값	판정 (□에 'V'표)	정비 및 조치할 사항	
크랭크축 축 방향 유격	0.06mm	0.05~0.18mm	☑ 양호 □ 불량	없음	

※ 감독위원이 지정하는 부위를 측정합니다.

1-2-3. 판정 및 정비 조치사항

1) 측정값이 기준값 범위 안에 들어가므로 양호에 ☑ 표시한다.
2) 크랭크축 축 방향 유격이 규정값 범위를 벗어나면 "스러스트 베어링 교환/재점검"으로 답안지를 작성한다.

| 가. 엔진 | 2. 주어진 자동차의 전자제어 엔진에서 감독위원의 지시에 따라 1가지 부품을 탈거한 후 (감독위원에게 확인), 다시 부착하고 시동에 필요한 관련 부분의 이상개소(시동회로, 점화회로, 연료장치 중 2개소)를 점검 및 수리하여 시동하시오. |

2-1. 전자제어 엔진 시동

 1안 참조 - p.25

| 가. 엔진 | 2. 2의 시동된 엔진에서 공회전속도를 확인하고, 감독위원의 지시에 따라 공회전 시 배기가스를 측정하여 기록표에 기록하시오.(단, 시동이 정상적으로 되지 않은 경우 본 항의 작업은 할 수 없음) |

3-1. 공회전속도 점검

 1안 참조 - p.28

3-2. 배기가스 측정(CO, HC)

 1안 참조 - p.30

| 가. 엔진 | 4. 주어진 자동차의 엔진에서 산소 센서의 파형을 출력·분석하여 그 결과를 기록표에 기록하시오.(측정조건 : 공회전 상태) |

4-1. 산소 센서 파형 출력 분석

4-1-1. 측정

1) 감독위원이 지정한 산소 센서에 1번 채널 프로브를 연결하고 엔진을 시동한다.(예 : S1)

2) 윈도우 초기화면에서 Hi-DS를 클릭한다.

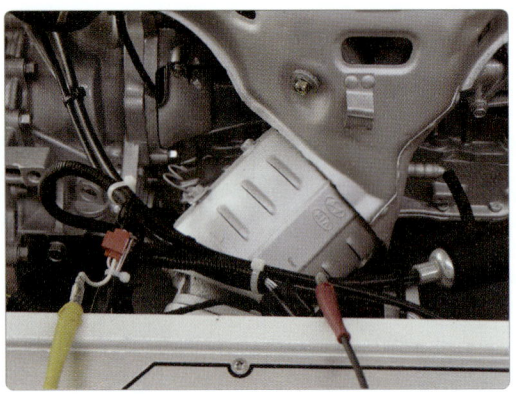

3) 로그인 창에서 로그인 취소를 클릭한다.

4) 다음 화면 사용제약 경고문에서 확인을 클릭한다.

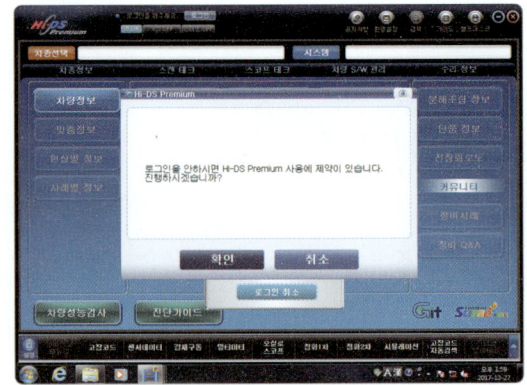

5) 다음 화면에서 오실로스코프를 클릭한다.

6) 다음 화면에서 제작사, 차종, 연식, 엔진 형식을 클릭한다.

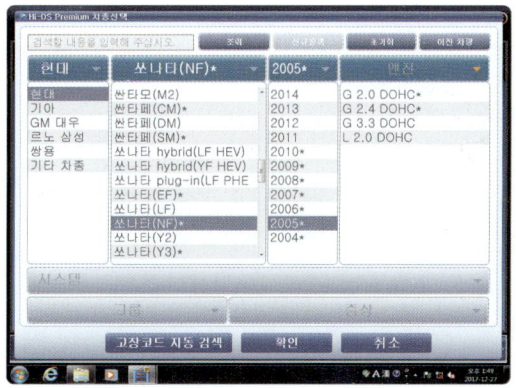

7) 측정할 시스템을 선택한다.

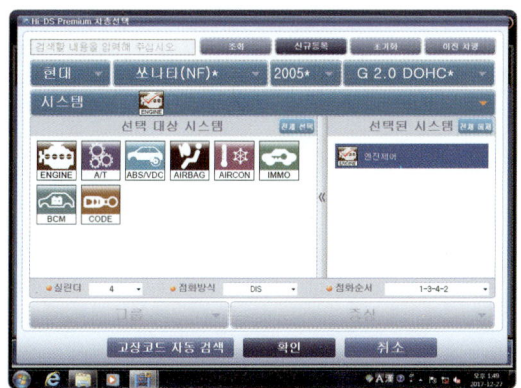

8) 다음 화면에서 1.6V, 1.5s로 설정 후 창을 확장한다.

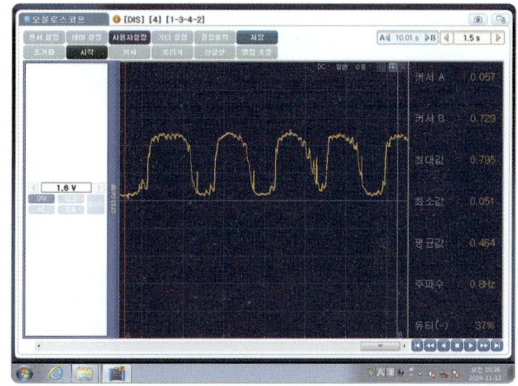

9) 설정 창을 닫는다.

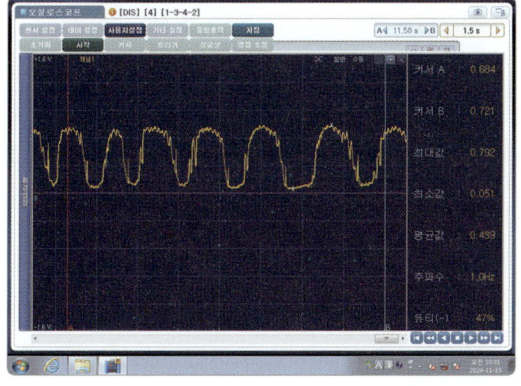

10) 파형이 잡히면 정지 버튼을 누른다.

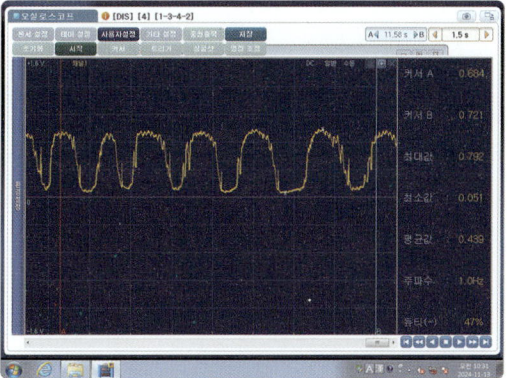

국가기술자격검정 실기시험문제 3 127

11) A 커서 희박(최소값 부근) 노이즈를 피해서 위치, B 커서 농후(최대값 부근) 노이즈를 피해서 위치한다.

12) 프린터를 클릭하여 선택영역을 선택한다.

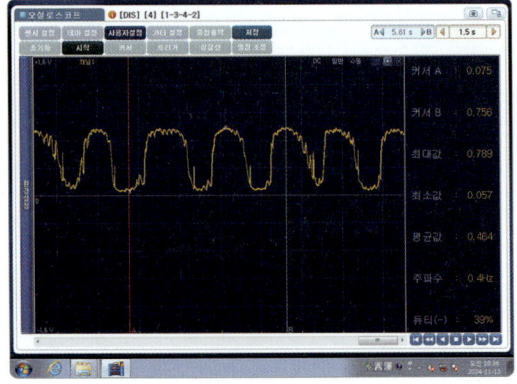
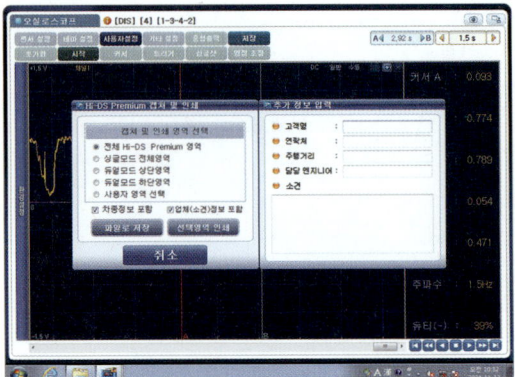

13) 확인을 클릭하여 인쇄한다.

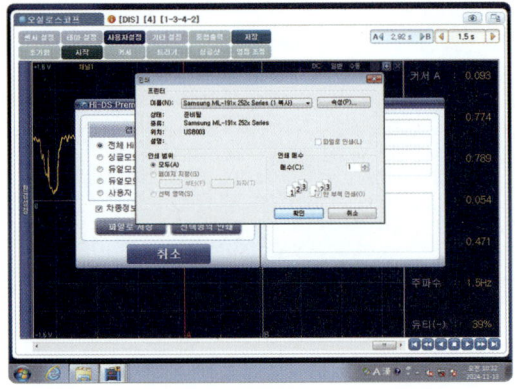

4-1-2. 답안지 작성

1) 출력한 파형에 A커서 희박, B커서 농후 전압을 표시한다
2) 출력한 파형에 A커서값 희박 0.075V, B커서값 농후(0.756V) 전압 값을 기입한다.

[엔진 4] 시험결과 기록표

자동차 번호 :

측정항목	파형상태	득점
파형 측정	요구사항 조건에 맞는 파형을 프린트하여 아래사항을 분석 후 뒷면에 첨부 ① 파형에 불량요소가 있는 경우에는 반드시 표기 및 설명하여야 함 ② 파형의 주요 특징에 대하여 표기 및 설명하여야 함	

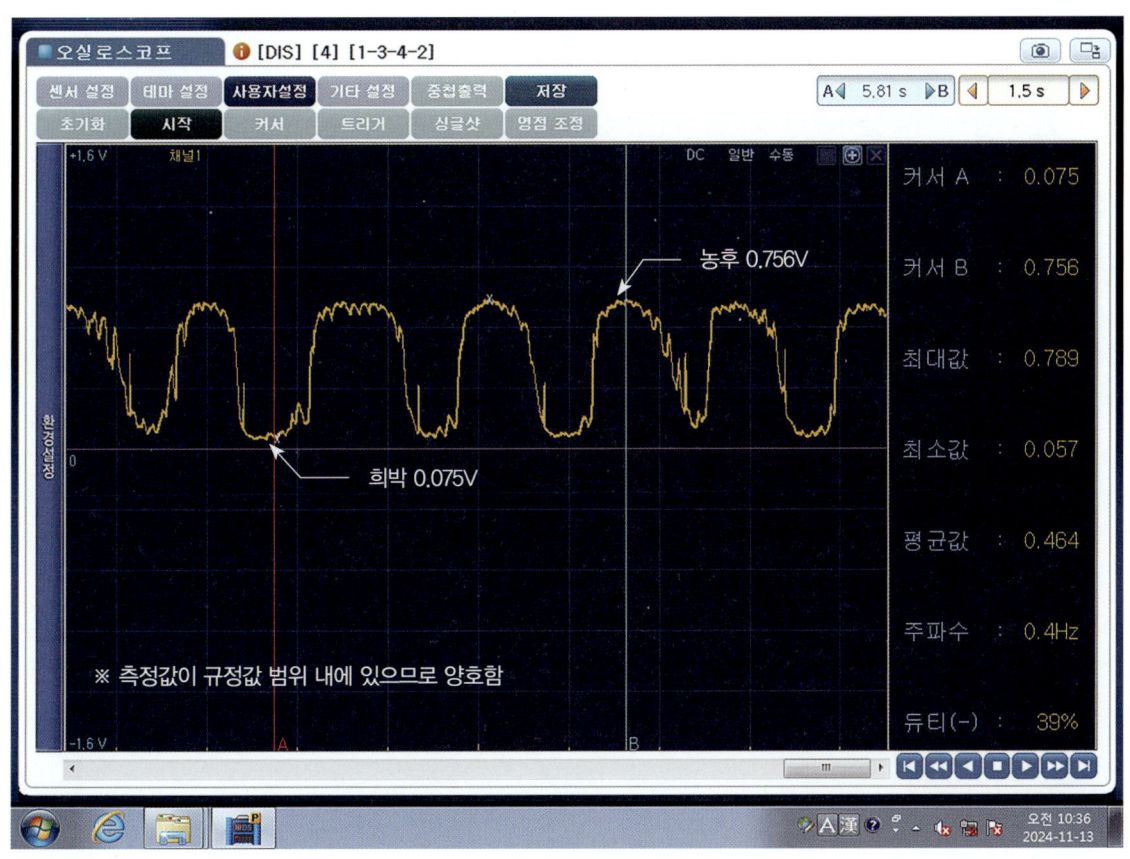

4-1-3. 판정 및 정비 조치사항

1) 규정값은 차종에 따라 다르므로 감독위원이 제시한다.
   (예 : 희박(최소값 부근) : 0~0.5V, 노후(최대값 부근) : 0.7~1.2V)
2) 양호 판정 시 "측정값이 규정값 범위 내에 있으므로 양호함"으로 프린트한 파형 하단에 기록한다.
3) 불량 판정 시 "출력 전압이 규정값을 벗어나므로 산소 센서를 교환/재점검"으로 프린트한 파형 하단에 기록한다.

| 가. 엔진 | 5. 주어진 전자제어 디젤 엔진에서 연료 압력 조절 밸브를 탈거한 후(감독위원에게 확인), 다시 부착하여 시동을 걸고, 공회전 시 연료 압력을 점검하여 기록표에 기록하시오. |

5-1. 연료 압력 조절 밸브 탈, 부착

1) 시험 차량의 연료 압력 조절 밸브를 확인한다.

2) 연료 압력 조절 밸브 커넥터를 탈거한다.

3) 연료 압력 조절 밸브를 탈거한다.

4) 탈거한 압력 조절 밸브를 감독위원에게 확인을 받는다.

5) 연료 압력 조절 밸브를 장착한다.

6) 연료 압력 조절 밸브 커넥터를 연결 후 감독위원에게 확인을 받는다.

5-2. 연료 압력 측정

1안 참조 - p.40

| 나. 섀시 | 1. 주어진 자동차에서 전륜 현가장치의 코일 스프링을 탈거한 후(감독위원에게 확인), 다시 부착하여 작동상태를 확인하시오. |

1-1. 코일 스프링 탈, 부착

 1안 참조 - p.45

| 나. 섀시 | 2. 주어진 자동차에서 휠 얼라인먼트 시험기로 캠버와 토(toe) 값을 측정 하여 기록표에 기록한 후, 타이 로드 엔드를 탈거한 후(감독위원에게 확인), 다시 부착하여 토(toe)가 규정값이 되도록 조정하시오. |

2-1. 캠버, 토(toe) 측정

2-1-1. 측정

1) 시험차량을 리프트로 들어 올린 후 측정기 클램프를 설치한다.

2) HA-710 아이콘을 실행한다.

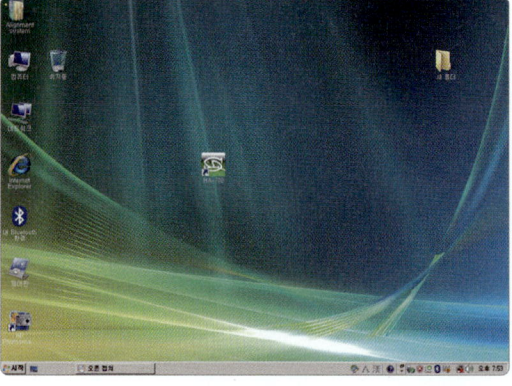

3) 작업시작 F1을 클릭한다.

4) 차량을 선택(현대 베르나) 후 F6을 클릭한다.

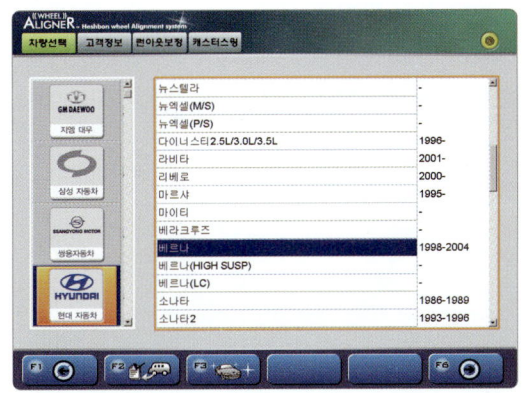

5) 고객 정보창이 표시되면 무시하고 F6을 클릭한다.

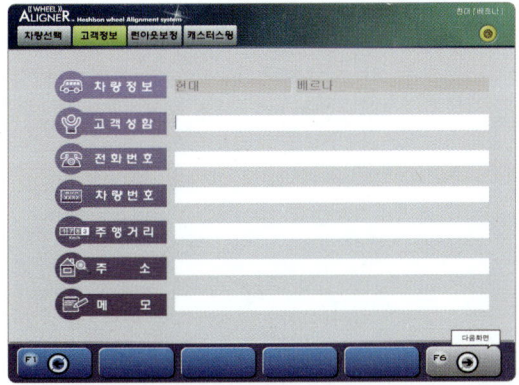

6) 화면에 적색 휠 런 아웃 보정 화살표가 표시된다.

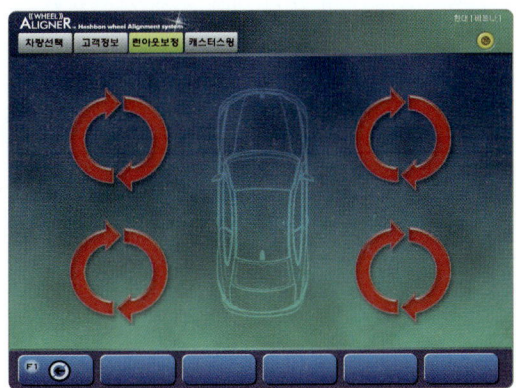

7) 운전석 타이어를 180° 회전시킨다.

8) 녹색 램프가 점등되도록 수평을 잡은 후 OK 버튼을 누른다.

9) 운전석 앞바퀴 표시 적색 오른쪽 화살표가 녹색으로 바뀐다.

10) 타이어를 다시 180° 회전(초기위치) 후 녹색 램프가 점등되도록 수평을 잡은 후 OK 버튼을 누른다.

11) 운전석 앞바퀴 표시 왼쪽 적색 화살표가 녹색으로 바뀐다.

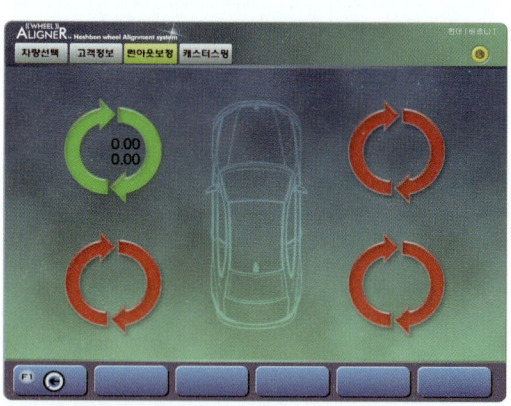

12) 같은 방법으로 운전석 앞바퀴 → 운전석 뒷바퀴 → 조수석 앞바퀴 → 조수석 뒷바퀴 순으로 휠 런아웃을 보정하면 적색 화살표가 모두 녹색 화살표로 바뀐다.

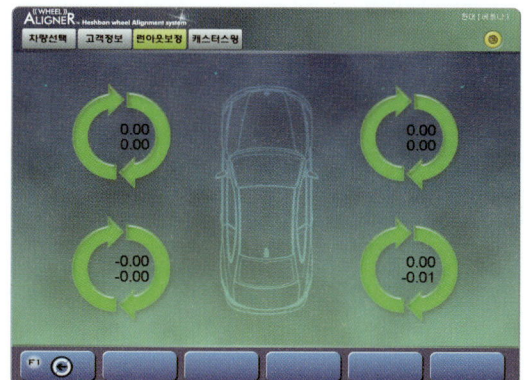

13) 아래 화면에 표시순서대로 작업을 실행한다.

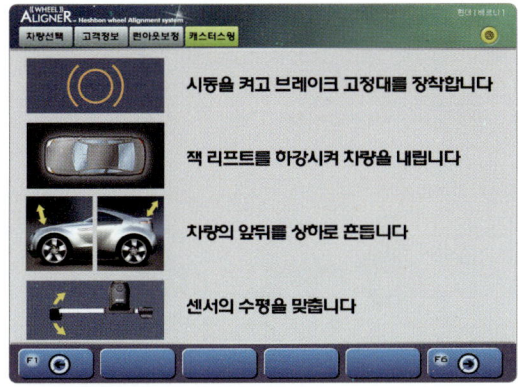

14) 화면에 OK 표시가 될 때까지 핸들을 화살표 방향(직진)으로 회전한다.

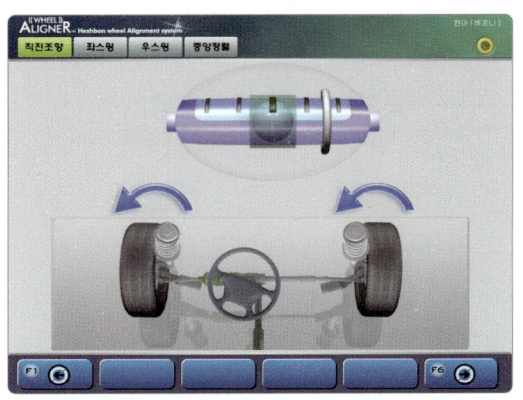

15) 화면에 OK 표시가 되면 정지한다.

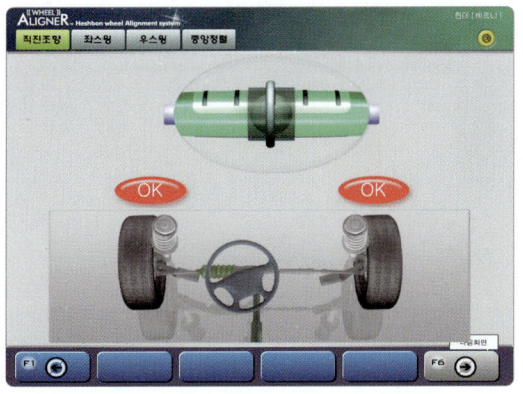

16) 화면에 OK 표시가 될 때까지 핸들을 화살표 방향(좌측)으로 회전한다.

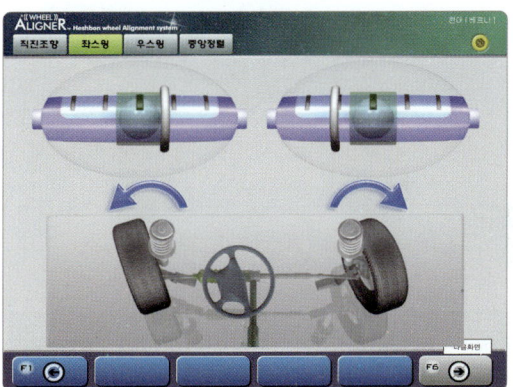

17) 화면에 OK 표시가 되면 정지한다.

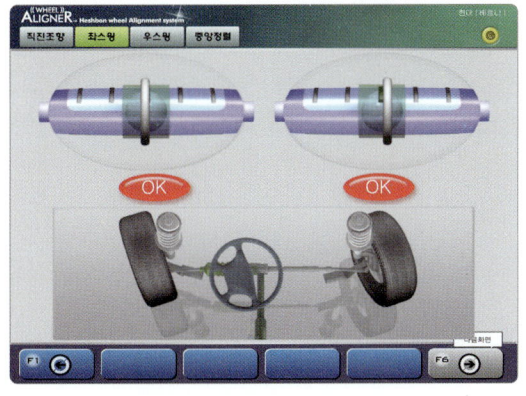

18) 화면에 OK 표시가 될 때까지 핸들을 화살표 방향(우측)으로 회전한다.

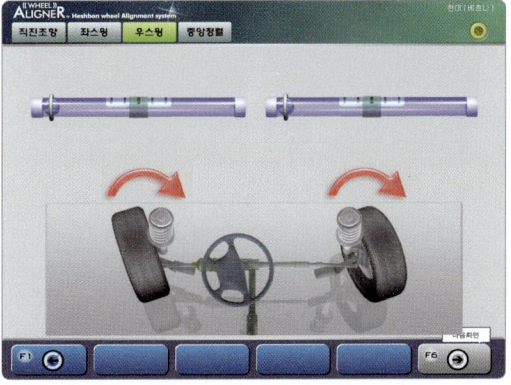

19) 화면에 OK 표시가 되면 정지한다.

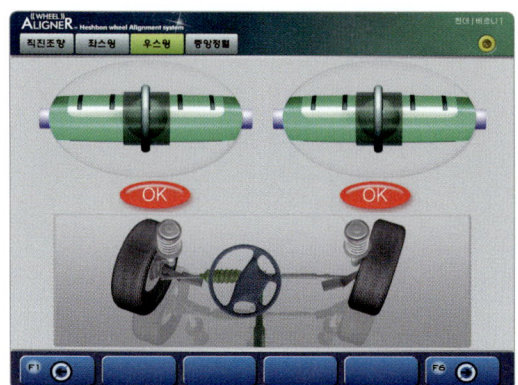

20) 화면에 OK 표시가 될 때까지 핸들을 화살표 방향(중앙 정렬)으로 회전한다.

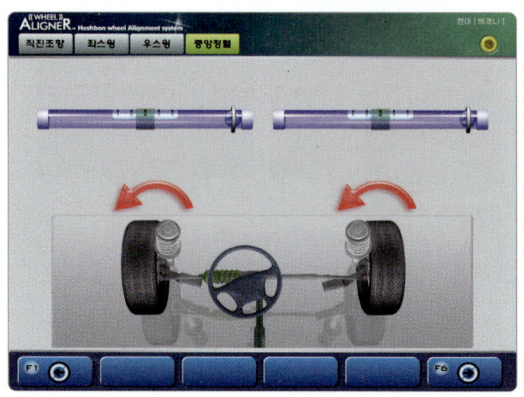

21) 화면에 OK 표시가 되면 정지한다.

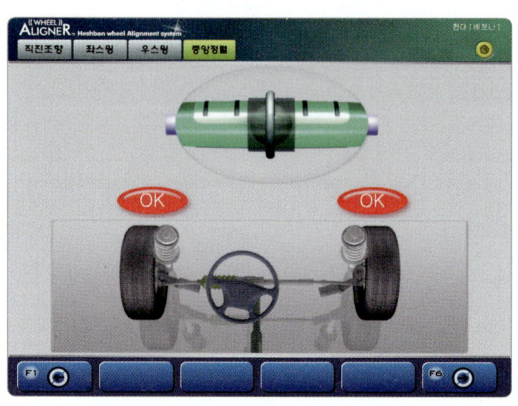

22) F6을 클릭하면 측정결과가 표시된다.

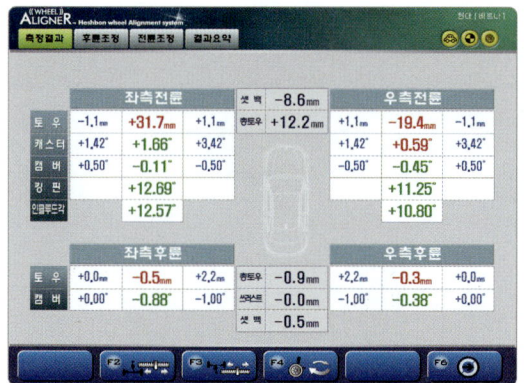

2-1-2. 답안지 작성

1) 감독위원이 지정한 한 쪽만 측정한다.(예 : 좌측 전륜)
2) 좌측 전륜 캠버 측정값 -0.11°, 기준값 +0.50~-0.50°를 답안지에 기입한다.
3) 좌측 전륜 토(toe) 측정값 +31.7mm, 기준값 -1.1~+1.1mm를 답안지에 기입한다.

[섀시 2] 시험결과 기록표

자동차 번호 :

항목	① 측정(또는 점검)		② 판정 및 정비(또는 조치)사항		득점
	측정값	규정(정비한계)값	판정 (□에 'V'표)	정비 및 조치할 사항	
캠버	-0.11°	+0.50~-0.50°	□ 양호 ☑ 불량	양쪽 타이 로드로 조정/재점검	
토(toe)	+31.7mm	-1.1~+1.1mm			

2-1-3. 판정 및 정비 조치사항

1) 토(toe)가 기준값 범위를 벗어났으므로 불량에 ☑ 표시한다.
2) 토(toe)만 불량이므로 "양쪽 타이 로드로 조정/재점검"으로 답안지를 작성한다.
3) 캠버 불량 시 "휠 얼라이먼트 조정/재검검"으로 답안지를 작성한다.

2-2. 타이로드 엔드 탈, 부착 후 조정

2-2-1. 탈, 부착

1) 타이 로드 엔드 더블 너트를 돌린 후 고정 핀을 탈거한다.

2) 볼 조인트 너트를 4~5회전 시킨다.

3) 타이 로드 엔드에 풀러를 장착 후 압축한다. (풀러를 사용하지 않으면 감점)

4) 타이 로드 엔드를 너클에서 탈거한다.

5) 타이 로드 엔드를 탈거한다.

6) 감독위원에게 확인을 받는다.

7) 타이로드 엔드를 고정 너트까지 돌려서 조립한다.

8) 볼 너트를 조립한다.

9) 분할 핀을 장착하고 고정 너트를 조여서 고정한 후 감독위원에게 확인을 받는다.

2-2-2. 토(toe) 조정

1) 토 게이지를 준비 후 슬리브, 딤블 눈금을 0점 정렬한다.

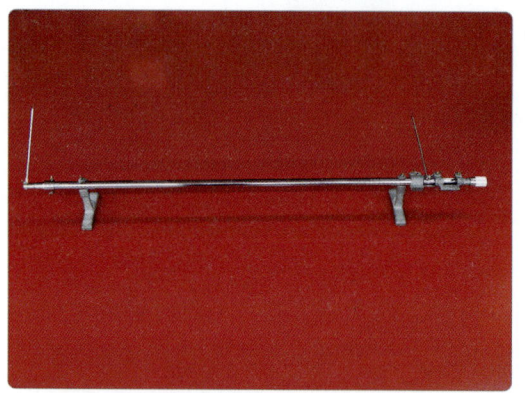

2) 핸들 직진 상태에서 게이지를 시험차량 앞바퀴 뒤쪽에 설치 후 측정 게이지쪽 바늘을 타이어 중심선에 맞춘다.

3) 반대쪽 로드 고정 볼트를 풀고 게이지 바늘을 타이어 중심선에 맞추고 로드를 고정한다.

4) 토 게이지를 앞쪽으로 이동한다.

5) 측정 미터가 없는 게이지 왼쪽 바늘을 타이어 중심선에 맞춘다.

6) 측정 미터 딤블을 돌려서 바늘을 타이어 중심선에 맞춘다.

7) 측정값을 읽는다.(out 2.8mm)

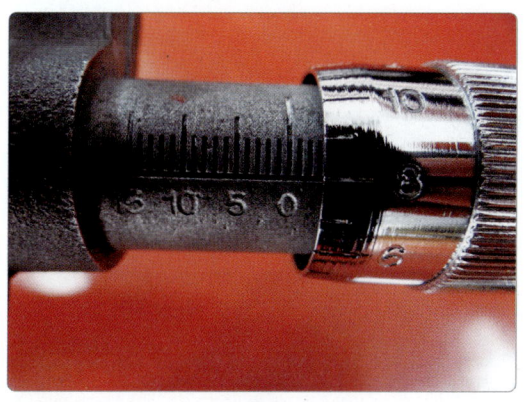

8) 토(toe)가 규정값 범위에 들어오도록 양쪽 타이 로드를 동일한 회전수로 돌려 토(toe)를 조정한다.

| 나. 섀시 | 3. 주어진 자동차에서 브레이크 휠 실린더(또는 캘리퍼)를 탈거한 후(감독 위원에게 확인), 다시 부착하여 브레이크 작동상태를 점검하시오. |

3-1. 브레이크 휠 실린더(캘리퍼) 탈, 부착

1) 타이어를 탈거한다.

2) 유압 공급 호스를 탈거한다.

3) 캘리퍼 뒷면에 고정 볼트 2개를 탈거한다.

4) 브레이크 캘리퍼를 탈거한다.

5) 탈거한 캘리퍼를 감독위원에게 확인을 받는다.

6) 캘리퍼를 다시 장착하고 고정 볼트를 체결한다.

7) 유압호스를 장착한다.

8) 브레이크 오일을 보충 후 에어빼기 작업을 한 후 감독위원에게 확인을 받는다.

| 나. 섀시 | 4. 3의 작업 자동차에서 감독위원 지시에 따라 전(앞) 또는 후(뒤) 제동력을 측정하여 기록표에 기록하시오. |

4-1. 제동력 측정

1안 참조 - p.54

| 나. 섀시 | 5. 주어진 자동차의 자동변속기에서 자기진단기(스캐너)를 이용하여 각종 센서 및 시스템의 작동 상태를 점검하고 기록표에 기록하시오. |

5-1. 자동변속기 점검

1안 참조 - p.59

| 다. 전기 | 1. 주어진 자동차에서 기동모터를 탈거한 후(감독위원에게 확인), 다시 부착 하여 작동상태를 확인하고, 크랭킹 시 소모 전류 및 전압 강하 시험하여 기록표에 기록하시오. |

1-1. 기동모터 탈, 부착

 1안 참조 - p.62

1-2. 크랭킹 시 소모 전류 및 전압 강하 시험

 1안 참조 - p.65

| 다. 전기 | 2. 주어진 자동차에서 전조등 시험기로 전조등을 점검하여 기록표에 기록하시오. |

2-1. 전조등 점검

 1안 참조 - p.68

다. 전기

3. 주어진 자동차의 에어컨 회로에서 외기온도 입력 신호값을 점검하여 이상 여부를 확인하여 기록표에 기록하시오.

3-1. 에어컨 외기온도 입력 신호값 점검

3-1-1-. 측정

1) 커넥터 표에서 M25-3 2번 외기온도 센서, 12번 GND를 확인한다.

AVANTE XD ETACS, A/C

1	2	3	4	5	6		8	9	10
11	12	13	14	15	16	17	18	19	20

(M25-1)

1	2		4	5	6	7	8
9	10	11	12	13	14		

(M25-2)

2	3	4		7	8
9	10	11	12		

(M25-3)

M25-1	
1	B+
2	"P"포지션 신호
3	뒷도어 록/언록 신호
4	파워윈도우 릴레이 컨트롤
5	ON/ST 전원
6	IG 전원
7	
8	운전석앞 도어 스위치
9	조수석앞 도어 스위치
10	트렁크 램프 컨트롤
11	실내등
12	디포거 릴레이 컨트롤
13	시트벨트 경고등
14	도어록 릴레이(록)
15	미등 릴레이 컨트롤
16	GND
17	파킹브레이크 신호
18	전도어 스위치
19	엔진회전시 입력신호
20	도어록 릴레이(언록)

M25-2	
1	키홀조명
2	도어 경고 스위치 신호
3	
4	시트벨트 스위치
5	
6	
7	와셔신호
8	간헐와이퍼
9	간헐와이퍼 시간지연조절
10	와이퍼 릴레이 컨트롤
11	엔진체크 경고등 컨트롤
12	디포거 스위치
13	IG 릴레이(1) 컨트롤
14	미등 스위치 입력
15	
16	

M25-3	
2	외기온도 센서
3	
3	
4	증발기 온도센서
5	
6	
7	AQS
8	
9	외기온도센서 접지
10	
11	
12	GND

2) M25-3 12번 핀 GND, 2번 핀 외기 온도 센서에 멀티메터를 연결 후 에어컨을 작동한다.

3) 출력 전압을 측정한다.(2.8V)

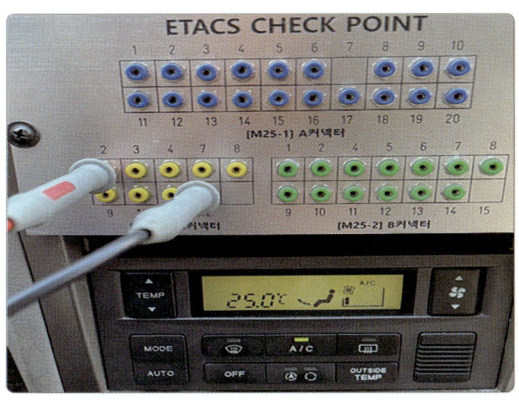
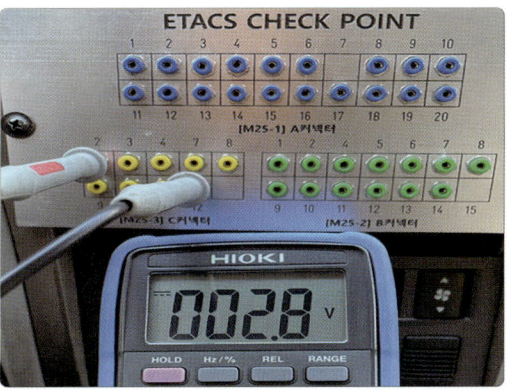

3-1-2. 답안지 작성

1) 외기온도 센서 출력값 2.8V를 답안지에 기록한다.
2) 규정값 1.5~2.2V를 답안지에 기록한다.

[전기 3] 시험결과 기록표

자동차 번호 :

항목	① 측정(또는 점검)		② 판정 및 정비(또는 조치)사항		득점
	측정값	규정(한계)값	판정 (□에 'V'표)	정비 및 조치할 사항	
외기온도 입력 신호값	2.8V	1.5~2.2V	□ 양호 ☑ 불량	외기온도 센서 교환/재점검	

3-1-3. 판정 및 정비 조치사항

1) 측정값이 규정값 범위를 벗어나므로 불량에 ☑ 표시한다.
2) 측정값이 규정값 범위 내에 들어가면 양호에 표시 후 정비 및 조치사항 "없음"으로 답안지를 작성한다.

다. 전기

4. 주어진 자동차에서 전조등 회로를 점검하여 이상 개소(2곳)를 찾아서 수리하시오.

4-1. 전조등 회로 수리

4-1-1. 점검

1) 좌, 우측 상향등, 하향등 퓨즈(10A), 전조등 퓨즈(25A), IG 2 퓨즈(30A), 상, 하향등 릴레이를 확인한다.

2) 좌, 우측 전조등 전구와 커넥터를 점검한다.

3) 전조등 S/W 커넥터를 확인한다.

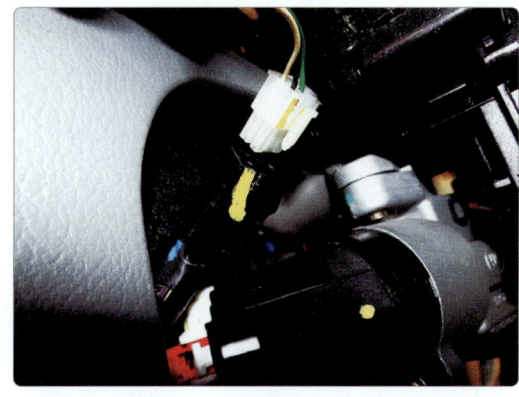

4) 딤머 패싱 S/W 커넥터를 확인한다.

5) 키 박스 커넥터를 확인한다.

4-1-2. 예상 고장부위

1) 고장부위가 확인되면 수리하지 말고 감독위원에게 확인을 받는다.
2) 예상답안
   ① 좌, 우측 상향등 퓨즈(10A) 단선(또는 파손, 없음)
   ② 좌, 우측 하향등 퓨즈(10A) 단선(또는 파손, 없음)
   ③ 전조등 퓨즈(25A) 단선(또는 파손, 없음)
   ④ 상, 하향등 릴레이 단선(또는 파손, 없음)
   ⑤ 좌, 우측 전조등 전구 단선(또는 없음, 커넥터 탈거)
   ⑥ IG 2 퓨즈(30A) 단선(또는 파손, 없음)
   ⑦ 전조등 스위치 커넥터 탈거
   ⑧ 딤머, 패싱 S/W 커넥터 탈거

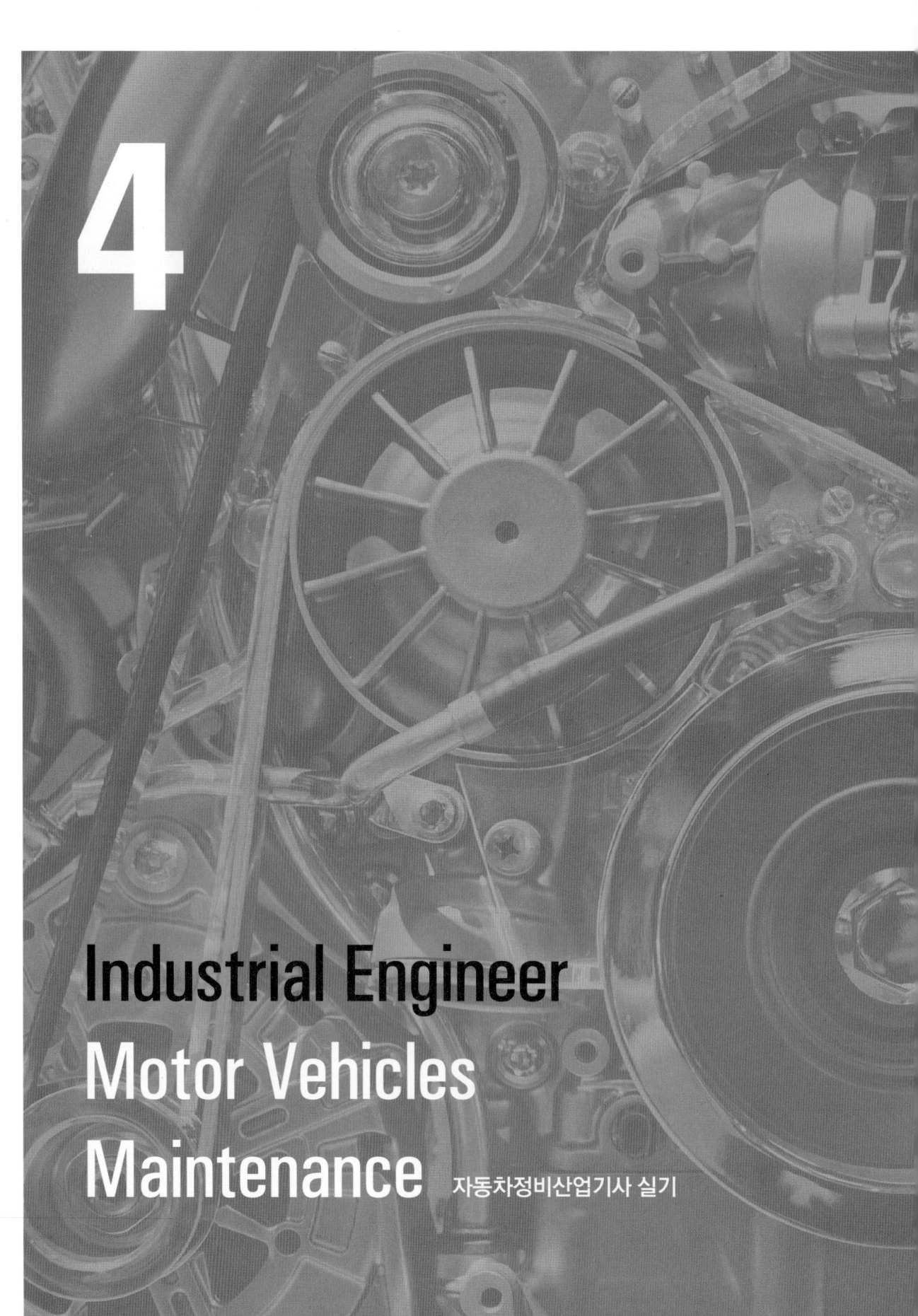

가. 엔진

1. 엔진 분해, 조립
2. 전자제어 엔진 시동
3. 공회전속도 점검
4. 스텝모터(또는 ISA) 파형 출력, 분석
5. 연료 압력 센서 탈, 부착

나. 섀시

1. CV 조인트 탈, 부착
2. 셋백(setback) 토(toe) 측정 및 조정
3. 브레이크 슈 탈, 부착
4. 제동력 측정
5. VDC, ECS, TCD 점검

다. 전기

1. 발전기 분해, 조립
2. 전조등 점검
3. 열선 스위치 ETACS (또는 ISU) 입력전압 측정
4. 파워 윈도우 회로 수리

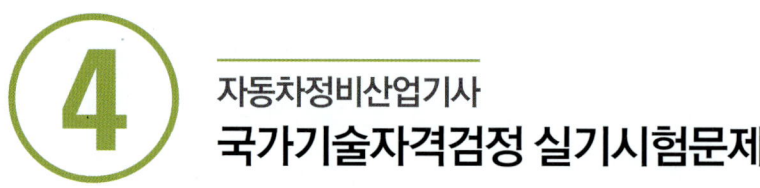

자동차정비산업기사
국가기술자격검정 실기시험문제

자격종목	자동차정비산업기사	과제명	자동차정비작업

※ 문제지는 시험종료 후 본인이 가져갈 수 있습니다.

비번호		시험일시		시험장명	

※ 시험시간 : 5시간 30분 | 엔진 : 140분   섀시 : 120분   전기 : 70분

☑ 요구사항

가. 엔진	1. 주어진 엔진을 기록표의 측정항목(피스톤 링 엔드 갭)까지 분해하여 기록표의 요구사항을 측정 및 점검하고 본래 상태로 조립하시오.

1-1. 엔진 분해, 조립

📖 **1안 참조 - p.4**

1-2. 피스톤링 엔드 갭 측정

1-2-1. 측정

1) 감독위원이 지정한 실린더에 피스톤링을 삽입한다.

2) 피스톤을 뒤집어서 피스톤링이 하사점 부근에 설치되도록 누른다.

3) 피스톤을 제거하고 간극 게이지로 간극을 측정한다.

1-2-2. 답안지 작성

1) 엔드 갭 측정값 0.356mm를 답안지에 기입한다.
2) 엔드 갭 규정값 0.20~0.30mm를 답안지에 기입한다.

[엔진 1] 시험결과 기록표

자동차 번호 :

항목	① 측정(또는 점검)		② 판정 및 정비(또는 조치)사항		득점
	측정값	규정(한계)값	판정 (□에 'V'표)	정비 및 조치할 사항	
엔드 갭	0.356mm	0.20~0.30mm	□ 양호 ☑ 불량	피스톤 링 교환/재점검	

※ 감독위원이 지정하는 부위를 측정합니다.

1-2-3. 판정 및 정비 조치사항

1) 측정값이 규정값 범위를 벗어났으므로 불량에 ☑ 표시한다.
2) 측정값이 규정값 범위 내에 있으면 양호에 ☑ 표시 후 "없음"으로 답안지에 기록한다.

| 가. 엔진 | 2. 주어진 자동차의 전자제어 엔진에서 감독위원의 지시에 따라 1가지 부품을 탈거한 후 (감독위원에게 확인), 다시 부착하고 시동에 필요한 관련 부분의 이상개소(시동회로, 점화회로, 연료장치 중 2개소)를 점검 및 수리하여 시동하시오. |

2-1. 전자제어 엔진 시동

 1안 참조 - p.25

| 가. 엔진 | 3. 2의 시동된 엔진에서 공회전 상태를 확인하고, 감독위원의 지시에 따라 인젝터 파형을 분석하여 기록표에 기록하시오.(단, 시동이 정상적으로 되지 않은 경우 본 항의 작업은 할 수 없음) |

3-1. 공회전속도 점검

 1안 참조 - p.28

3-2. 인젝터 파형 분석

 2안 참조 - p.85

가. 엔진

4. 주어진 자동차의 엔진에서 스텝모터(또는 ISA)의 파형을 출력·분석하여 그 결과를 기록표에 기록하시오.(측정조건 : 공회전 상태)

4-1. 스텝모터(또는 ISA) 파형 출력, 분석

4-1-1. 측정

1) 시험용 엔진의 ISA 위치를 확인한다.

2) ISA 열림 커넥터에 1번, 닫힘에 2채널 프로브를 연결하고 엔진을 시동한다.

3) 윈도우 초기화면에서 Hi-DS를 클릭한다.

4) 로그인 창에서 로그인 취소를 클릭한다.

5) 다음 화면에서 사용제약 경고문에서 확인을 클릭한다.

6) 다음 화면에서 오실로스코프를 클릭한다.

7) 다음 화면에서 제작사, 차종, 연식, 엔진형식을 클릭한다.

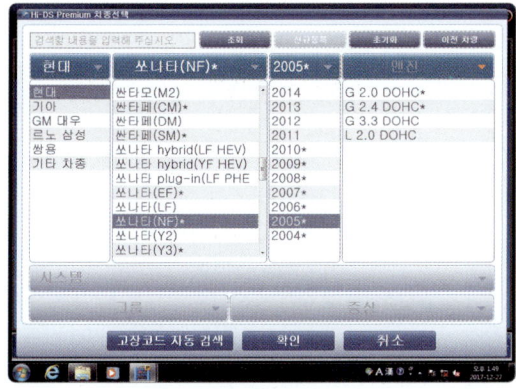

8) 측정할 시스템을 선택한다.

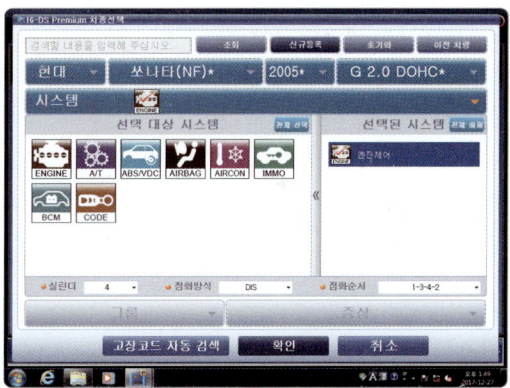

9) 다음 화면에서 60.0V, 3ms로 설정 후 창을 확장한다.

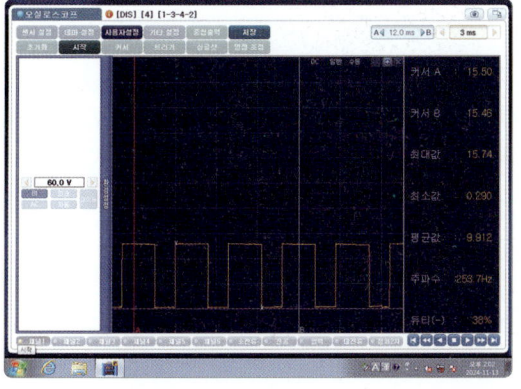

10) 파형 정지 후 A, B 커서를 파형 1주기에 정렬한다.

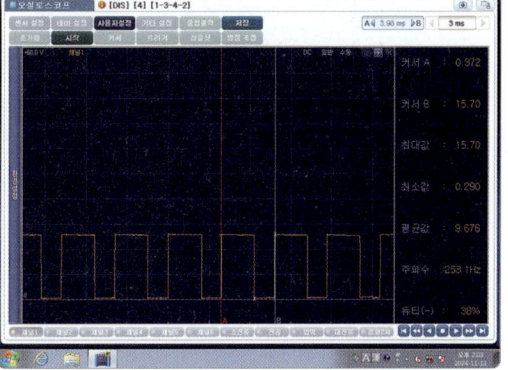

11) 프린터를 클릭하여 선택영역을 선택한다.

12) 확인을 클릭하여 인쇄한다.

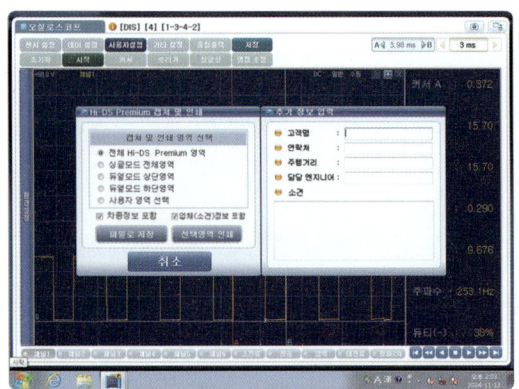 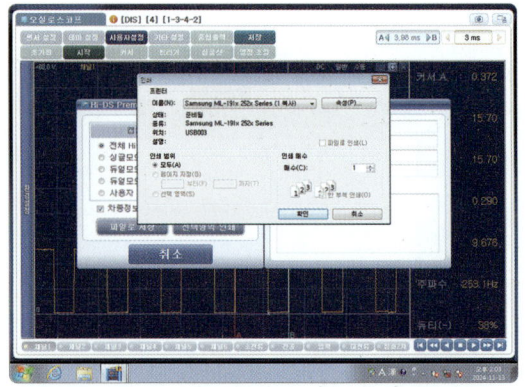

4-1-2. 답안지 작성

1) 최소값 0.290V를 출력한 파형에 표시한다.
2) 최대값 15.70V를 출력한 파형에 표시한다.
3) 듀티 38%를 출력한 파형에 표시한다.

[엔진 4] 시험결과 기록표

자동차 번호 :

측정항목	파형상태	득점
파형 측정	요구사항 조건에 맞는 파형을 프린트하여 아래사항을 분석 후 뒷면에 첨부 ① 파형에 불량요소가 있는 경우에는 반드시 표기 및 설명하여야 함 ② 파형의 주요 특징에 대하여 표기 및 설명하여야 함	

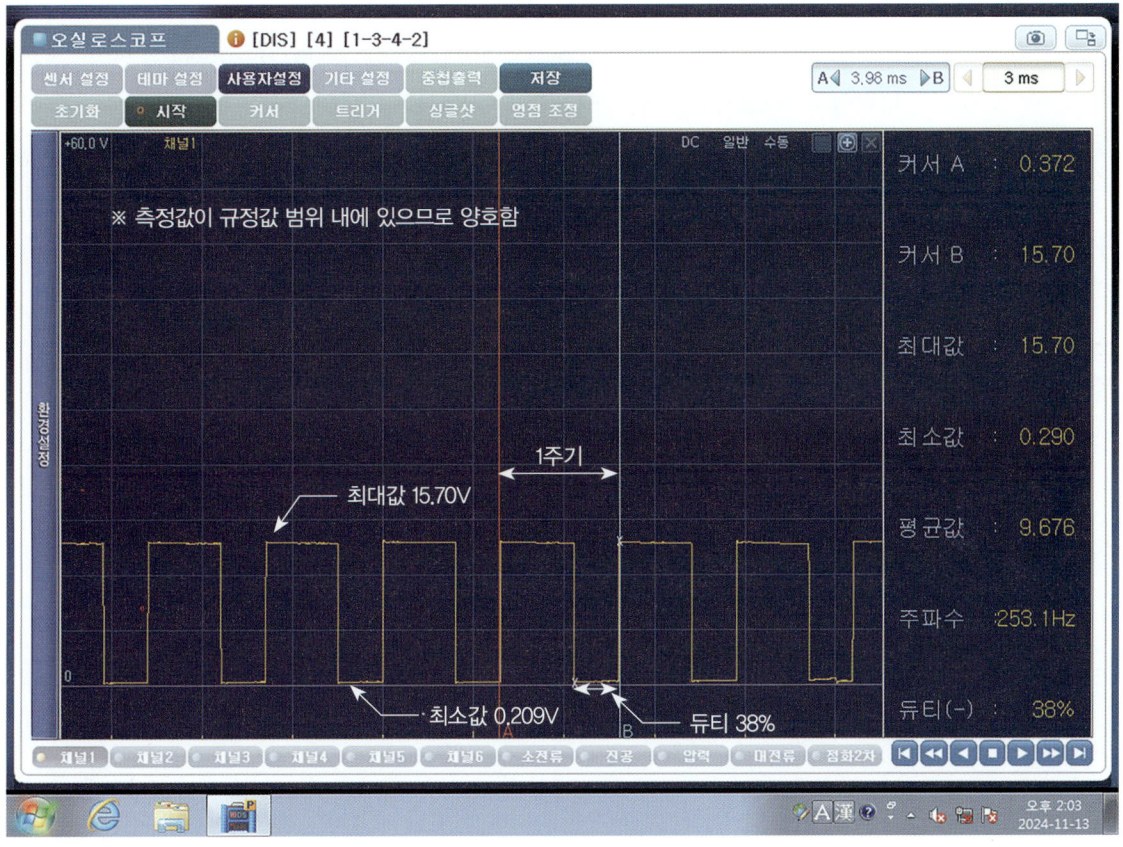

4-1-3. 판정 및 정비 조치사항

1) 기준값은 감독위원이 제시한다.(예 : 최소값 0~1.2V, 최대값 13.5~16.5V, 듀티 25~35%)
2) 양호 판정 시 "측정값이 규정값 범위 내에 있으므로 양호함"으로 프린트한 파형 상단에 기록한다.
3) 불량 판정 시 "ISA 교환/재점검"으로 프린트한 파형 상단에 기록한다.

| 가. 엔진 | 5. 주어진 전자제어 디젤 엔진에서 연료 압력 센서를 탈거한 후(감독위원에게 확인), 다시 부착하여 시동을 걸고, 매연을 점검하여 기록표에 기록하시오. |

5-1. 연료 압력 센서 탈, 부착

2안 참조 - p.89

5-2. 디젤 매연 측정

2안 참조 - p.91

나. 섀시

1. 주어진 전륜구동 자동차에서 드라이브 액슬 축을 탈거하고 액슬 축 부트를 탈거한 후(감독위원에게 확인), 다시 부착하여 작동상태를 확인하시오.

1-1. CV 조인트 탈, 부착

1) CV 조인트 허브 고정너트를 탈거한다.

2) 쇽업소버 고정 볼트를 탈거한다.

3) 허브를 기울여서 CV 조인트를 탈거한다.

4) CV 조인트 아래에 폐오일통을 준비하고 변속기 결합부분에 레버를 삽입하여 탈거한다.

1-2. 부트 교환

1) CV 조인트 부트는 변속기 쪽을 분해한다.

2) (-) 드라이버를 이용하여 부트 고정밴드를 탈거한다.

3) 부트 고정밴드를 탈거 후 부트를 뒤로 이동한다.

4) (-) 드라이버를 이용하여 서클립을 탈거한다. (절단된 부분)

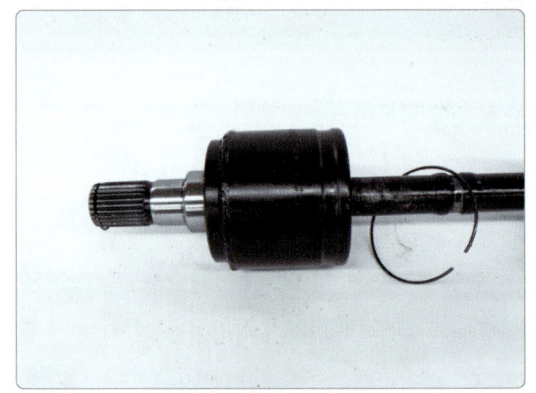

5) 외측 레이스를 탈거한다.

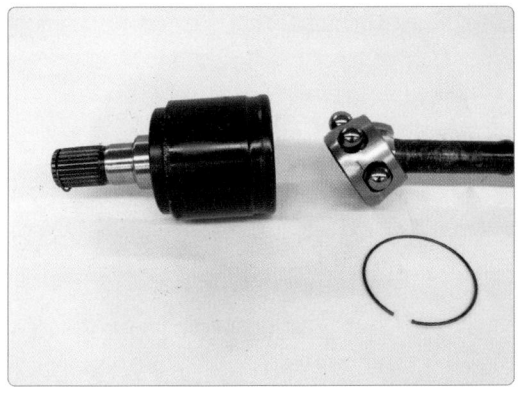

6) 스냅링을 탈거한다.

7) 분해된 부품을 정렬하고 감독위원에게 확인을 받는다.

8) 샤프트에 부트를 장착한다.

9) 외측 베어링 레이스를 장착한다.

10) 내측 레이스를 장착하고 스냅링을 조립한다.

11) 볼을 장착하고 조립한다.

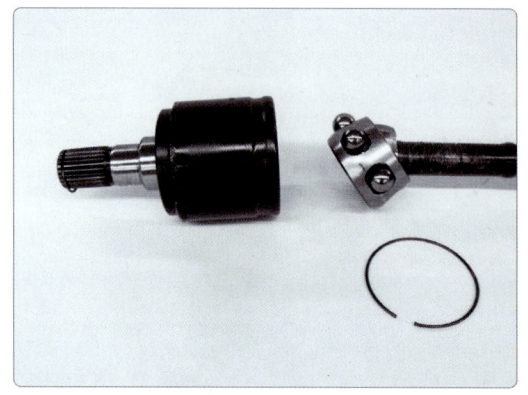

12) 서클립을 장착하고 그리스를 도포한다.

13) 부트를 밀어 넣고 밴드를 장착한다.

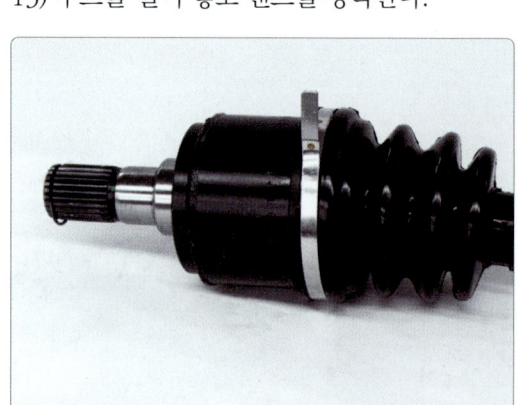

14) 조립한 CV 조인트를 변속기에 삽입한다.

15) 허브를 기울여 CV 조인트를 장착하고, 고정 너트를 체결한다.

16) 쇽업소버 고정 너트를 체결하고 감독위원에게 확인을 받는다.

나. 섀시

2. 주어진 자동차에서 휠 얼라인먼트 시험기로 셋백(setback)과 토(toe) 값을 측정하여 기록표에 기록하고, 타이 로드 엔드를 탈거한 후(감독위원에게 확인), 다시 부착하여 토(toe)가 규정값이 되도록 조정하시오.

2-1. 셋백(setback), 토(toe) 측정

2-1-1. 측정

1) 시험차량을 리프트로 들어 올린 후 측정기 클램프를 설치한다.

2) HA-710 아이콘을 실행한다.

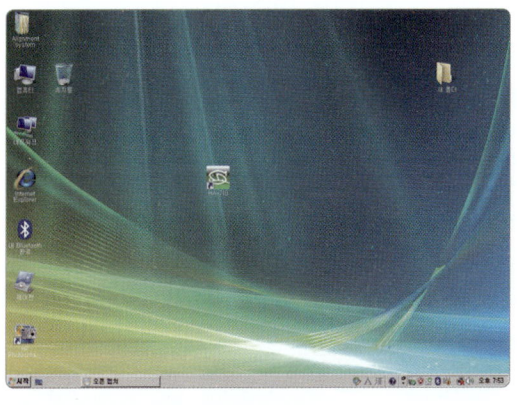

3) 작업시작 F1을 클릭한다.

4) 차량을 선택(현대 베르나) 후 F6을 클릭한다.

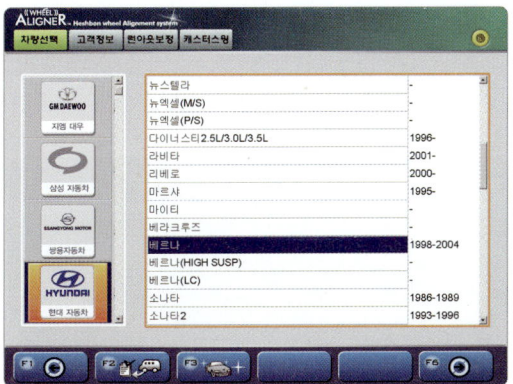

5) 고객 정보창이 표시되면 무시하고 F6을 클릭한다.

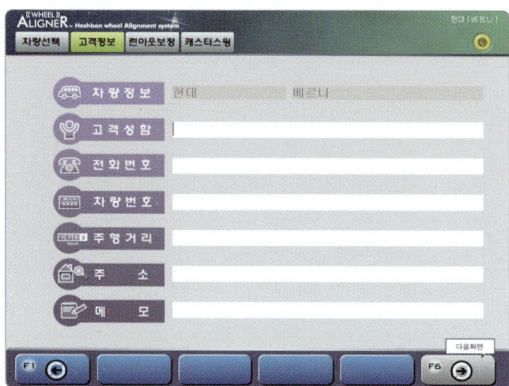

6) 화면에 적색 휠 런 아웃 보정 화살표가 표시된다.

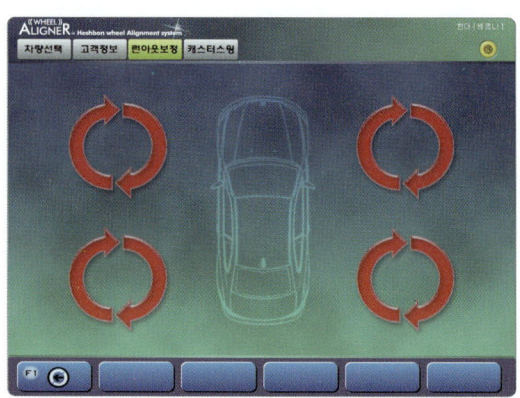

7) 운전석 타이어를 180° 회전시킨다.

8) 녹색 램프가 점등되도록 수평을 잡은 후 OK 버튼을 누른다.

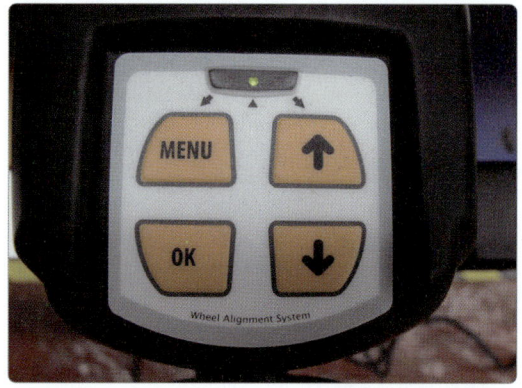

9) 운전석 앞바퀴 표시 적색 오른쪽 화살표가 녹색으로 바뀐다.

10) 타이어를 다시 180° 회전(초기위치) 후 녹색 램프가 점등되도록 수평을 잡은 후 OK 버튼을 누른다.

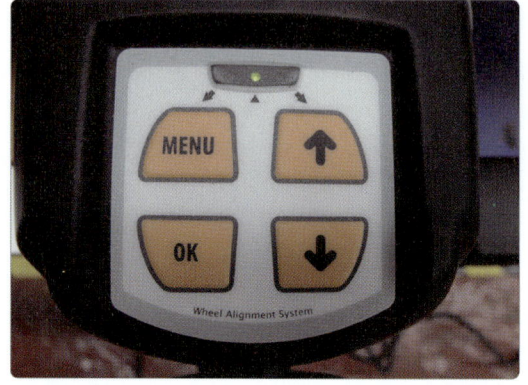

11) 운전석 앞바퀴 표시 왼쪽 적색 화살표가 녹색으로 바뀐다.

12) 같은 방법으로 운전석 앞바퀴 → 운전석 뒷바퀴 → 조수석 앞바퀴 → 조수석 뒷바퀴 순으로 휠 런아웃을 보정하면 적색 화살표가 모두 녹색 화살표로 바뀐다.

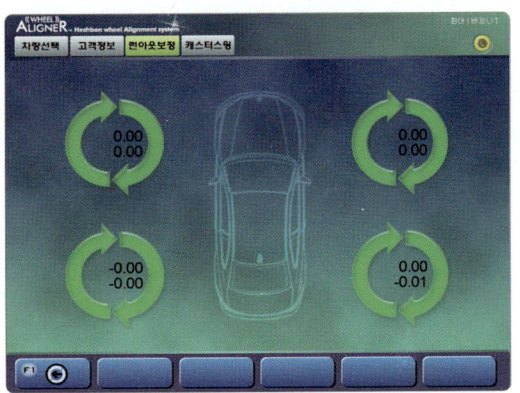

13) 아래 화면에 표시순서대로 작업을 실행한다.

14) 화면에 OK 표시가 될 때까지 핸들을 화살표 방향(직진)으로 회전한다.

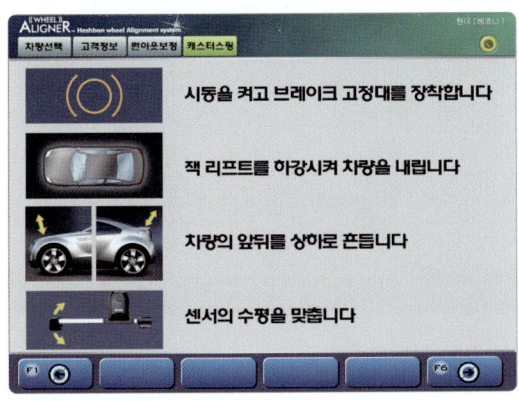

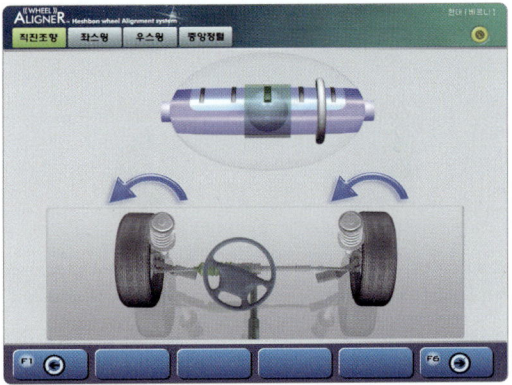

15) 화면에 OK 표시가 되면 정지한다.

16) 화면에 OK 표시가 될 때까지 핸들을 화살표 방향(좌측)으로 회전한다.

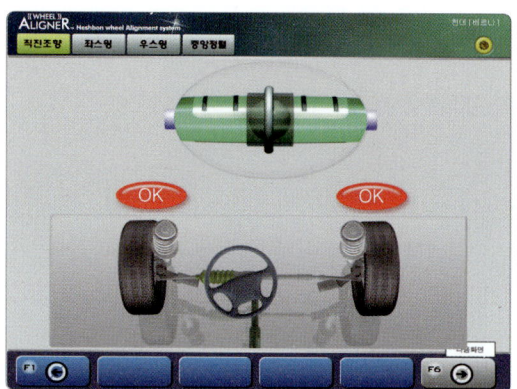

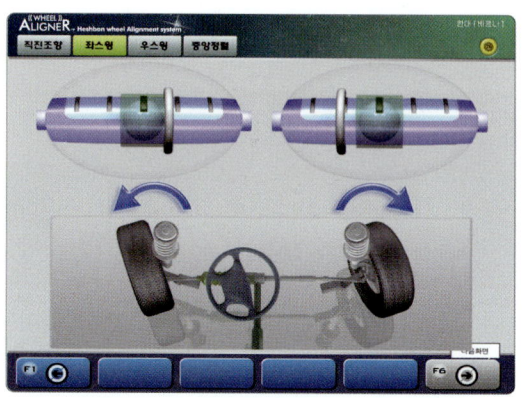

17) 화면에 OK 표시가 되면 정지한다.

18) 화면에 OK 표시가 될 때까지 핸들을 화살표 방향(우측)으로 회전한다.

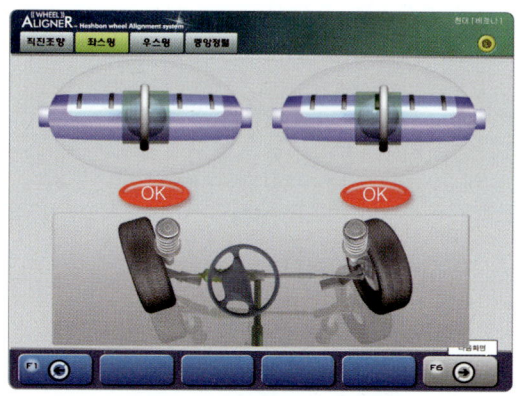

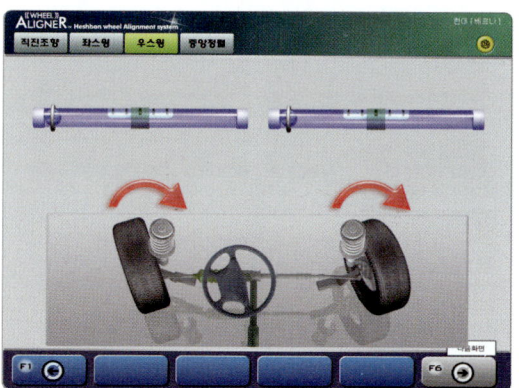

19) 화면에 OK 표시가 되면 정지한다.

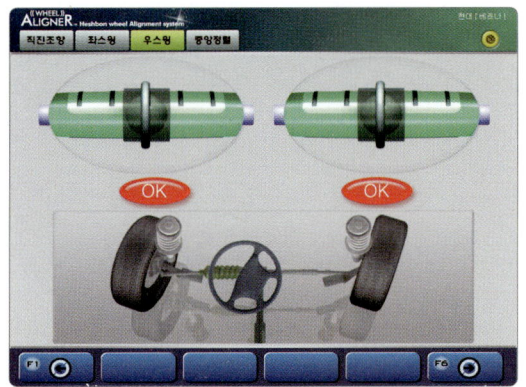

20) 화면에 OK 표시가 될 때까지 핸들을 화살표 방향(중앙 정렬)으로 회전한다.

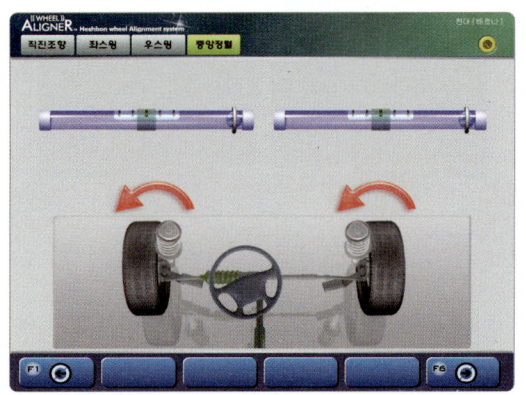

21) 화면에 OK 표시가 되면 정지한다.

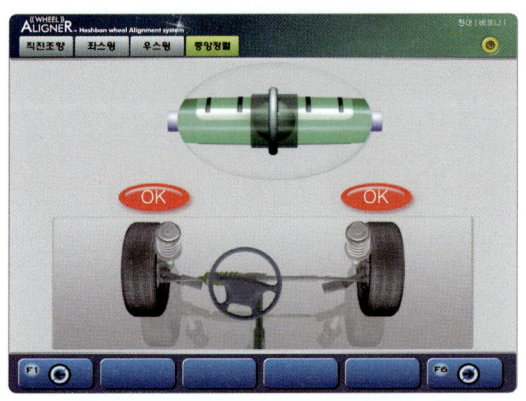

22) F6을 클릭하면 측정결과가 표시된다.

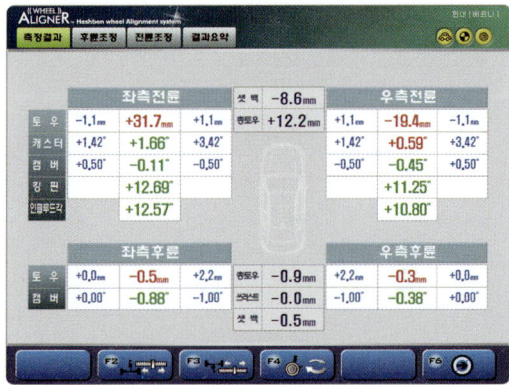

2-1-2. 답안지 작성

1) 감독위원이 지정한 한쪽만 측정한다.(예 : 좌측 전륜)
2) 전륜 셋백 측정값 -8.6mm, 기준값 -0.5~+0.5mm를 답안지에 기입한다.
3) 좌측 전륜 토(toe) 측정값 +31.7mm, 기준값 -1.1~+1.1mm를 답안지에 기입한다.

[섀시 2] 시험결과 기록표

자동차 번호 :

항목	① 측정(또는 점검)		② 판정 및 정비(또는 조치)사항		득점
	측정값	규정(정비한계)값	판정 (□에 'V'표)	정비 및 조치할 사항	
셋백 (setback)	-8.6mm	-2.5~+2.5mm	□ 양호 ☑ 불량	휠 얼라이먼트 조정/재점검 양쪽 타이 로드로 조정/재점검	
토(toe)	+31.7mm	-1.1~+1.1mm			

2-1-3. 판정 및 정비 조치사항

1) 토(toe), 셋백(setback)이 기준값 범위를 벗어났으므로 불량에 ☑ 표시한다.
2) 셋백이 불량이므로 "휠 얼라이먼트 조정/재점검"으로 답안지를 작성한다.
3) 토(toe)가 불량이므로 "양쪽 타이 로드로 조정/재점검"으로 답안지를 작성한다.
4) 시험기에 기준값 표시가 없는 셋백, 스러스트각은 감독위원이 제시한다.

2-2. 타이로드 엔드 탈, 부착 후 조정

2-2-1. 탈, 부착

 **3안 참조 - p.138**

2-2-2. 토(toe) 조정

 **3안 참조 - p.140**

| 나. 섀시 | 3. 주어진 자동차에서 브레이크 라이닝 슈(또는 패드)를 탈거한 후(감독위원에게 확인), 다시 부착하여 브레이크 작동상태를 점검하시오. |

3-1. 브레이크 슈 탈, 부착

3-1-1. 승용차 슈 탈, 부착

1) 타이어를 탈거한다.

2) 브레이크 드럼을 탈거한다.

3) 허브 베어링 캡을 탈거한다.

4) 허브 너트를 탈거한다.

5) 휠 허브를 탈거한다.

6) 간극 조절기와 리턴 스프링을 탈거한다.

7) 어저스터 레버와 리턴 스프링을 정렬한다.

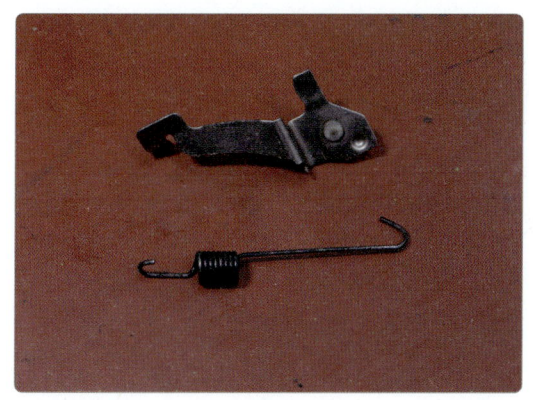

8) 홀드다운 스프링을 탈거한다.

9) 홀드다운 스프링을 정렬한다.

10) 리딩 슈를 탈거한다.

11) 리딩 슈를 정렬한다.

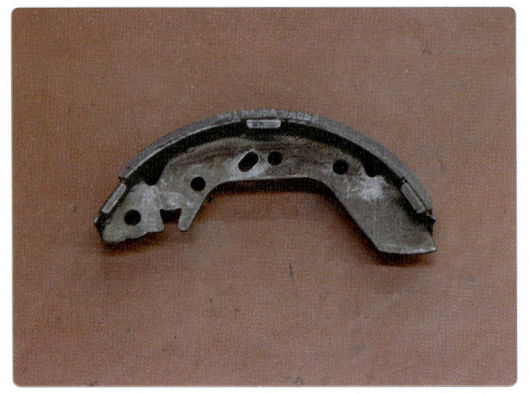

12) 어저스터 슬리브와 리턴 스프링을 탈거한다.

13) 어저스터 슬리브와 리턴 스프링을 정렬한다.

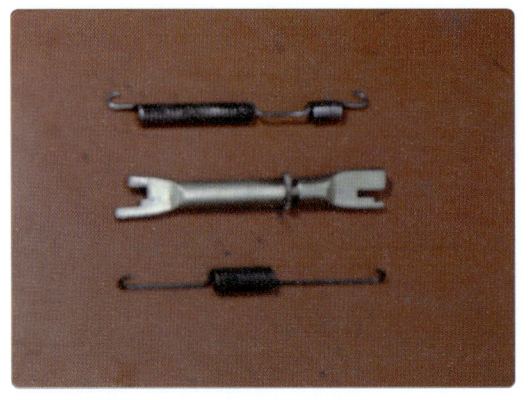

14) 트레일링 슈를 탈거한다.

15) 트레일링 슈를 정렬한다.

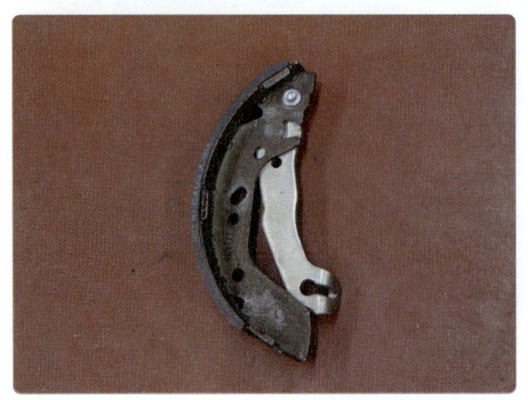

16) 전체 부품을 정렬 후 감독위원의 확인을 받는다.

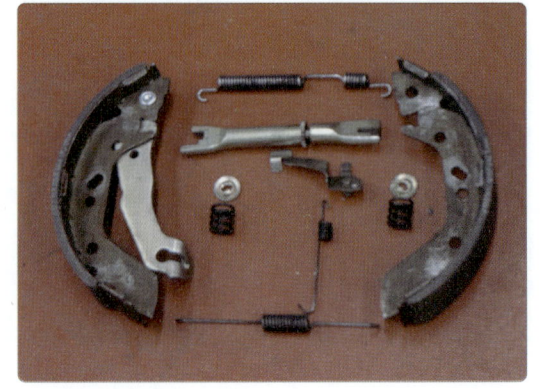

17) 트레일링 슈를 장착한다.

18) 어저스터 슬리브와 리턴 스프링을 정렬한다.

19) 리딩 슈를 장착한다.

20) 홀드다운 스프링을 장착한다.

21) 어저스터 레버와 리턴 스프링을 장착 후 감독위원의 확인을 받는다.

22) 휠 허브를 장착한다.

23) 허브 너트를 장착한다.

24) 베어링 캡을 장착한다.

25) 브레이크 드럼을 장착한다.

3-2. 단품 슈 탈, 부착

1) 브레이크 슈의 방향 스프링 위치 등을 확인한다.

2) 전, 후진 슈 홀드다운 스프링을 탈거한다.

3) 브레이크 슈 어셈블리를 통째로 아래로 밀어서 탈거한다.

4) 탈거한 슈 방향과 스프링 위치 등을 다시 한 번 확인한다.

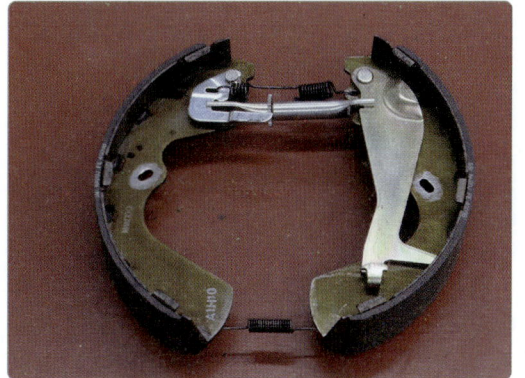

5) 각 부품을 분리하고 감독위원의 확인을 받는다.

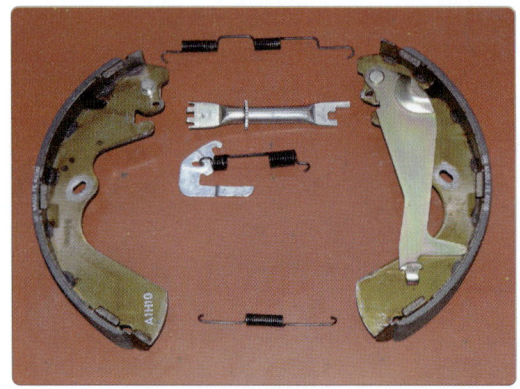

6) 주차레버 쪽이 좌측 방향으로 오게 뒤집어 놓고 간극 조절기 어셈블리를 조립한다.

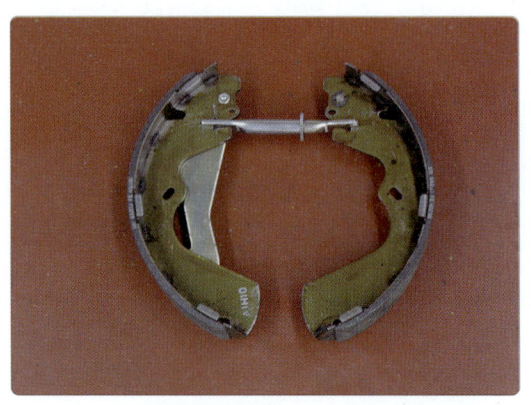

7) 뒤쪽 리턴 스프링을 장착한다.

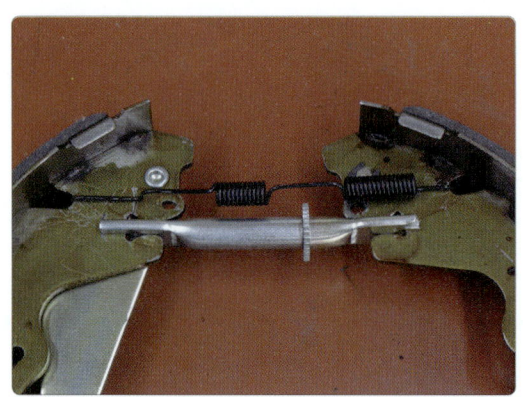

8) 슈 어셈블리를 통째로 뒤집는다.

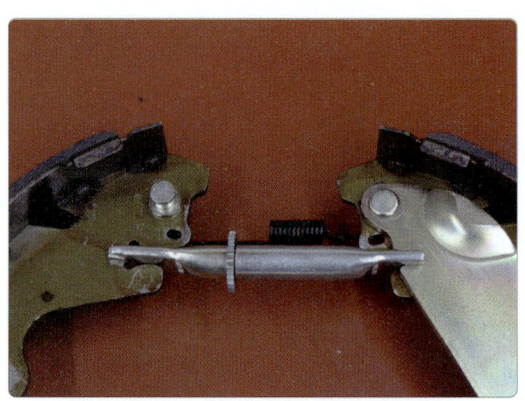

9) 슈 앞쪽 자동간극 조절기 레버와 스프링을 조립한다.

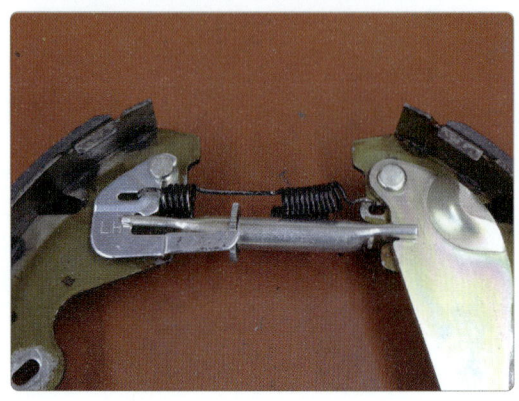

10) 슈 아래쪽 리턴 스프링을 뒤쪽으로 장착한다.

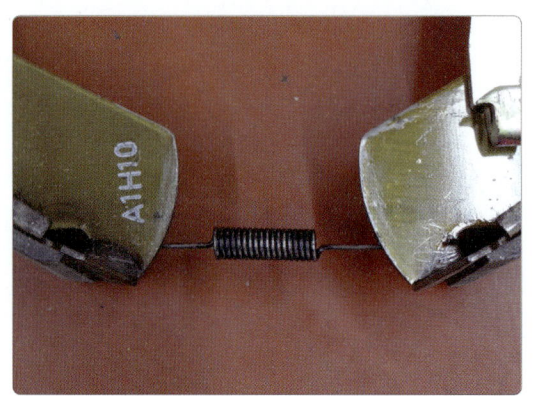

11) 조립상태를 다시 한번 확인한다.

12) 브레이크 슈 어셈블리를 통째로 위쪽으로 밀어 올린다.

13) 브레이크 슈 어셈블리를 백 플레이트에 밀착시킨다.

14) 전, 후진 슈 홀드다운 스프링을 장착 후 감독위원의 확인을 받는다.

나. 섀시   4. 3의 작업 자동차에서 감독위원 지시에 따라 전(앞) 또는 후(뒤) 제동력을 측정하여 기록표에 기록하시오.

4-1. 제동력 측정

 **1안 참조 - p.54**

나. 섀시   5. 주어진 자동차의 ABS에서 자기진단기(스캐너)를 이용하여 각종 센서 및 시스템의 작동 상태를 점검하고 기록표에 기록하시오.

5-1. VDC, ECS, TCS 점검

 **2안 참조 - p.102**

다. 전기

1. 주어진 발전기를 분해한 후 정류 다이오드 및 로터 코일의 상태를 점검하여 기록표에 기록하고, 다시 본래대로 조립하여 작동상태를 확인하시오.

1-1. 발전기 분해, 조립

1) 발전기 프레임에 장착된 관통 볼트를 탈거한다.

2) 발전기를 뒤집어서 커버와 스테이터 사이에 (-) 드라이버를 삽입하여 로터 어셈블리를 탈거한다.

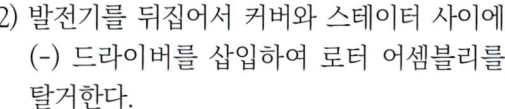

3) 분리 시 스테이터 코일에 손상이 가지 않게 주의한다.

4) 인두를 이용하여 정류 다이오드와 스테이터를 분리한다.

5) 리어 커버에서 다이오드와 레귤레이터 어셈블리를 탈거한다.

6) 분리된 부품을 정렬하고 감독위원에게 확인을 받는다.

7) 브러시를 밀어 넣고 철사를 삽입하여 브러시를 고정한다.

8) 다이오드와 레귤레이터 어셈블리를 리어커버에 장착한다.

9) 스테이터를 장착하고 납땜한다.

10) 로터 어셈블리와 리어 커버를 조립한다.

11) 관통볼트를 체결하고 브러시에 삽입한 철사를 제거한 다음 감독위원에게 확인을 받는다.

1-2. 다이오드, 로터 코일 점검

1-2-1. 점검

1) 멀티미터 적색 (+) 테스트 봉을 히트싱크에, 흑색 (-) 를 다이오드에 연결했을 때 ∞이고, 반대로 연결했을 때 통전되면 (+) 다이오드이다.

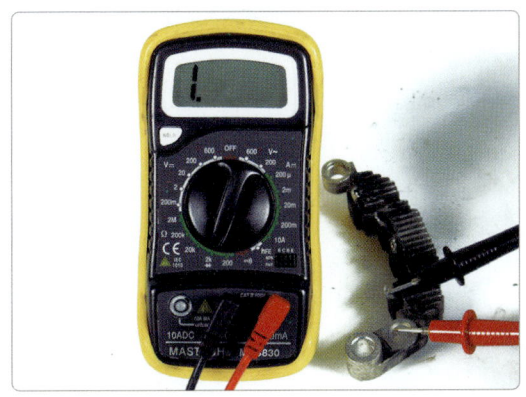
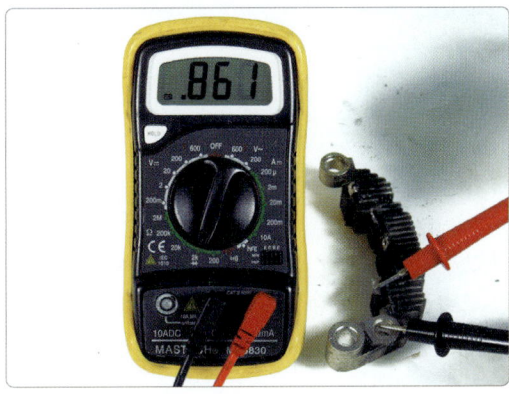

2) 멀티미터 흑색 (-) 테스트 봉을 히트싱크에, 적색 (+) 를 다이오드에 연결했을 때 ∞이고, 반대로 연결했을 때 통전되면 (-) 다이오드이다.

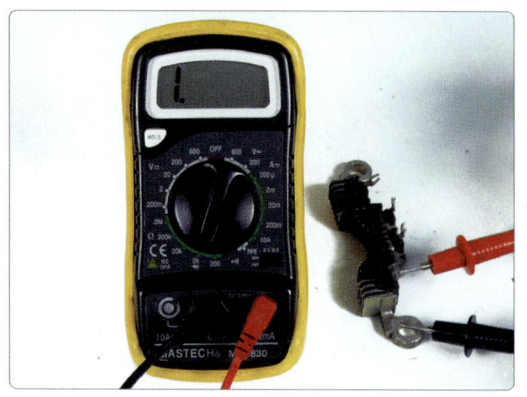 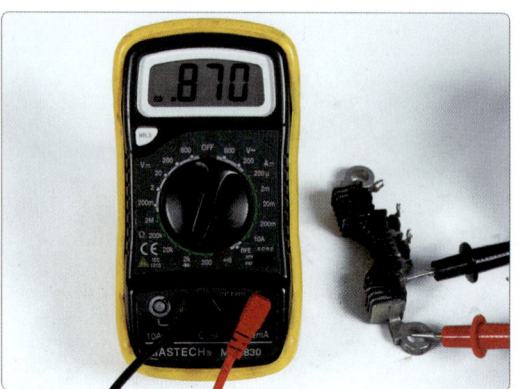

3) (+) 다이오드 4개, (-) 다이오드 4개 모두를 점검한다.

4) 로터코일 저항을 측정한다.(5.4Ω)

1-2-2. 답안지 작성

1) (+) 다이오드(양 : 4개) (부 : 0개), (-)다이오드(양 : 3개) (부 : 1개)로 답안지를 작성한다.
2) 로터코일의 저항 5.4Ω을 답안지에 기록한다.
3) 로터코일의 저항 기준값 5~6Ω을 답안지에 기록한다.

[전기 1] 시험결과 기록표

자동차 번호 :

항목	① 측정(또는 점검)		② 판정 및 정비(또는 조치)사항		득점
	측정값	규정(한계)값	판정 (□에 'V'표)	정비 및 조치할 사항	
(+) 다이오드	(양 : 4 개), (부 : 0 개)		□ 양호 ☑ 불량	(-) 다이오드 어셈블리 교환	
(-) 다이오드	(양 : 3 개), (부 : 1 개)				
로터 코일 저항	5.4Ω	5~6Ω			

1-2-3. 판정 및 정비 조치사항

1) (+), (-) 다이오드 중 한 개라도 불량이면 어셈블리 전체를 교환한다.
2) 로터코일 저항이 불량이면 "로터 교환"으로 답안지를 작성한다.

다. 전기

2. 주어진 자동차에서 전조등 시험기로 전조등을 점검하여 기록표에 기록하시오.

2-1. 전조등 점검

1안 참조 - p.68

다. 전기

3. 주어진 자동차에서 열선 스위치 조작 시 편의장치(ETACS 또는 ISU) 커넥터 에서 스위치 입력신호(전압)를 측정하고 이상 여부를 확인하여 기록표에 기록하시오.

3-1. 열선 스위치 ETACS (또는 ISU) 입력전압 측정

3-1-1. 측정

1) 커넥터 표에서 M25-1 16번 GND, M25-2 12번 디포거 스위치를 확인한다.

AVANTE XD ETACS, A/C

(M25-1)

1	B+
2	"P"포지션 신호
3	뒷도어 록/언록 신호
4	파워윈도우 릴레이 컨트롤
5	ON/ST 전원
6	IG 전원
7	
8	운전석앞 도어 스위치
9	조수석앞 도어 스위치
10	트렁크 램프 컨트롤
11	실내등
12	디포거 릴레이 컨트롤
13	시트벨트 경고등
14	도어록 릴레이(록)
15	미등 릴레이 컨트롤
16	GND
17	파킹브레이크 신호
18	전도어 스위치
19	엔진회전시 입력신호
20	도어록 릴레이(언록)

(M25-2)

1	키홀조명
2	도어 경고 스위치 신호
3	
4	시트벨트 스위치
5	
6	
7	와셔신호
8	간헐와이퍼
9	간헐와이퍼 시간지연조절
10	와이퍼 릴레이 컨트롤
11	엔진체크 경고등 컨트롤
12	디포거 스위치
13	IG 릴레이(1) 컨트롤
14	미등 스위치 입력
15	
16	

(M25-3)

2	외기온도 센서
3	
3	
4	증발기 온도센서
5	
6	
7	AQS
8	
9	외기온도센서 접지
10	
11	
12	GND

2) 시동 키를 IG On 상태로 한다.

3) (M25-2)커넥터 12번 핀에서 디포거 S/W On(누르고 있는 상태) 전압을 측정한다.(0V)

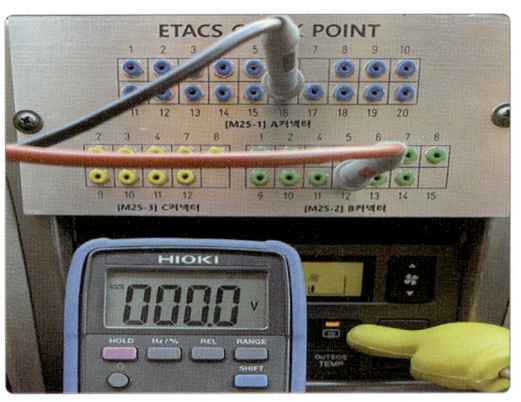

4) 열선 S/W를 놓는다.

5) B(M25-2)커넥터 12번 핀에서 디포거 S/W Off(누르지 않은 상태) 전압을 측정한다.(4.8V)

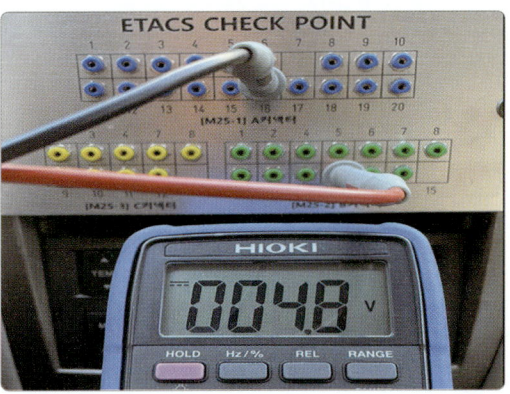

3-1-2. 답안지 작성

1) 디포거 S/W On 시(누른 상태) 측정값 0V를 답안지에 기록한다.
2) 디포거 S/W Off 시(놓은 상태) 측정값 4.8V를 답안지에 기록한다.
3) 디포거 S/W On 시 규정값 0~1.5V, Off 시 4.5~5.5V를 답안지에 기록한다.

[전기 3] 시험결과 기록표

자동차 번호 :

항목		① 측정(또는 점검)		② 판정 및 정비(또는 조치)사항		득점
		측정값	규정(정비한계)값	판정 (□에 'V'표)	정비 및 조치할 사항	
열선 스위치	On	0V	0~1.5V	☑ 양호 □ 불량	없음	
	Off	4.8V	4.5~5.5V			

3-1-3. 판정 및 정비 조치사항

1) 측정값이 규정값 범위 내에 있으므로 양호에 ☑ 표시한다.
2) 측정값이 규정값 범위를 벗어나면 "열선 S/W 교환/재점검"으로 답안지를 작성한다.

다. 전기

4. 주어진 자동차에서 파워 윈도우 회로를 점검하여 이상 개소(2곳)를 찾아서 수리하시오.

4-1. 파워 윈도우 회로 수리

4-1-1. 점검

1) 메인 퓨즈 박스의 IG 2 퓨즈(30A), 파워 윈도우 퓨즈(30A), 파워 윈도우 릴레이를 확인한다.

2) 키 박스 커넥터를 확인한다.

3) 좌, 우 파워 윈도우 S/W 커넥터를 확인한다.

4-1-2. 예상 고장부위

1) 고장부위가 확인되면 수리하지 말고 감독위원에게 확인을 받는다.
2) 예상답안
　① 파워 윈도우 퓨즈(30A)단선(또는 없음, 파손)
　② IG 2(30A) 퓨즈 단선(또는 없음, 파손)
　③ 파워 윈도우 릴레이 파손(또는 없음)
　④ 키 박스 커넥터 탈거
　⑤ 좌, 우 파워 윈도우 S/W 커넥터 탈거(좌, 우측 방향 표시)

MEMO

Industrial Engineer
Motor Vehicles
Maintenance

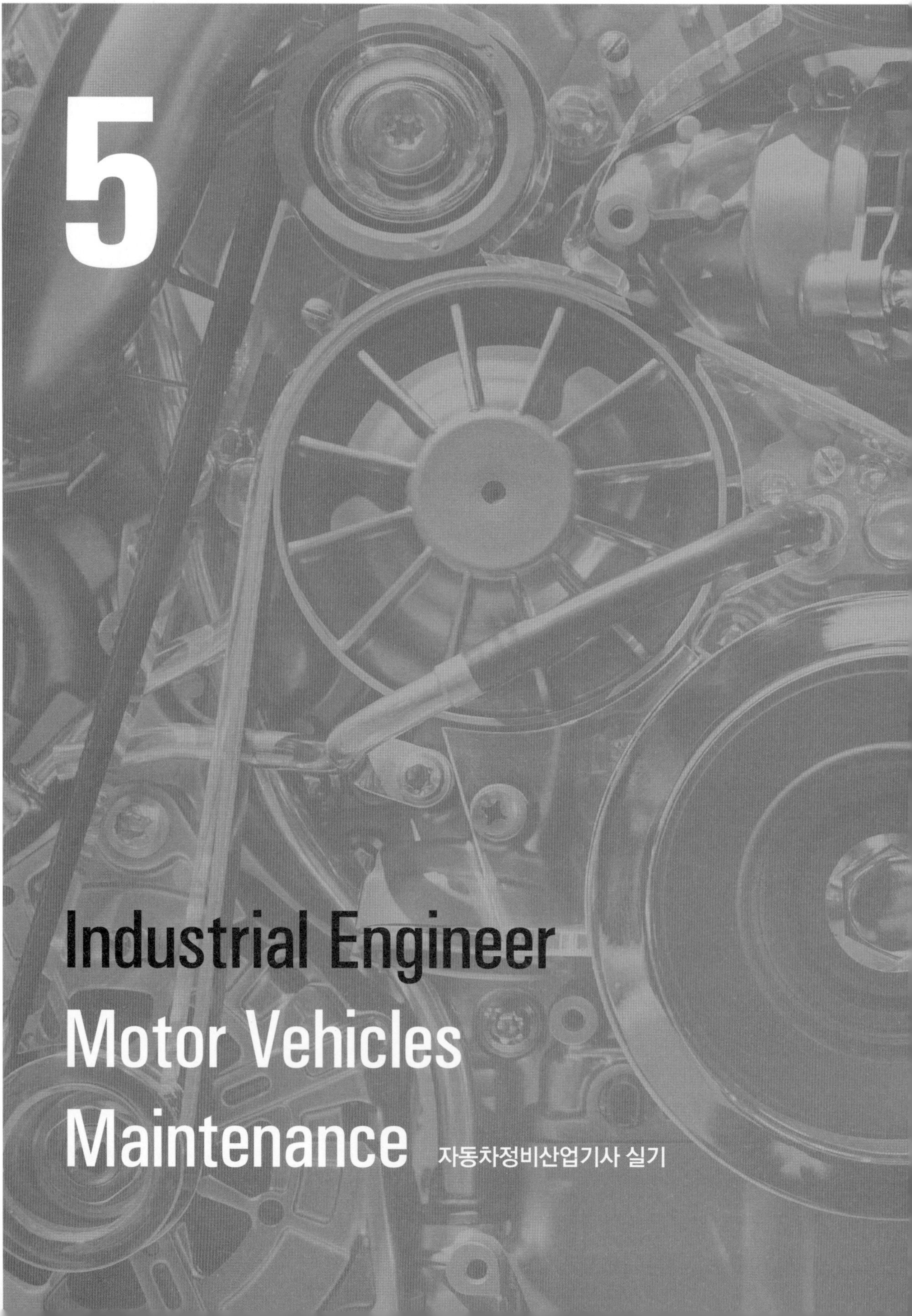

5

Industrial Engineer
Motor Vehicles
Maintenance 자동차정비산업기사 실기

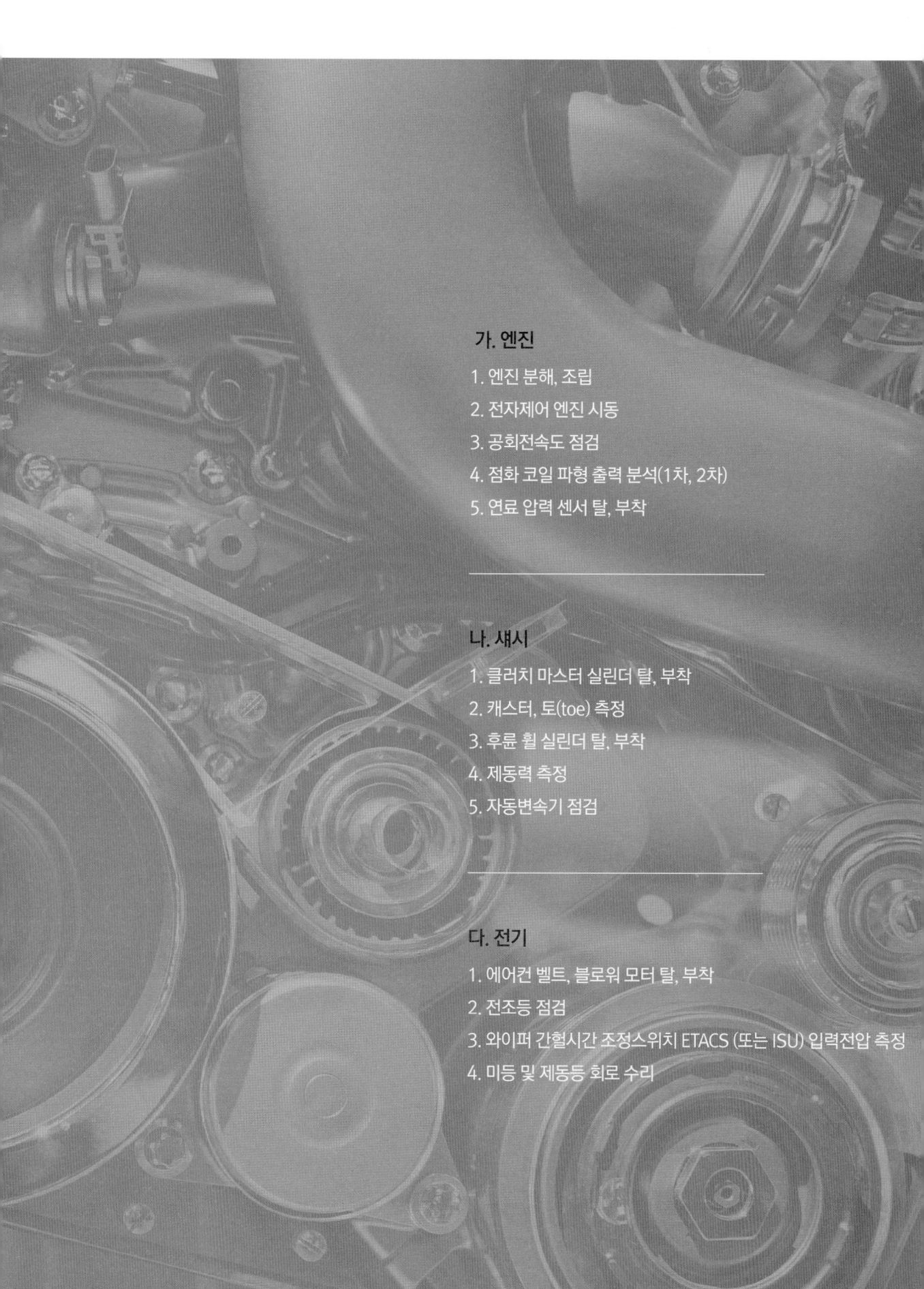

가. 엔진

1. 엔진 분해, 조립
2. 전자제어 엔진 시동
3. 공회전속도 점검
4. 점화 코일 파형 출력 분석(1차, 2차)
5. 연료 압력 센서 탈, 부착

나. 섀시

1. 클러치 마스터 실린더 탈, 부착
2. 캐스터, 토(toe) 측정
3. 후륜 휠 실린더 탈, 부착
4. 제동력 측정
5. 자동변속기 점검

다. 전기

1. 에어컨 벨트, 블로워 모터 탈, 부착
2. 전조등 점검
3. 와이퍼 간헐시간 조정스위치 ETACS (또는 ISU) 입력전압 측정
4. 미등 및 제동등 회로 수리

5. 자동차정비산업기사 국가기술자격검정 실기시험문제

자격종목	자동차정비산업기사	과제명	자동차정비작업

※ 문제지는 시험종료 후 본인이 가져갈 수 있습니다.

비번호		시험일시		시험장명	

※ 시험시간 : 5시간 30분 | 엔진 : 140분   섀시 : 120분   전기 : 70분

✅ 요구사항

가. 엔진	1. 주어진 엔진을 기록표의 측정항목(오일펌프 사이드 간극)까지 분해하여 기록표의 요구사항을 측정 및 점검하고 본래 상태로 조립하시오.

1-1. 엔진 분해, 조립

📖 **1안 참조 - p.4**

1-2. 오일펌프 사이드 간극 측정

1-2-1. 측정

1) 오일펌프 바디 위에 평면자를 설치한다.

2) 간극 게이지를 이용하여 사이드 간극을 측정한다.

1-2-2. 답안지 작성

1) 측정값 0.102mm를 답안지에 기록한다.
2) 규정값 0.02~0.07mm를 답안지에 기록한다.

[엔진 1] 시험결과 기록표

자동차 번호 :

항목	① 측정(또는 점검)		② 판정 및 정비(또는 조치)사항		득점
	측정값	규정(한계)값	판정 (□에 'V'표)	정비 및 조치할 사항	
오일펌프 사이드 간극	0.102mm	0.02~0.07mm	□ 양호 ☑ 불량	오일펌프 교환/재점검	

1-2-3. 판정 및 정비 조치사항

1) 측정값이 규정값 범위를 벗어났으므로 불량에 ☑ 표시한다.
2) 측정값이 규정값 범위 내에 있으면 양호에 ☑ 표시 후 "없음"으로 답안지를 작성한다.

| 가. 엔진 | 2. 주어진 자동차의 전자제어 엔진에서 감독위원의 지시에 따라 1가지 부품을 탈거한 후 (감독위원에게 확인), 다시 부착하고 시동에 필요한 관련 부분의 이상 개소(시동회로, 점화회로, 연료장치 중 2개소)를 점검 및 수리하여 시동하시오. |

2-1. 전자제어 엔진 시동

1안 참조 - p.25

| 가. 엔진 | 3. 2의 시동된 엔진에서 공회전상태를 확인하고, 감독위원의 지시에 따라 배기가스를 측정하고 기록표에 기록하시오.(단, 시동이 정상적으로 되지 않은 경우 본 항의 작업은 할 수 없음) |

3-1. 공회전속도 점검

1안 참조 - p.28

3-2. 배기가스 측정(CO, HC)

1안 참조 - p.30

가. 엔진	4. 주어진 자동차의 엔진에서 점화 코일의 1차 파형을 측정하고 그 결과를 분석하여 출력물에 기록·판정하시오.(측정조건 : 공회전 상태)

4-1. 점화 1차 파형 출력 분석

4-1-1. 1차 파형 측정

1) 시험용 엔진의 점화방식과 코일의 위치를 확인한다.

2) 감독위원이 지정한 실린더의 점화 1차 커넥터에 1번 채널 프로브를 연결하고 엔진을 시동한다.(예: 1번 실린더)

3) 윈도우 초기화면에서 Hi-DS를 클릭한다.

4) 로그인 창에서 로그인 취소를 클릭한다.

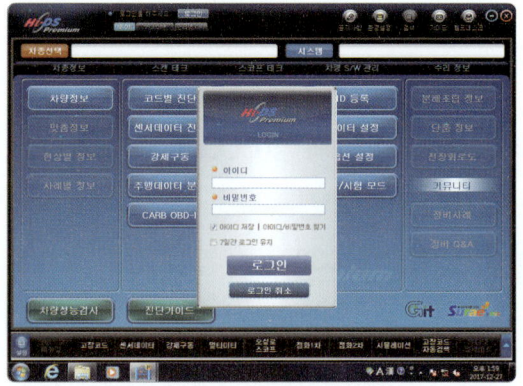

5) 다음 화면에서 사용제약 경고문에서 확인을 클릭한다.

6) 다음 화면에서 오실로스코프를 클릭한다.

7) 다음 화면에서 제작사, 차종, 연식, 엔진형식을 클릭한다.

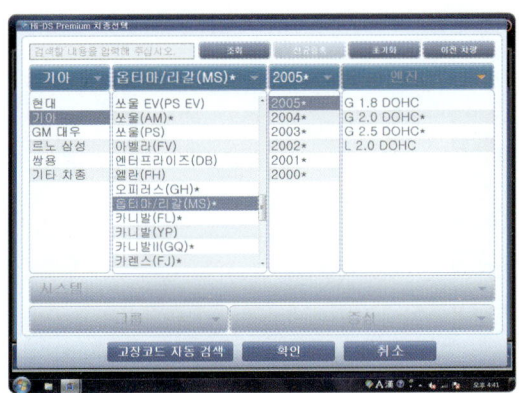

8) 측정할 시스템을 선택한다.

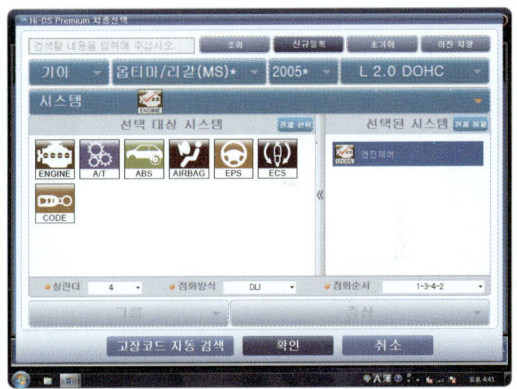

9) 다음 화면에서 300.0V, 3ms로 설정 후 창을 확장한다.

10) 트리거를 실행한다.

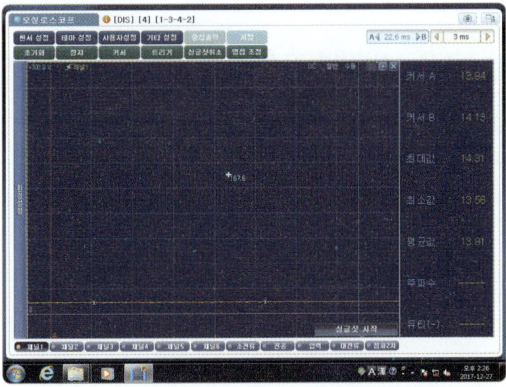

11) 파형이 잡히면 정지한다.

12) A 커서를 TR On 시작점에, B 커서를 서지 전압 꼭지점에서 커서 B값과 최대값이 일치하도록 위치한다.

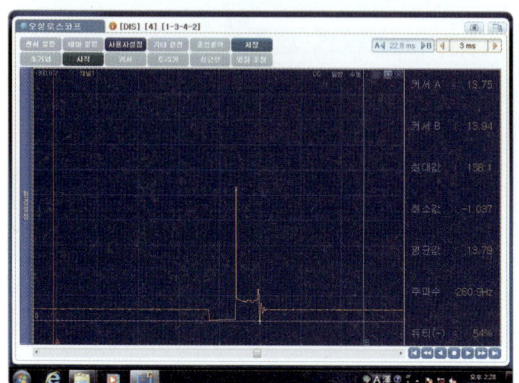
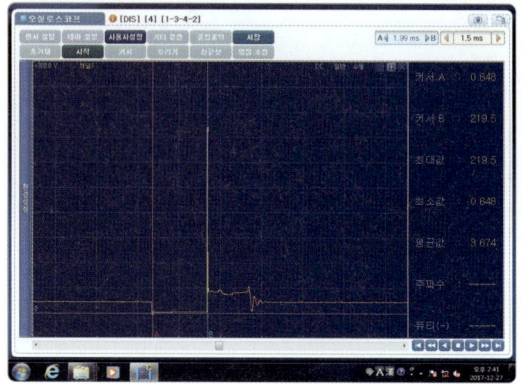

13) 프린터를 클릭하여 선택영역을 선택한다.

14) 확인을 클릭하여 인쇄한다.

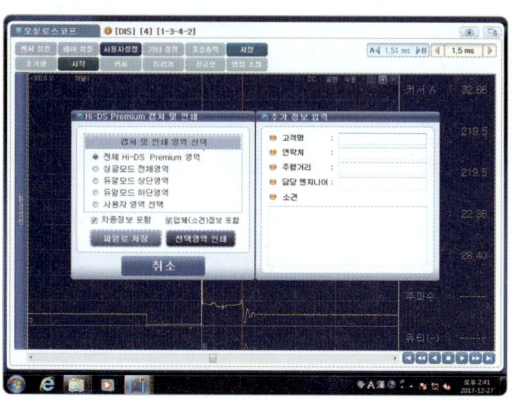
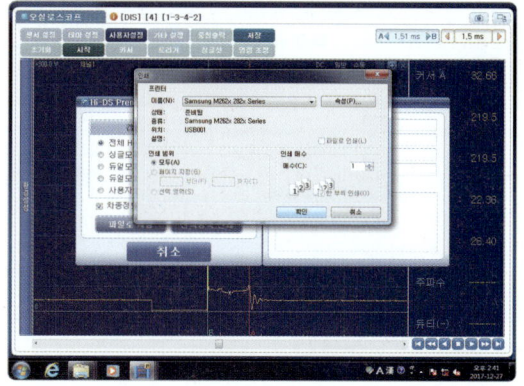

4-1-2. 답안지 작성

1) TR On 시 전압(최소값) 0.648V를 출력한 파형에 표시한다.
2) 드웰 시간(A↔B) 1.99ms를 출력한 파형에 표시한다.
3) 서지 전압(최대값) 219.5V를 출력한 파형에 표시한다.

[엔진 4] 시험결과 기록표

자동차 번호 :

측정항목	파형상태	득점
파형 측정	요구사항 조건에 맞는 파형을 프린트하여 아래사항을 분석 후 뒷면에 첨부 ① 불량요소가 있는 경우에는 반드시 표기 및 설명하여야 함 ② 파형의 주요 특징에 대하여 표기 및 설명되어야 함	

□ **점화 1차 파형 분석**

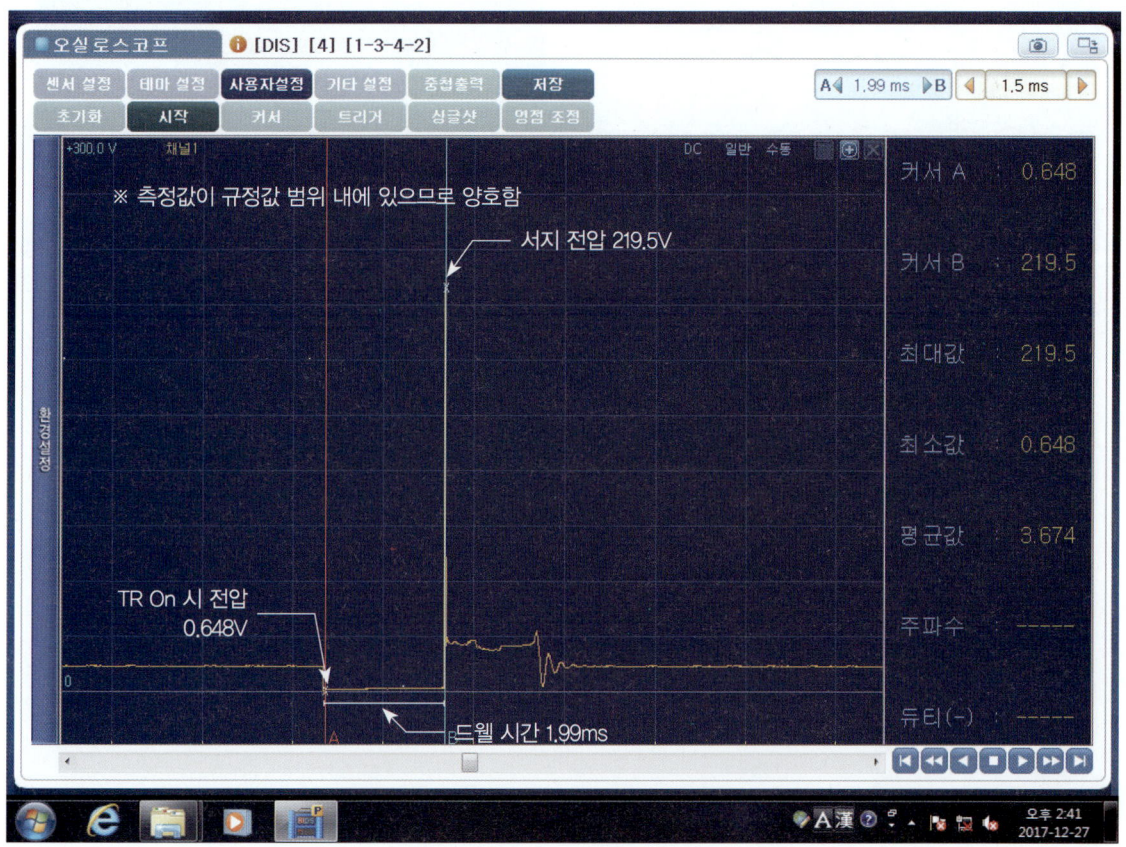

4-1-3. 판정 및 정비 조치사항

1) 기준값은 감독위원이 제시한다.
   (예 : TR On 시 전압 : 0~1.2V, 드웰 시간 : 1~2.5ms, 서지 전압 : 150~450V)
2) 불량 판정 시 "1번 실린더 점화 코일 교환/재점검"으로 프린트한 파형 상단에 기록한다.

4-2. 점화 2차 파형 출력 분석

4-2-1. 2차 파형 측정

1) 시험용 엔진의 점화방식과 코일의 위치를 확인 후 감독위원이 지정한 실린더에 점화 2차 연장케이블을 설치한다.(예 : 2번 실린더)

2) 점화 2차 연장 케이블에 점화 2차 적색 플러그를 연결하고 엔진을 시동한다.

3) 윈도우 초기화면에서 Hi-DS를 클릭한다.

4) 로그인 창에서 로그인 취소를 클릭한다.

5) 다음 화면에서 사용제약 경고문에서 확인을 클릭한다.

6) 다음 화면에서 오실로스코프를 클릭한다.

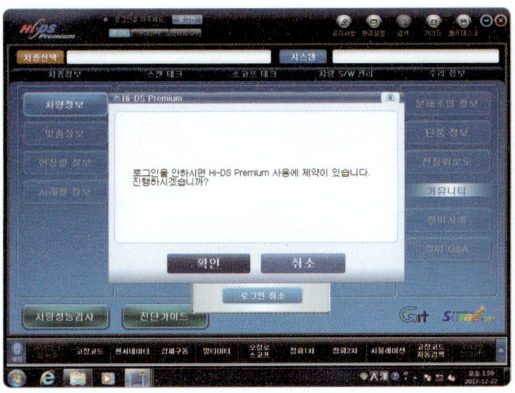
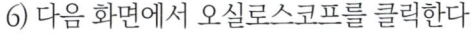

7) 다음 화면에서 제작사, 차종, 연식, 엔진형식을 클릭한다.

8) 측정할 시스템을 선택한다.

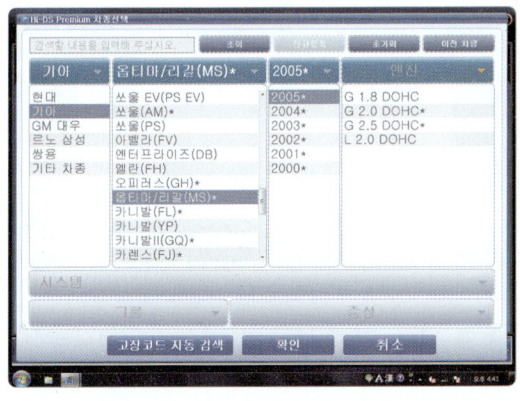
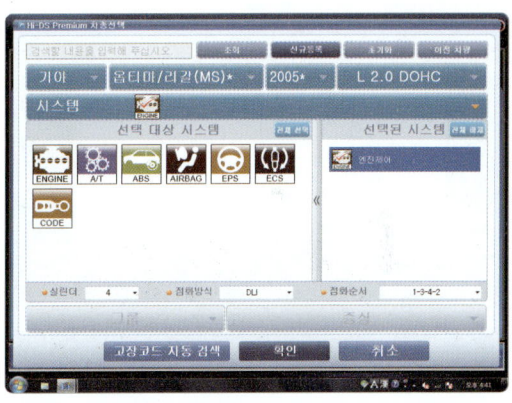

9) 다음 화면에서 5.0kV, 6ms로 설정 후 창을 확장한다.

10) 트리거를 실행한다.

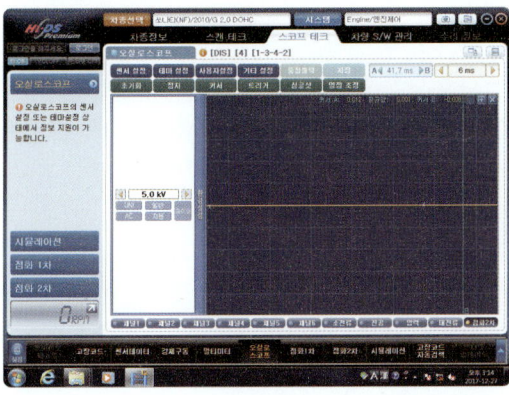
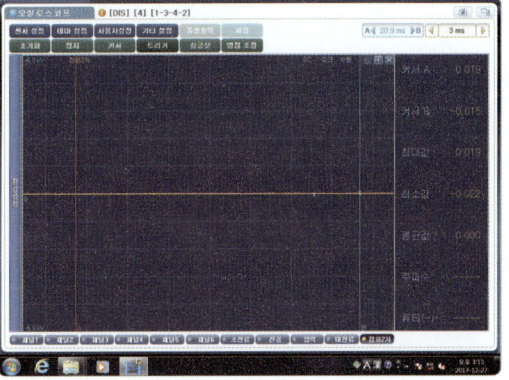

11) 파형이 잡히면 정지한다.

12) A 커서를 서지 전압 꼭지점에 B 커서를 점화 전압 최대값에 위치한다.

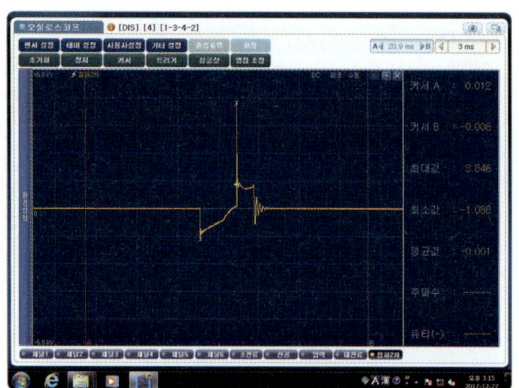
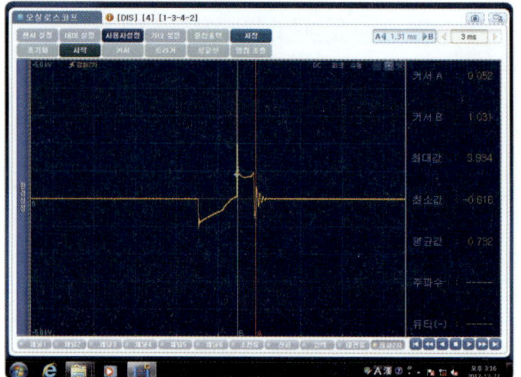

13) 프린터를 클릭하여 선택영역을 선택한다.

14) 확인을 클릭하여 인쇄한다.

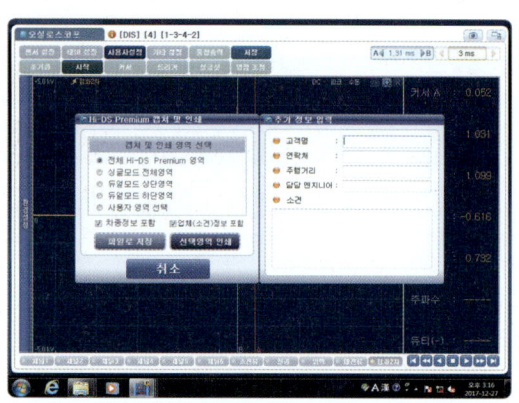
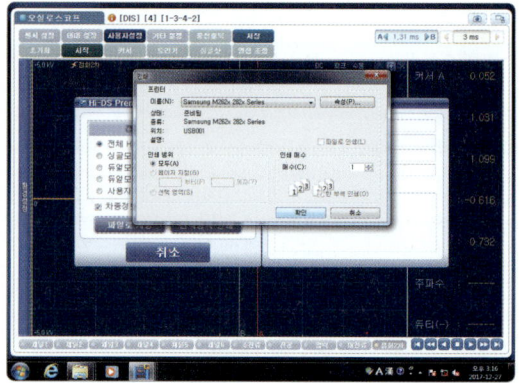

4-2-2. 답안지 작성

1) 서지 전압 3.934kV를 출력한 파형에 표시한다.
2) 점화 시간 1.31ms를 출력한 파형에 표시한다.
3) 점화 전압 1.031kV를 출력한 파형에 표시한다.

[엔진 4] 시험결과 기록표

자동차 번호 :

측정항목	파형상태	득점
파형 측정	요구사항 조건에 맞는 파형을 프린트하여 아래사항을 분석 후 뒷면에 첨부 ① 불량요소가 있는 경우에는 반드시 표기 및 설명하여야 함 ② 파형의 주요 특징에 대하여 표기 및 설명되어야 함	

☐ **점화 2차 파형 분석**

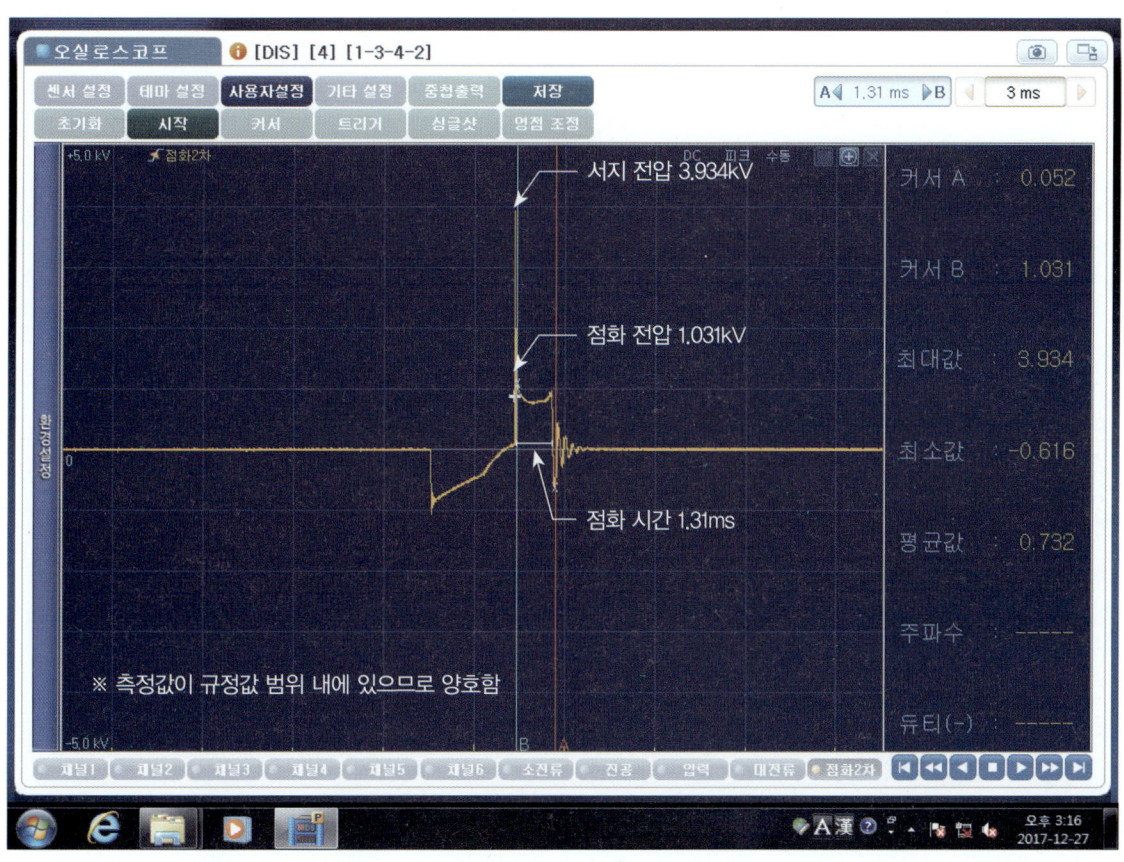

4-2-3. 판정 및 정비 조치사항

1) 기준값은 감독위원이 제시한다.
   (예 : 서지 전압 2.5~4.5kV, 점화 시간: 1.1~2.5ms, 점화 전압 0.8~2.5kV)
2) 양호 판정 시 "측정값이 규정값 범위 내에 있으므로 양호함"으로 프린트한 파형 하단에 기록한다.
3) 불량 판정 시 " 2번 실린더 점화 코일 교환/재점검"으로 프린트 한 파형 하단에 기록한다.

📖 **참고**
1. 점화 1차 파형 : TR On 시 전압, 드웰 시간, 서지 전압 측정
2. 점화 2차 파형 : 서지 전압, 점화 시간, 점화 전압 측정

가. 엔진

5. 주어진 전자제어 디젤 엔진에서 연료 압력 센서를 탈거한 후(감독위원에게 확인), 다시 부착하여 시동을 걸고, 인젝터 리턴(백리크)량을 측정하여 기록표에 기록하시오.

5-1. 연료 압력 센서 탈, 부착

 2안 참조 - p.89

5-2. 인젝터 리턴(백리크)량 측정

5-2-1. 측정

1) 시험용 CRDI 엔진을 준비한다.

2) 4개의 인젝터 모두 오버플로우 파이프 고정 핀을 탈거한다.

3) 오버플로우 파이프를 모두 탈거한다.

4) 백리크 테스터를 설치한다.

5) 백리크 테스터를 고정하고 리턴파이프를 폐쇄한다.

6) 기관을 시동하고 공전상태로 1분간 유지한다.

7) 기관을 가속하여 30초간 3,000rpm을 유지한 후, 기관을 정지한다.

8) 비이커를 수평으로 하여 리턴 연료량을 측정한다.

9) 1번 인젝터 33cc, 2번 인젝터 38cc가 측정되었다.

10) 3번 인젝터 30cc, 4번 인젝터 29cc가 측정되었다.

11) 백리크 테스터를 탈거한다. 12) 리턴 파이프를 연결 후 고정 키를 장착한다.

5-2-2. 답안지 작성

1) 백리크 측정값 1번 인젝터 33cc, 2번 인젝터 38cc, 3번 인젝터 30cc, 4번 인젝터 29cc를 답안지에 기록한다.
2) 기준값 28~35cc를 답안지에 기록한다.

[엔진 5] 시험결과 기록표

자동차 번호 :

항목	① 측정(또는 점검)							② 판정 및 정비(또는 조치)사항		득점
	측정값						규정 (정비한계)값	판정 (□에 'V'표)	정비 및 조치할 사항	
인젝터 리턴 (백리크)량	1	2	3	4	5	6	28~35cc	□ 양호 ☑ 불량	2번 인젝터 교환/재점검	
	33cc	38cc	30cc	29cc						

※실린더 수에 맞게 측정합니다.

5-2-3. 판정 및 정비 조치사항

1) 측정값이 규정값 범위를 벗어났으므로 불량에 ☑ 표시한다.
2) 측정값이 규정값 범위 내에 있으면 양호에 ☑ 표시 후 "없음"으로 답안지를 작성한다.

나. 섀시

1. 주어진 자동차의 유압클러치에서 클러치 마스터 실린더를 탈거한 후(감독 위원에게 확인), 다시 부착하여 작동 상태를 확인하시오.

1-1. 클러치 마스터 실린더 탈, 부착

1) 클러치 페달 상부에 푸시로드 고정 핀을 탈거한다.

2) 클러치 오일 공급 호스를 분리한다.

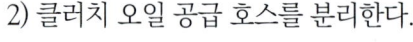

3) 유압 토출 라인을 분리한다.

4) 마스터 실린더 고정 너트를 탈거한다.

5) 마스터 실린더 탈거 후 감독위원에게 확인을 받는다.

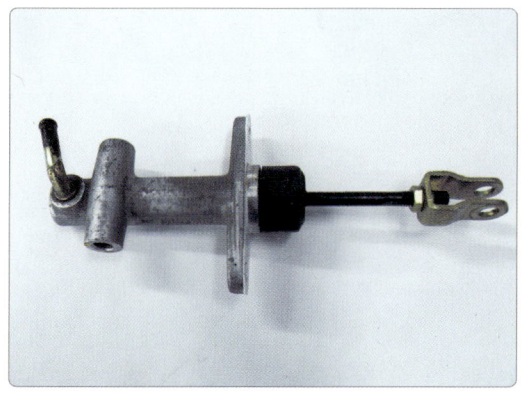

6) 마스터 실린더를 장착한다.

7) 유압 토출 라인을 조립한다.

8) 클러치 오일 공급 호스를 연결한다.

9) 클러치 페달 상부에 푸시로드 고정 핀을 조립한다.

10) 클러치 오일을 보충한다.

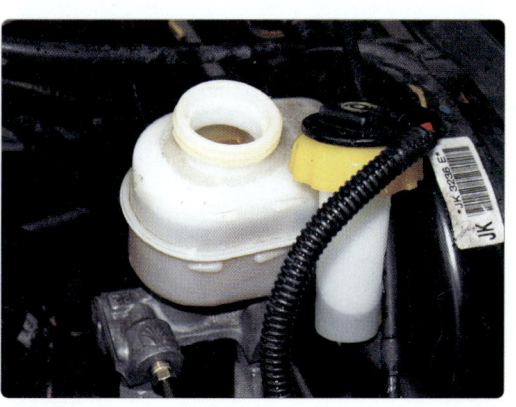

11) 슬레이브 실린더의 에어 브리더를 열고 에어 작업 후 감독위원에게 확인을 받는다.

나. 섀시

2. 주어진 자동차에서 휠 얼라인먼트 시험기로 캐스터와 토(toe) 값을 측정하여 기록표에 기록한 후, 타이 로드 엔드를 교환하여 토(toe)가 규정값이 되도록 조정하시오.

2-1. 캐스터, 토(toe) 측정

2-1-1. 측정

1) 시험차량을 리프트로 들어 올린 후 측정기 클램프를 설치한다.

2) HA-710 아이콘을 실행한다.

3) 작업시작 F1을 클릭한다.

4) 차량을 선택(현대 베르나) 후 F6을 클릭한다.

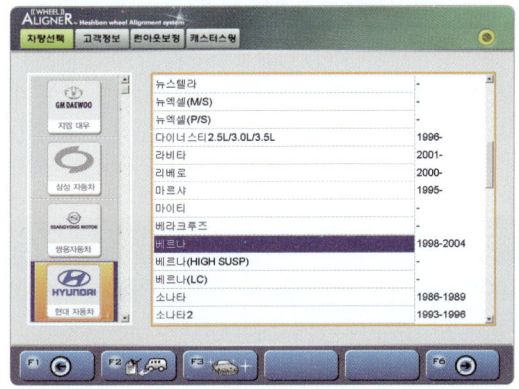

5) 고객 정보창이 표시되면 무시하고 F6을 클릭한다.

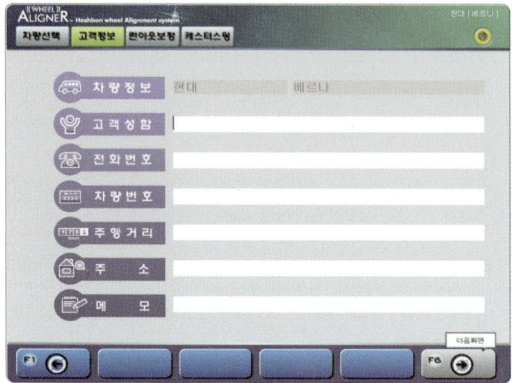

6) 화면에 적색 휠 런 아웃 보정 화살표가 표시된다.

7) 운전석 타이어를 180° 회전시킨다.

8) 녹색 램프가 점등되도록 수평을 잡은 후 OK 버튼을 누른다.

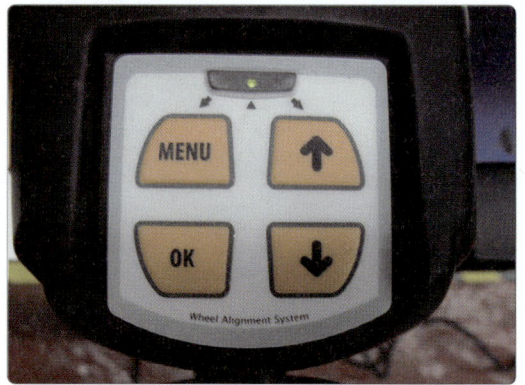

9) 운전석 앞바퀴 표시 적색 오른쪽 화살표가 녹색으로 바뀐다.

10) 타이어를 다시 180° 회전(초기위치) 후 녹색 램프가 점등되도록 수평을 잡은 후 OK 버튼을 누른다.

11) 운전석 앞바퀴 표시 왼쪽 적색 화살표가 녹색으로 바뀐다.

12) 같은 방법으로 운전석 앞바퀴 → 운전석 뒷바퀴 → 조수석 앞바퀴 → 조수석 뒷바퀴 순으로 휠 런아웃을 보정하면 적색 화살표가 모두 녹색 화살표로 바뀐다.

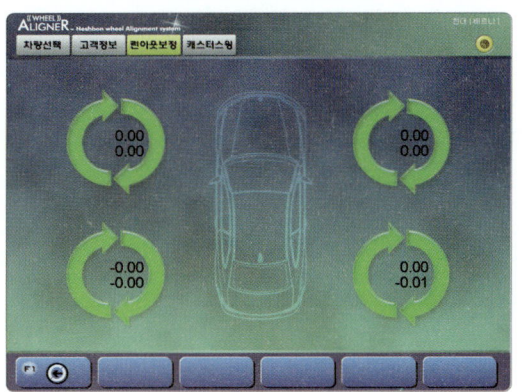

13) 아래 화면에 표시순서대로 작업을 실행한다.

14) 화면에 OK 표시가 될 때까지 핸들을 화살표 방향(직진)으로 회전한다.

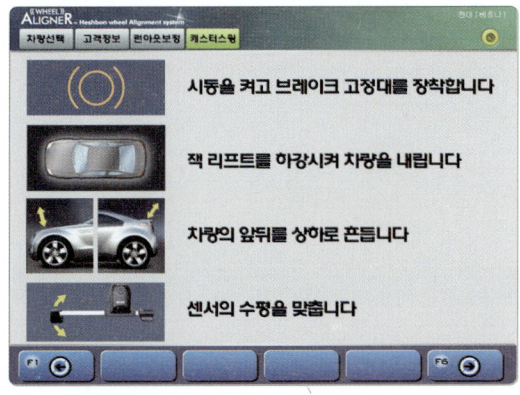

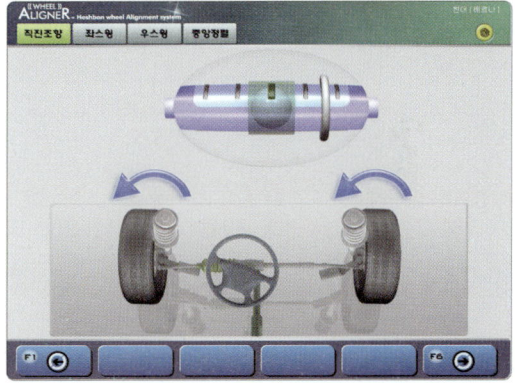

15) 화면에 OK 표시가 되면 정지한다.

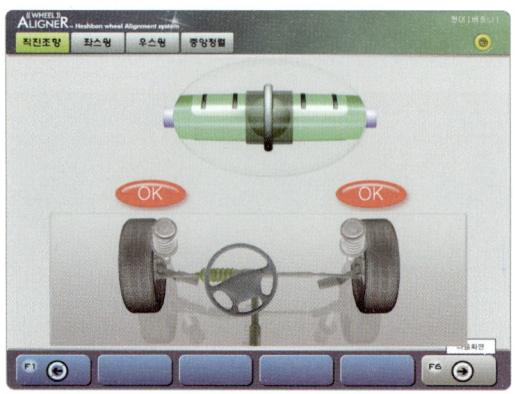

16) 화면에 OK 표시가 될 때까지 핸들을 화살표 방향(좌측)으로 회전한다.

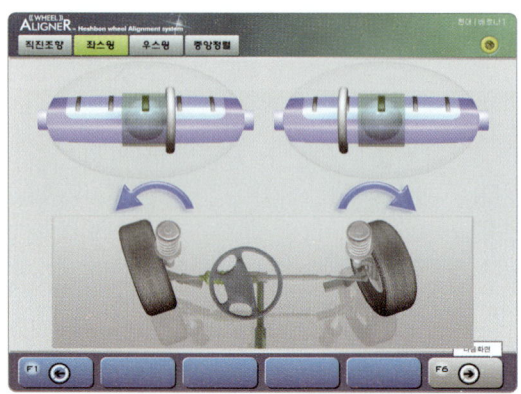

17) 화면에 OK 표시가 되면 정지한다.

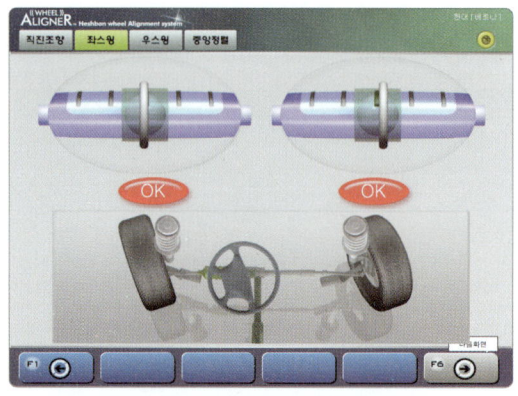

18) 화면에 OK 표시가 될 때까지 핸들을 화살표 방향(우측)으로 회전한다.

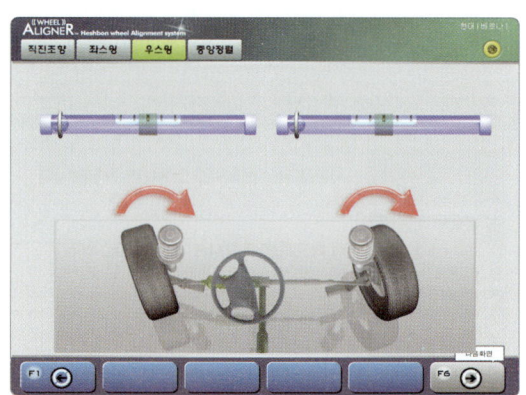

19) 화면에 OK 표시가 되면 정지한다.

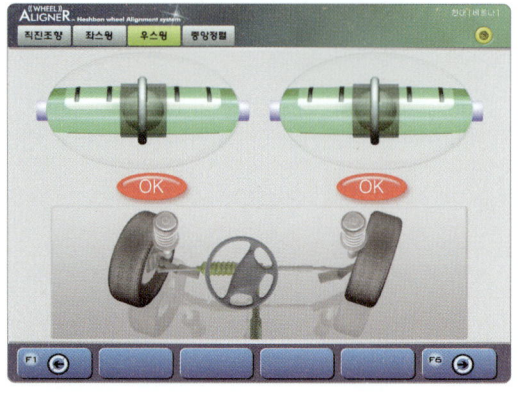

20) 화면에 OK 표시가 될 때까지 핸들을 화살표 방향(중앙 정렬)으로 회전한다.

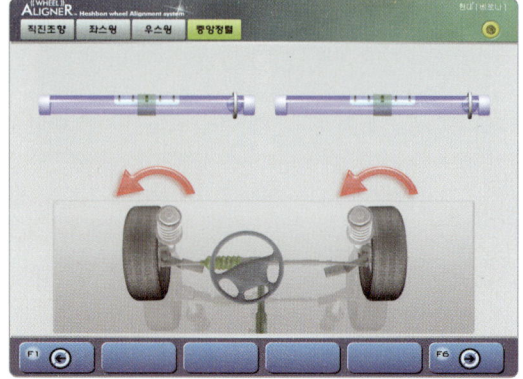

21) 화면에 OK 표시가 되면 정지한다.

22) F6을 클릭하면 측정결과가 표시된다.

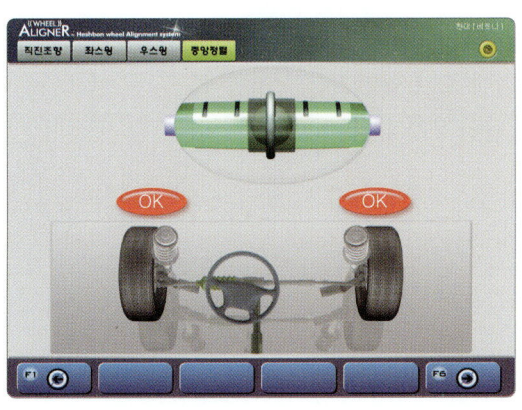
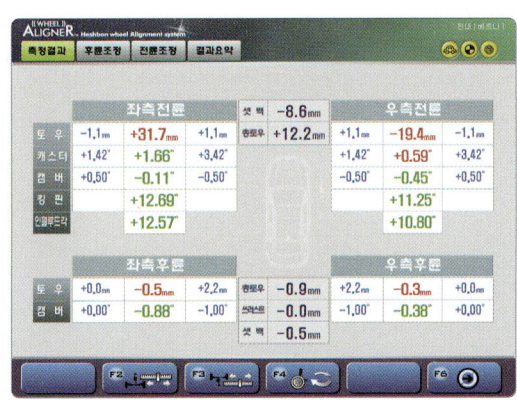

2-1-2. 답안지 작성

1) 감독위원이 지정한 한쪽만 측정한다.(예 : 좌측 전륜)
2) 전륜 캐스터 측정값 +1.66°, 기준값 +1.42~+3.42°를 답안지에 기입한다.
3) 좌측 전륜 토(toe) 측정값 +31.7mm, 기준값 -1.1~+1.1mm를 답안지에 기입한다.

[섀시 2] 시험결과 기록표

자동차 번호 :

항목	① 측정(또는 점검)		② 판정 및 정비(또는 조치)사항		득점
	측정값	규정(정비한계)값	판정 (□에 'V'표)	정비 및 조치할 사항	
캐스터	+1.66°	+1.42~+3.42°	□ 양호 ☑ 불량	양쪽 타이 로드로 조정/재점검	
토(toe)	+31.7mm	-1.1~+1.1mm			

2-1-3. 판정 및 정비 조치사항

1) 토(toe)가 이 기준값 범위를 벗어났음으로 불량에 ☒ 표시한다.
2) 토(toe)가 불량이므로 "양쪽 타이 로드로 조정/재점검"으로 답안지를 작성한다.
3) 캐스터 불량 시 "휠 얼라이먼트 조정/재점검"으로 답안지를 작성한다.

2-2. 타이 로드 엔드 교환

3안 참조 – p.138

나. 섀시

3. 주어진 자동차에서 후륜의 브레이크 휠 실린더를 교환(탈, 부착)하고, 브레이크 및 허브 베어링 작동상태를 점검하시오.

3-1. 후륜 휠 실린더 탈, 부착

1) 타이어를 탈거한다.

2) 브레이크 드럼을 탈거한다.

3) 허브 베어링 캡을 탈거한다.

4) 허브 너트를 탈거한다.

5) 휠 허브를 탈거한다.

6) 간극 조절기와 리턴 스프링을 탈거한다.

7) 어저스터 레버와 리턴 스프링을 정렬한다.

8) 홀드다운 스프링을 탈거한다.

9) 홀드다운 스프링을 정렬한다.

10) 리딩 슈를 탈거한다.

11) 리딩 슈를 정렬한다.

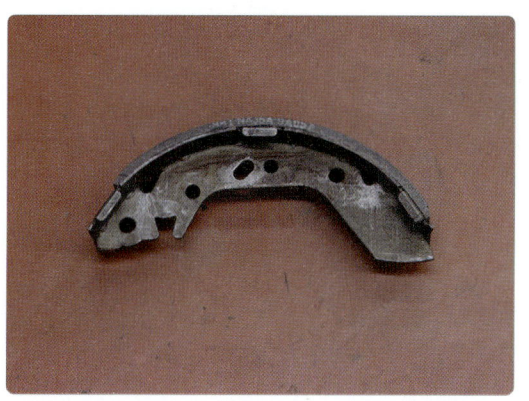

12) 어저스터 슬리브와 리턴 스프링을 탈거한다.

13) 어저스터 슬리브와 리턴 스프링을 정렬한다.

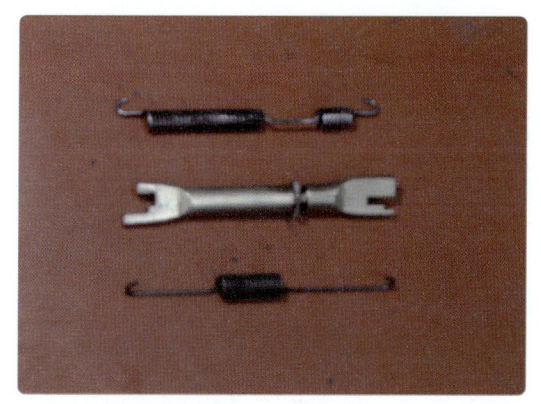

14) 트레일링 슈를 탈거한다.

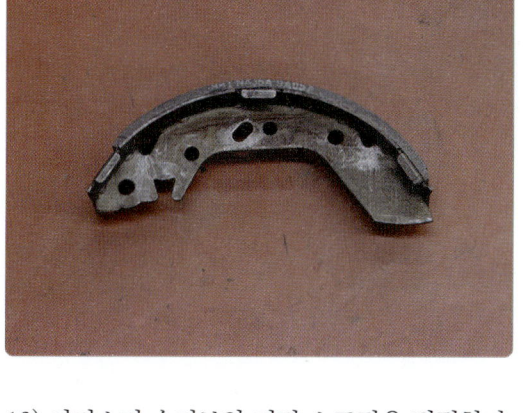

15) 트레일링 슈를 정렬한다.

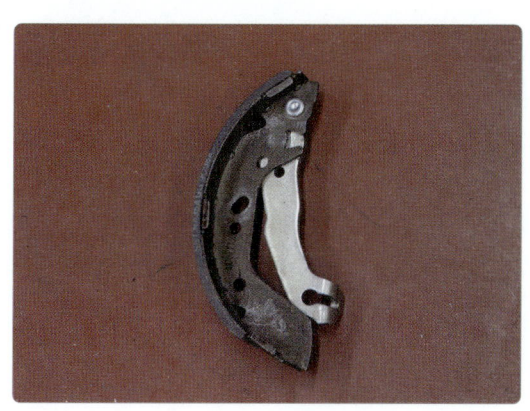

16) 휠 실린더를 탈거한다.

17) 탈거한 실린더를 감독위원에게 확인을 받는다.

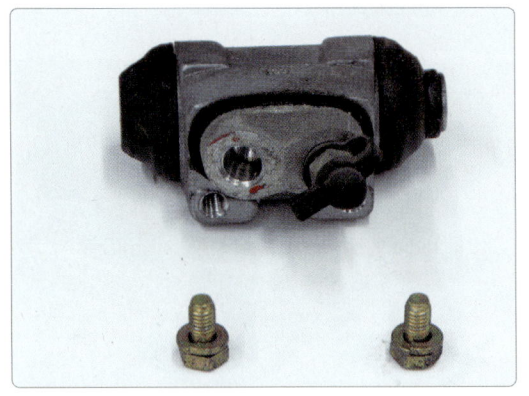

18) 휠 실린더를 장착한다.

19) 트레일링 슈를 장착한다.

20) 어저스터 슬리브와 리턴 스프링을 장착한다.

21) 리딩 슈를 장착한다.

22) 홀드다운 스프링을 장착한다.

23) 어저스터 레버와 리턴 스프링을 장착 후 감독위원의 확인을 받는다.

24) 휠 허브를 장착한다.

25) 허브 너트를 장착한다.

26) 베어링 캡을 장착한다.

27) 브레이크 드럼을 장착한다.

| 나. 섀시 | 4. 3의 작업 자동차에서 감독위원 지시에 따라 전(앞) 또는 후(뒤) 제동력을 측정하여 기록표에 기록하시오. |

4-1. 제동력 측정

 1안 참조 – p.54

| 나. 섀시 | 5. 주어진 자동차의 자동변속기에서 자기진단기(스캐너)를 이용하여 각종 센서 및 시스템의 작동 상태를 점검하고 기록표에 기록하시오. |

5-1. 자동변속기 점검

 1안 참조 – p.59

다. 전기

1. 자동차에서 에어컨 벨트와 블로워 모터를 탈거한 후(감독위원에게 확인), 다시 부착하여 작동상태를 확인하고, 에어컨의 압력을 측정하여 기록표에 기록하시오.

1-1. 에어컨 벨트 탈, 부착

1) 시험 차량의 에어컨 벨트를 확인한다.

2) 발전기 하부 고정 너트를 1회전 한다.

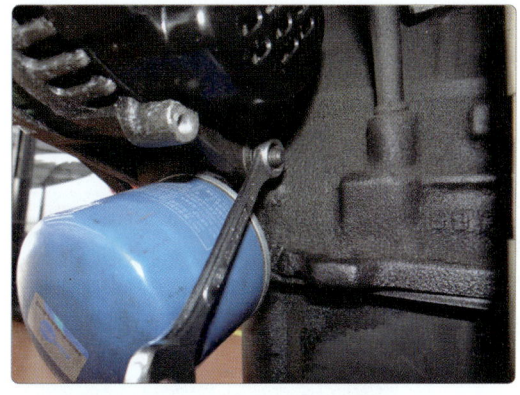

3) 발전기 상부 고정 너트를 1회전 한다.

4) 장력조정 볼트를 좌측으로 돌린다.

5) 발전기 벨트를 탈거한다.

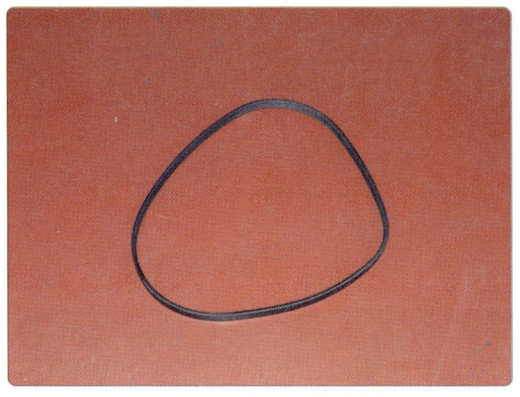

6) 에어컨 벨트 아이들 베어링 고정 너트를 좌측으로 1회전 시킨다.

7) 장력조정 볼트를 좌회전 시킨다.

8) 에어컨 벨트를 탈거한다.

9) 탈거한 에어컨 벨트를 감독위원의 확인을 받는다.

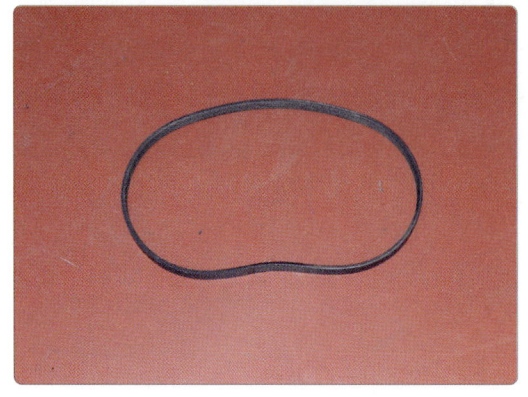

10) 에어컨 벨트를 장착한다.

11) 장력조정 볼트를 우회전하여 규정 장력으로 조정한다.

12) 에어컨 벨트 아이들 베어링 고정 너트를 우측으로 회전하여 규정토크로 체결한다.

13) 발전기 벨트를 장착한다.

14) 장력조정 볼트를 우측으로 돌려 규정 장력으로 조정한다.

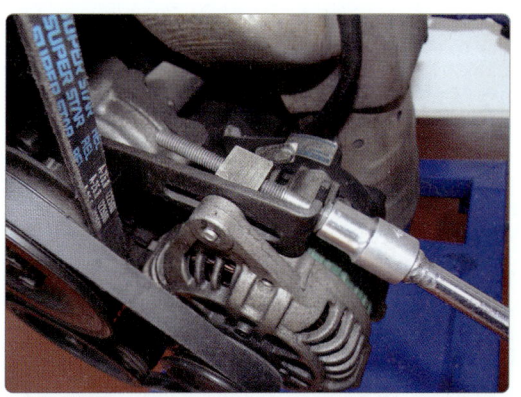

15) 발전기 상부 고정 볼트를 규정토크로 체결한다.

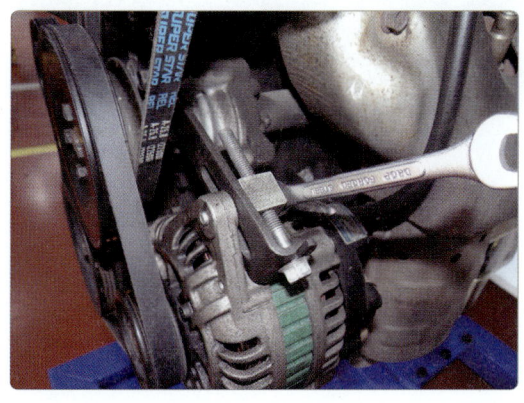

16) 발전기 하부 고정 너트를 규정토크로 체결한다.

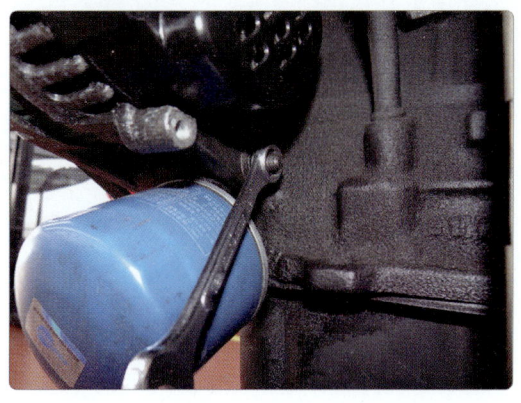

17) 에어컨 벨트와 발전기 벨트 장력확인 후 감독위원의 확인을 받는다.

1-2. 블로워 모터 탈, 부착

1) 블로워 모터 장착 위치를 확인한다.

2) 블로워 모터 커넥터를 탈거한다.

3) 블로워 모터 냉각 파이프를 탈거한다.

4) 블로워 모터를 탈거한다.

5) 탈거한 블로워 모터를 감독위원에게 확인을 받는다.

6) 블로워 모터를 장착하고 냉각 파이프를 먼저 조립한다.

7) 블로워 모터 커넥터를 연결한 후 감독위원에게 확인을 받는다.

1-3. 에어컨 압력 측정

1-3-1. 측정

1) 엔진 정지 후 매니폴드 게이지를 준비한다.

2) 차량의 저압, 고압 라인을 확인한다.

3) 게이지 청색을 저압 라인에, 적색을 고압 라인에 연결한다.

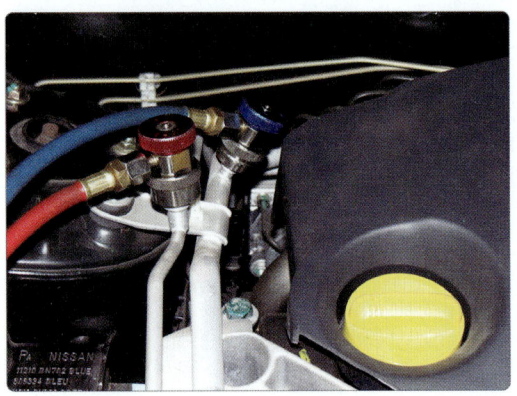

4) 엔진 시동 후 설정온도 18℃, 송풍팬 4단으로 에어컨을 가동한다.

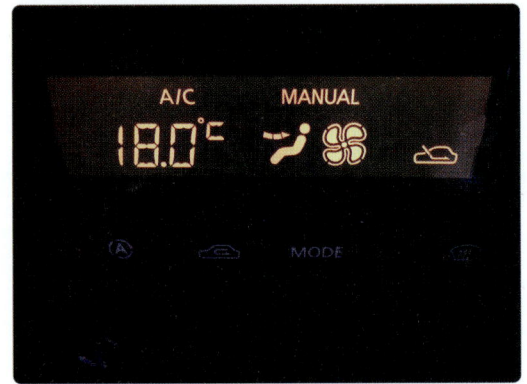

5) 2,500rpm 정도에서 저압 청색게이지를 읽어 답안지를 작성한다.(4.0kgf/cm²)

6) 고압 적색 게이지를 읽어 답안지를 작성한다.(19.5kgf/cm²)

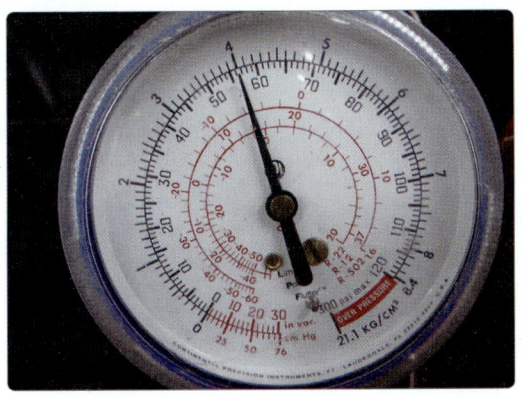

1-3-2. 답안지 작성

1) 측정값 저압 4.0kgf/cm², 고압 19.5kgf/cm² 답안지에 기록한다.
2) 규정값 저압 1.5~2.5kgf/cm², 고압 14~16kgf/cm²을 답안지에 기록한다.

[전기 1] 시험결과 기록표

자동차 번호 :

항목	① 측정(또는 점검)		② 판정 및 정비(또는 조치)사항		득점
	측정값	규정(정비한계)값	판정 (□에 'V'표)	정비 및 조치할 사항	
저압	4.0kgf/cm²	1.5~2.5kgf/cm²	□ 양호 ☑ 불량	냉매 많음 회수, 재충전/재점검	
고압	19.5kgf/cm²	14~16kgf/cm²	□ 양호 ☑ 불량		

1-3-3. 판정 및 정비 조치사항

1) 측정값 저압 4.0kgf/cm²이 규정값 저압 1.5~2.0kgf/cm² 범위를 벗어나므로 불량에 ☑ 표시한다.
2) 측정값 고압 19.5kgf/cm²이 규정값 고압 14~16kgf/cm² 범위를 벗어나므로 불량에 ☑ 표시한다.
3) 저, 고압 측정값이 규정 압력보다 낮으면 "냉매 적음 회수 재충전/재점검"으로 답안지를 작성한다.
4) 저, 고압 측정값이 규정 압력보다 높으면 "냉매 많음 회수 재충전/재점검"으로 답안지를 작성한다.
5) 측정값이 규정값 범위 내에 들어오면 양호에 ☑ 표시 후 "없음"으로 답안지를 작성한다.

다. 전기 2. 주어진 자동차에서 전조등 시험기로 전조등을 점검하여 기록표에 기록하시오.

2-1. 전조등 점검

📖 **1안 참조 - p.68**

다. 전기

3. 주어진 자동차에서 와이퍼 간헐(INT)시간 조정스위치 조작 시 편의장치 (ETACS 또는 ISU) 커넥터에서 스위치 신호(전압)를 측정하고 이상여부를 확인하여 기록표에 기록하시오.

3-1. 와이퍼 간헐시간 조정스위치 ETACS (또는 ISU) 입력전압 측정

3-1-1. 위치별 작동전압 측정

1) 커넥터 표에서 M25-1 16번 GND, M25-2 8번 INT S/W, 9번 INT Time을 확인한다.

AVANTE XD ETACS, A/C

(M25-1)

1	B+
2	"P"포지션 신호
3	뒷도어 록/언록 신호
4	파워윈도우 릴레이 컨트롤
5	ON/ST 전원
6	IG 전원
7	
8	운전석앞 도어 스위치
9	조수석앞 도어 스위치
10	트렁크 램프 컨트롤
11	실내등
12	디포거 릴레이 컨트롤
13	시트벨트 경고등
14	도어록 릴레이(록)
15	미등 릴레이 컨트롤
16	GND
17	파킹브레이크 신호
18	전도어 스위치
19	엔진회전시 입력신호
20	도어록 릴레이(언록)

(M25-2)

1	키홀조명
2	도어 경고 스위치 신호
3	
4	시트벨트 스위치
5	
6	
7	와셔신호
8	간헐와이퍼
9	간헐와이퍼 시간지연조절
10	와이퍼 릴레이 컨트롤
11	엔진체크 경고등 컨트롤
12	디포거 스위치
13	IG 릴레이(1) 컨트롤
14	미등 스위치 입력
15	
16	

(M25-3)

2	외기온도 센서
3	
3	
4	증발기 온도센서
5	
6	
7	AQS
8	
9	외기온도센서 접지
10	
11	
12	GND

2) 시동 키를 IG On 상태로 한다.

4) 와이퍼 스위치 INT 모드로 당긴다

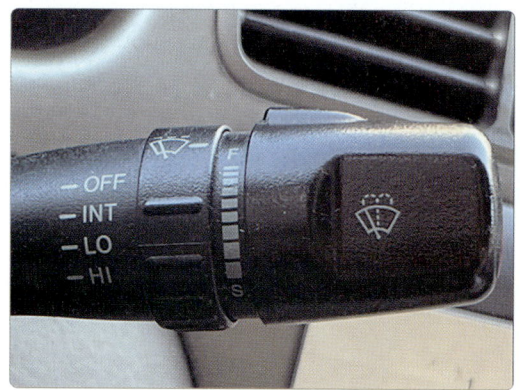

6) 멀티미터 (+) 프로브를 M25-2 9번 핀에 연결한다.

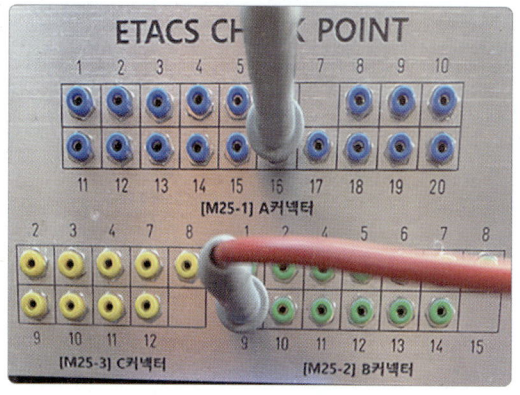

3) 멀티미터를 M25-2 8번 핀에 (+), 25-1 커넥터 16번 핀에 (-)를 연결 후 INT S/W Off 시 전압을 측정한다.(4.8V)

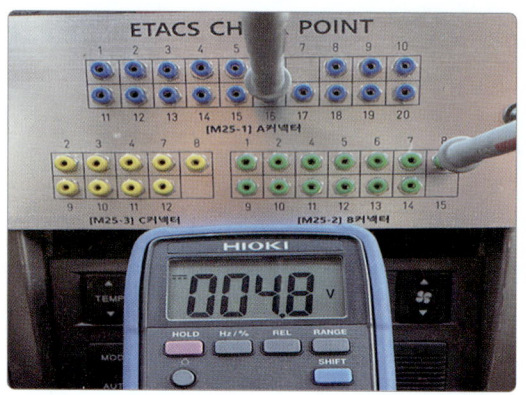

5) INT S/W On 시 전압을 측정한다.(0.3V)

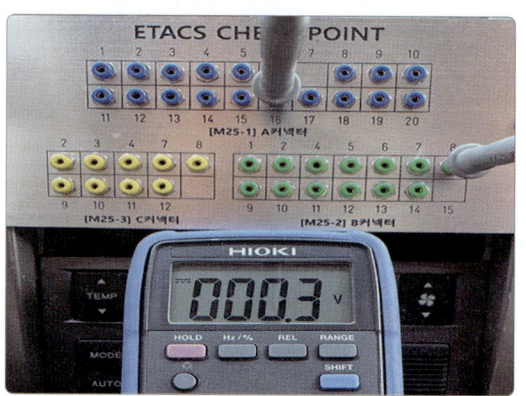

7) 와이퍼 INT Time을 FAST로 한다.

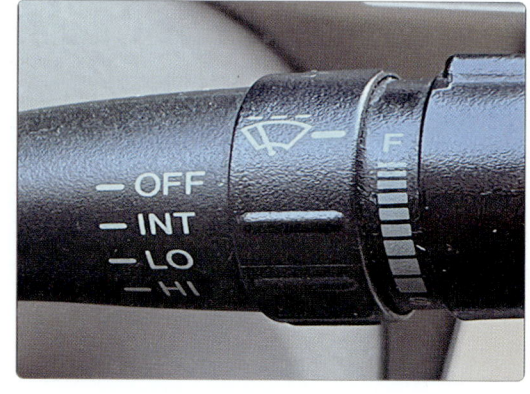

8) FAST 시 전압을 측정한다.(0V)

9) 와이퍼 INT Time을 SLOW로 한다

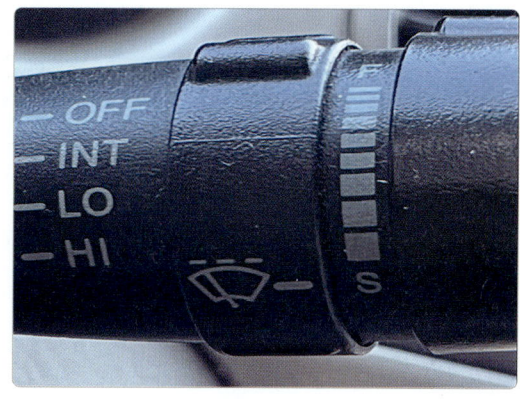

10) SLOW 시 전압을 측정한다.(2.5V).

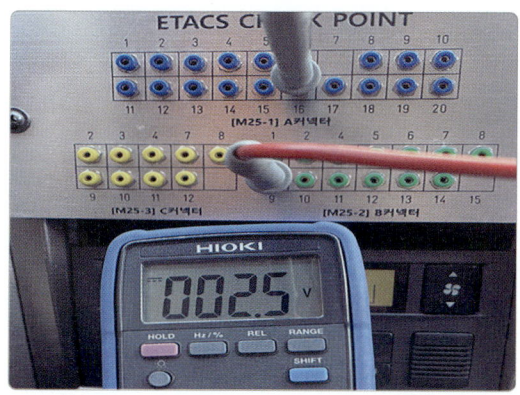

3-1-2. 답안지 작성

1) 와이퍼 INT 스위치 On 시 전압 0.3V, Off 시 4.8V를 답안지에 기록한다.
2) INT S/W 위치별 전압 0~2.5V를 답안지에 기록한다.

[전기 3] 시험결과 기록표

자동차 번호 :

항목		① 측정(또는 점검) 상태	② 판정 및 정비(또는 조치)사항		득점
			판정 (□에 'V'표)	정비 및 조치할 사항	
와이퍼 간헐시간 조정스위치 작동신호 (전압)	INT S/W 전압	On 시 : 0.3V Off 시 : 4.8V	☑ 양호 □ 불량	없음	
	INT S/W 위치별 전압	FAST(빠름) - SLOW(느림)전압 기록 전압 : 0~2.5V			

3-1-3. 판정 및 정비 조치사항

1) 규정값은 감독위원이 제시한 값을 참고한다.
2) 측정값이 규정값 범위 내에 있으므로 양호에 ☑ 표시한다.
3) 측정값이 규정값 범위를 벗어나면 "와이퍼 S/W 교환/재점검"으로 답안지를 작성한다.

다. 전기	4. 주어진 자동차에서 미등 및 제동등(브레이크) 회로를 점검하여 이상개소 (2곳)를 찾아서 수리하시오.

4-1. 미등 및 제동등 회로 수리

4-1-1. 점검

1) 미등 S/W 커넥터 탈거를 확인한다.

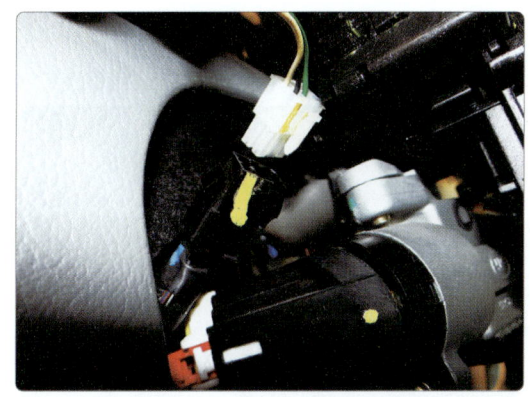

2) 앞 좌, 우측 미등 커넥터 탈거를 확인한다.

3) 앞 좌, 우측 미등전구 단선을 확인한다.

4) 뒤 좌, 우측 미등, 제동등 커넥터 탈거를 확인한다.

5) 뒤 좌, 우측 미등, 제동등 전구를 확인한다.

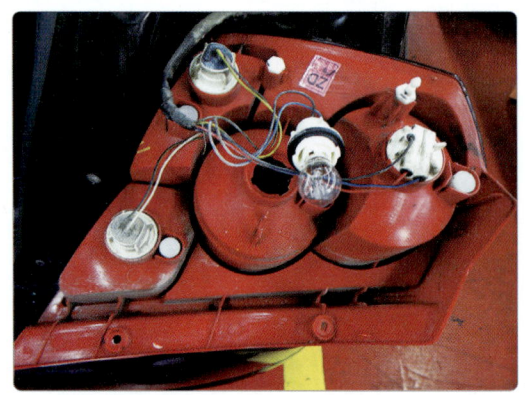

6) 메인 퓨즈 박스에 우측, 좌측 미등 퓨즈(10A), 미등 퓨즈(20A), 미등 릴레이를 점검한다.

7) 실내 퓨즈 박스에 정지등 퓨즈(15A)를 확인한다.

8) 제동등 스위치 커넥터를 확인한다.

4-1-2. 예상 고장부위

1) 고장부위가 확인되면 수리하지말고 감독위원에게 확인을 받는다.
2) 예상답안
   ① 미등 커넥터 탈거(앞, 뒤, 좌, 우측 방향 표시)
   ② 미등 전구 단선(앞, 뒤, 좌, 우측 방향 표시)
   ③ 미등 퓨즈(10A) 단선(좌, 우측 방향 표시)
   ④ 제동등 퓨즈(15A) 단선(또는 파손, 없음)
   ⑤ 미등 릴레이 파손(또는 없음)
   ⑥ 미등 S/W 커넥터 탈거
   ⑦ 제동등 S/W 커넥터 탈거

MEMO

Industrial Engineer
Motor Vehicles
Maintenance

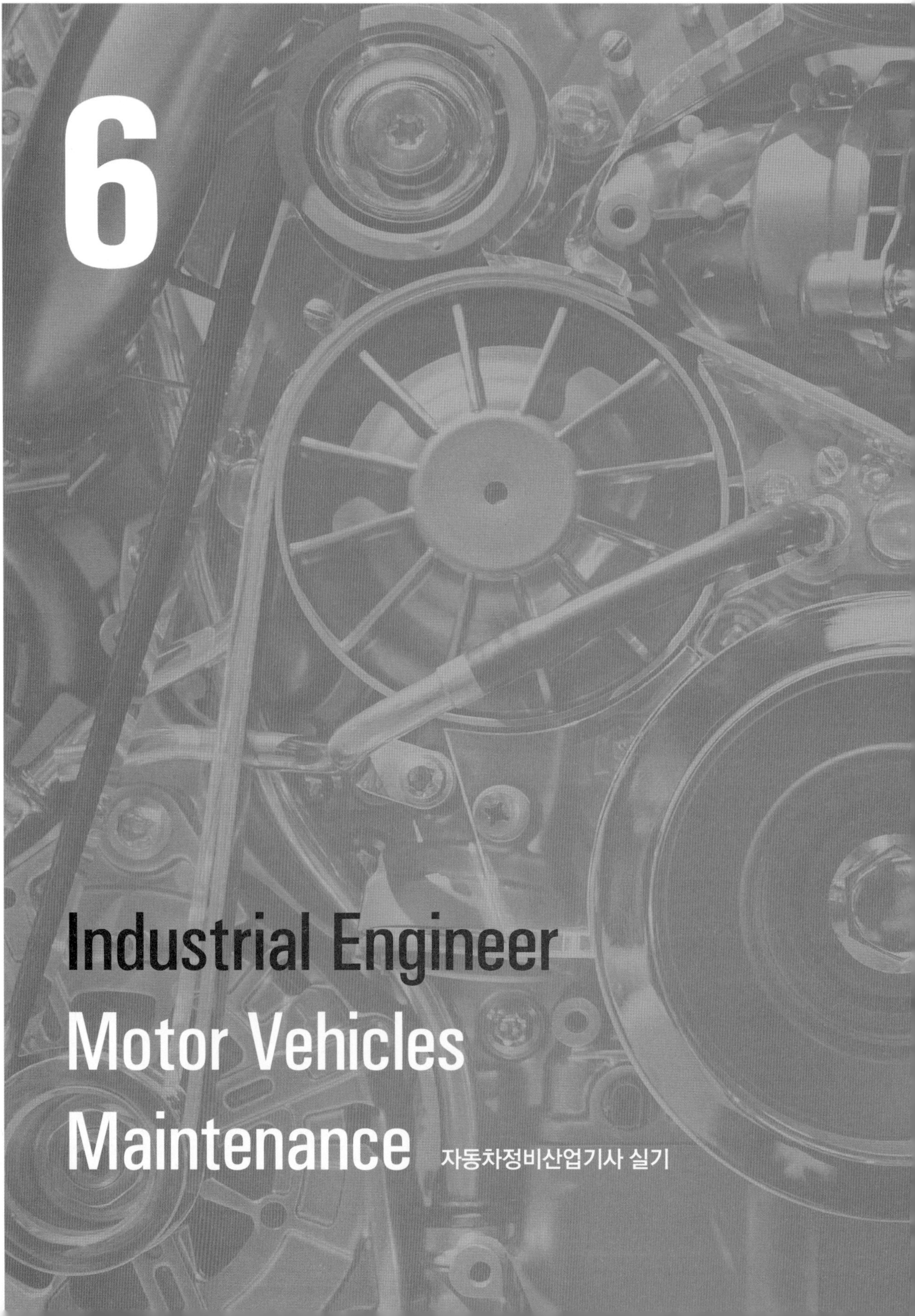

6

Industrial Engineer
Motor Vehicles
Maintenance 자동차정비산업기사 실기

가. 엔진

1. 엔진 분해, 조립
2. 전자제어 엔진 시동
3. 공회전속도 점검
4. 점화 1차 파형 출력, 분석
5. 연료 압력 조절 밸브 탈, 부착

나. 섀시

1. 변속조절 솔레노이드 밸브, 오일 펌프 및 필터 탈, 부착
2. 자유간극, 높이 측정
3. 브레이크 캘리퍼 탈, 부착
4. 제동력 측정
5. VDC, ECS, TCS 점검

다. 전기

1. 기동모터 분해, 조립
2. 전조등 점검
3. 점화 키 홀 조명(ETACS 또는 ISU) 출력전압 측정
4. 경음기 회로 수리

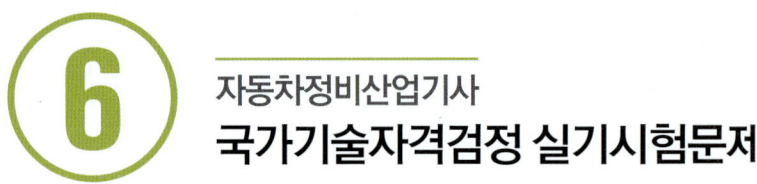

자동차정비산업기사
국가기술자격검정 실기시험문제

자격종목	자동차정비산업기사	과제명	자동차정비작업

※ 문제지는 시험종료 후 본인이 가져갈 수 있습니다.

비번호		시험일시		시험장명	

※ 시험시간 : 5시간 30분 | 엔진 : 140분   섀시 : 120분   전기 : 70분

☑ 요구사항

가. 엔진	1. 주어진 엔진을 기록표의 측정항목(캠축 양정)까지 분해하여 기록표의 요구사항을 측정 및 점검하고 본래 상태로 조립하시오.

1-1. 엔진 분해, 조립

📖 **1안 참조 - p.4**

1-2. 캠축 양정 측정

1-2-1. 측정

1) 감독위원이 지정한 실린더의 캠 높이를 측정한다.(예 : 3번 실린더 흡기 캠)(40.30mm)

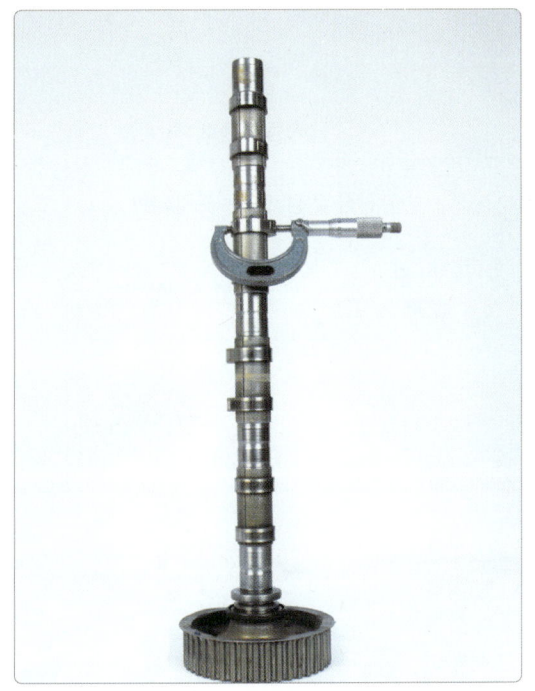
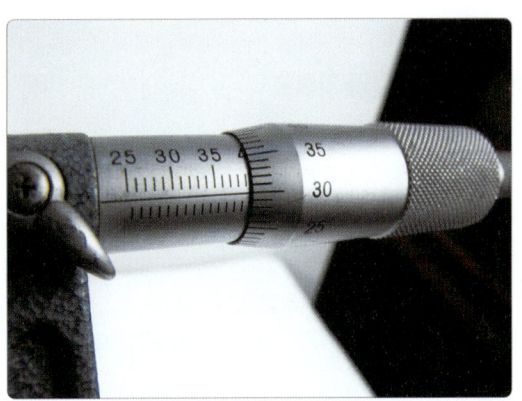

2) 캠의 기초원 높이를 측정한다.(33.23mm)

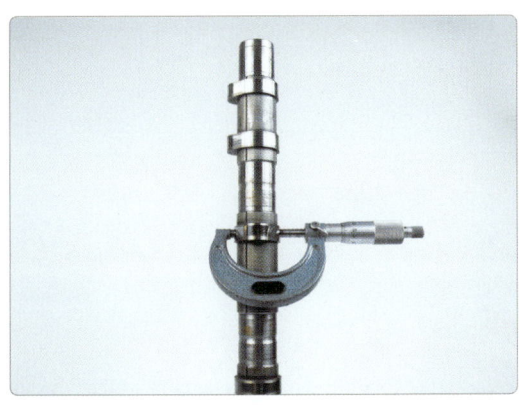
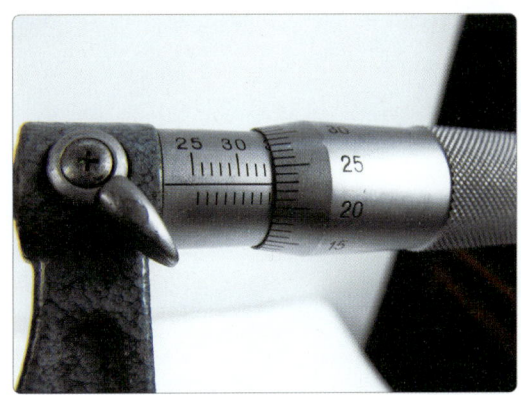

3) 측정값은 캠 높이에서 기초원을 뺀다. 40.30mm - 33.23mm = 7.07mm

1-2-2. 답안지 작성

1) 측정값 7.07mm를 답안지에 기록한다.
2) 기준값 7.10~7.25mm를 답안지에 기록한다.

[엔진 1] 시험결과 기록표

자동차 번호 :

항목	① 측정(또는 점검)		② 판정 및 정비(또는 조치)사항		득점
	측정값	규정(한계)값	판정 (□에 'V'표)	정비 및 조치할 사항	
캠축 양정	7.07mm	7.10~7.25mm	□ 양호 ☑ 불량	캠축 교환/재점검	

1-2-3. 판정 및 정비 조치사항

1) 측정값이 규정값 범위를 벗어났으므로 불량에 ☑ 표시한다.
2) 측정값이 규정값 범위 내에 있으면 양호에 ☑ 표시 후 "없음"으로 답안지를 작성한다.

가. 엔진	2. 주어진 자동차의 전자제어 엔진에서 감독위원의 지시에 따라 1가지 부품을 탈거한 후 (감독위원에게 확인), 다시 부착하고 시동에 필요한 관련 부분의 이상 개소(시동회로, 점화회로, 연료장치 중 2개소)를 점검 및 수리하여 시동하시오.

2-1. 전자제어 엔진 시동

 1안 참조 - p.25

가. 엔진	3. 2의 시동된 엔진에서 공회전 상태를 확인하고, 감독위원의 지시에 따라 연료 공급 시스템의 연료 압력을 측정하여 기록표에 기록하시오.(단, 시동이 정상적으로 되지 않은 경우 본 항의 작업은 할 수 없음)

3-1. 공회전속도 점검

 1안 참조 - p.28

3-2. 연료 압력 측정

1) 변속레버 "N" 위치에서 시험용 엔진을 시동한다.

2) 연료 압력게이지를 측정한다.(3.5kgf/cm²)

3-2-2. 답안지 작성

1) 연료 압력 측정값 3.5kgf/cm² 을 답안지에 기입한다.
2) 기준값 3.2~3.8kgf/cm²을 답안지에 기입한다.

[엔진 3] 시험결과 기록표

자동차 번호 :

항목	① 측정(또는 점검)		② 판정 및 정비(또는 조치)사항		득점
	측정값	규정(정비한계)값	판정 (□에 'V'표)	정비 및 조치할 사항	
연료 압력	3.5kgf/cm²	3.2~3.8kgf/cm²	☑ 양호 □ 불량	없음	

3-2-3. 판정 및 정비 조치사항

1) 측정값이 규정값 범위내에 있으므로 양호에 ☒ 표시 후 "없음"으로 답안지를 작성한다.
2) 측정값이 규정값 보다 낮거나 높으면 불량에 ☒ 표시 후 "연료 압력조절기 교환/재점검"로 답안지를 작성한다.

| 가. 엔진 | 4. 주어진 자동차의 엔진에서 점화 코일의 1차 파형을 측정하고 그 결과를 분석하여 출력물에 기록·판정하시오.(측정조건 : 공회전 상태) |

4-1. 점화 1차 파형 출력 분석

 5안 참조 - p.198

| 가. 엔진 | 5. 주어진 전자제어 디젤 엔진에서 연료 압력 조절 밸브를 탈거한 후(감독위원에게 확인), 다시 부착하여 시동을 걸고, 매연을 측정하여 기록표에 기록 하시오. |

5-1. 연료 압력 조절 밸브 탈, 부착

 3안 참조 - p.130

5-2. 디젤 매연 측정

 2안 참조 - p.91

| 나. 섀시 | 1. 주어진 자동변속기에서 밸브 보디의 변속조절 솔레노이드 밸브, 오일 펌프 및 필터를 탈거한 후(감독위원에게 확인), 다시 부착하여 자기진단기(스캐너)를 이용하여 변속레버의 작동상태를 확인하시오. |

1-1. 변속조절 솔레노이드 밸브, 오일 펌프 및 필터 탈, 부착

1) 오일 팬을 탈거한다.

2) 오일 필터 고정 볼트를 탈거한다.

3) 오일 필터를 탈거한다.

4) 밸브 바디 고정 볼트를 탈거한다.

5) 밸브 바디를 탈거한다.(좌측부터 SCSV B, A, DCCSV, PCSV)

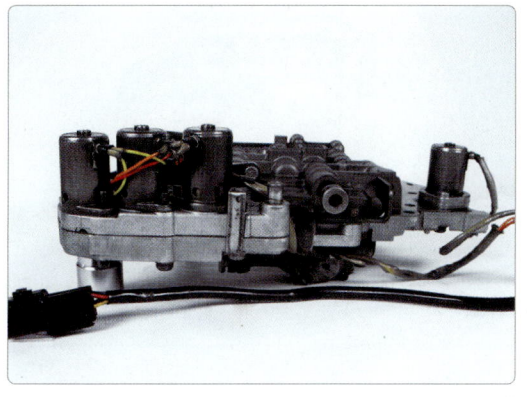

6) SCSV B, A를 탈거 후 감독위원에게 확인을 받는다.

7) 프론트 케이스 고정 볼트를 탈거한다.

8) 오일 펌프 고정 볼트를 탈거한다.

9) 오일 펌프 어셈블리를 탈거하고 감독위원에게 확인을 받는다.

10) 오일 펌프를 장착한다.

11) 프론트 케이스를 장착한다.

12) 밸브바디를 장착한다.

13) 오일 필터를 장착한다.

14) 오일 팬을 장착하고 감독위원에게 확인을 받는다.

| 나. 섀시 | 2. 주어진 자동차의 브레이크에서 페달 자유간극을 측정하여 기록표에 기록한 후, 페달 자유간극과 페달 높이가 규정값이 되도록 조정하시오. |

2-1. 자유간극, 높이 측정

2-1-1. 자유간극 측정

1) 직각자를 브레이크 페달의 가장높은 부분에 값을 읽는다.(130mm)

2) 브레이크 페달을 살짝 누른 후 값을 읽는다. (124mm)

2-1-2. 답안지 작성

1) 페달높이 측정값 130mm, 기준값 140~150mm를 답안지에 기입한다.
2) 페달유격 측정값(130-124=6) 6mm, 기준값 4~8mm를 답안지에 기입한다.

[섀시 2] 시험결과 기록표

자동차 번호 :

항목	① 측정(또는 점검)		② 판정 및 정비(또는 조치)사항		득점
	측정값	규정(정비한계)값	판정 (□에 'V'표)	정비 및 조치할 사항	
자유간극	6mm	4~8mm	□ 양호 ☑ 불량	브레이크 마스터 실린더 푸시로드로 조정/재점검	
페달높이	130mm	140~150mm			

2-1-3. 판정 및 정비 조치사항

1) 높이 측정값 130mm가 규정값 범위를 벗어나므로 불량에 ☑ 표시 후 "브레이크 마스터 실린더 푸시로드로 조정/재점검"으로 답안지를 작성한다.

2) 측정값이 규정값 범위 내에 들어오면 양호에 ☑ 표시 후 "없음"으로 답안지를 작성한다.

| 나. 섀시 | 3. 주어진 자동차에서 전륜의 브레이크 캘리퍼를 탈거한 후(감독위원에게 확인), 다시 부착하여 브레이크 작동상태를 점검하시오. |

3-1. 브레이크 캘리퍼 탈, 부착

 3안 참조 - p.142

| 나. 섀시 | 4. 3의 작업 자동차에서 감독위원 지시에 따라 전(앞) 또는 후(뒤) 제동력을 측정하여 기록표에 기록하시오. |

4-1. 제동력 측정

 1안 참조 - p.54

| 나. 섀시 | 5. 주어진 자동차의 ABS에서 자기진단기(스캐너)를 이용하여 각종 센서 및 시스템의 작동 상태를 점검하고 기록표에 기록하시오. |

5-1. VDC, ECS, TCS 점검

 2안 참조 - p.102

다. 전기

1. 주어진 기동모터를 분해한 후 전기자 코일과 솔레노이드(풀 인, 홀드 인) 상태를 점검하여 기록표에 기록하고, 본래 상태로 조립하여 작동상태를 확인 하시오.

1-1. 기동모터 분해, 조립

1) 기동모터 솔레노이드의 F 단자를 분리한다.

2) 솔레노이드 스위치 고정 볼트를 분리한다.

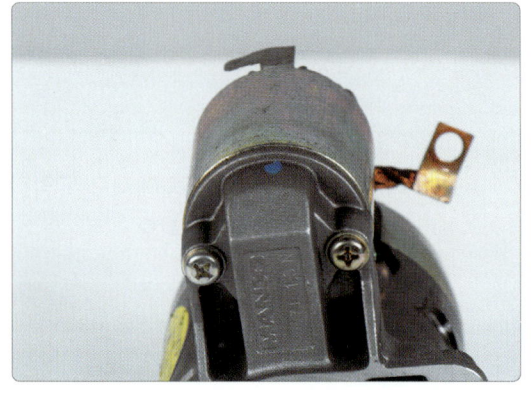

3) 솔레노이드 스위치 어셈블리를 탈거한다.

4) 브러시 홀더 고정 볼트와 관통 볼트를 분리한다.

5) 리어 커버를 분리한다.

6) 계자 코일 어셈블리를 분리한다.

7) 전기자 코일 어셈블리를 분리한다.

8) 시프트 포크와 쿠션고무를 분리한다.

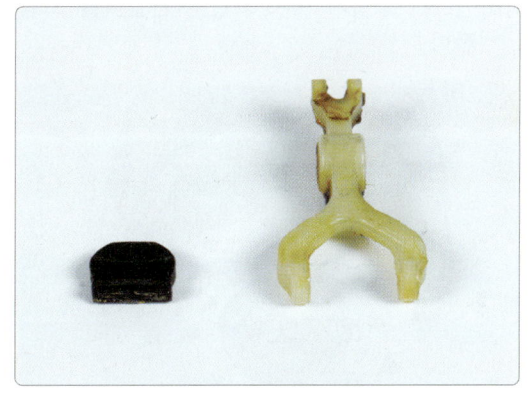

9) 앞 엔드프레임을 분리한다.

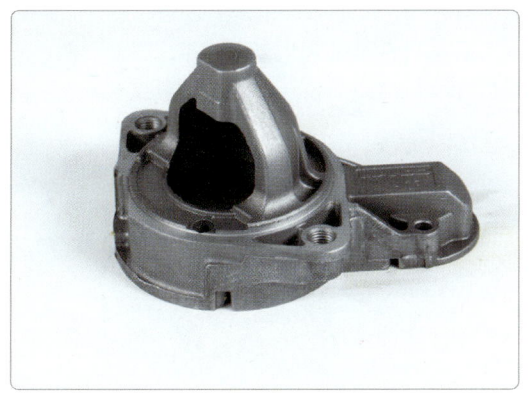

10) 계자 코일 어셈블리에서 브러시 홀더를 분리한 후 감독위원에게 확인을 받는다.

11) 앞 엔드프레임에 시프트 포크와 쿠션고무를 조립한다.

12) 계자 코일에 브러시 홀더를 조립한다.

13) 전기자 코일과 계자 코일 어셈블리를 조립한다.

14) 브러시 홀더 고정 볼트와 관통 볼트를 체결한다.

15) 솔레노이드 스위치 고정 볼트를 체결한다.

16) 기동 모터 솔레노이드의 F 단자를 체결 후 감독위원에게 확인을 받는다.

17) 축전지를 연결하여 작동시험을 한다.

1-2. 전기자 코일과 솔레노이드 풀 인, 홀드 인 시험

1-2-1. 시험

1) 그로울러 시험기를 준비한다.

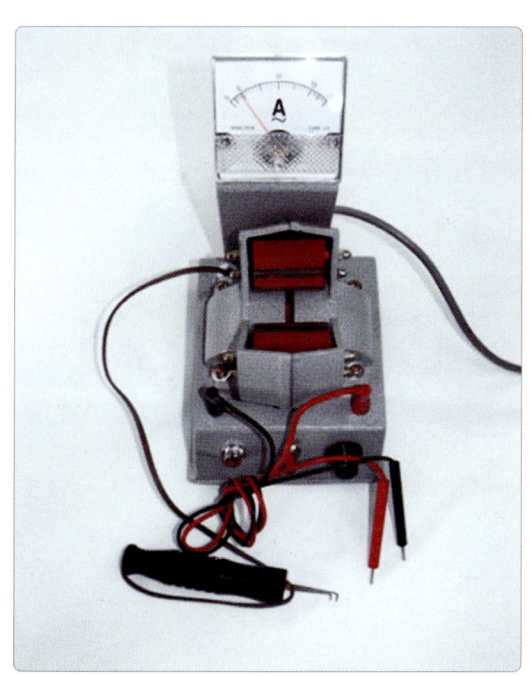

2) 단선 시험 : 전기자를 그로울러 시험기에 올려놓고 적색, 흑색 테스터 봉을 정류자편을 순서대로 접속시켜 램프가 전부 점등되면 양호, 어느 부분에서 램프가 점등되지 않으면 그 부분이 단선된 상태이다.

3) 단락 시험 : 그로울러 시험기의 메인 스위치를 On하고 전기자 축 방향으로 철편을 접촉한 상태에서 전기자를 천천히 1회전 한다. 회전 중 전기자가 자력을 발생해 철편이 붙으면 그 부분이 단락된 부분이다.

4) 접지 시험 : 전기자 몸체에 흑색 테스터봉을 정류자 편에, 적색 테스터 봉을 접촉시켰을 때 램프가 점등되지 않으면 양호, 점등되면 접지 불량이다.

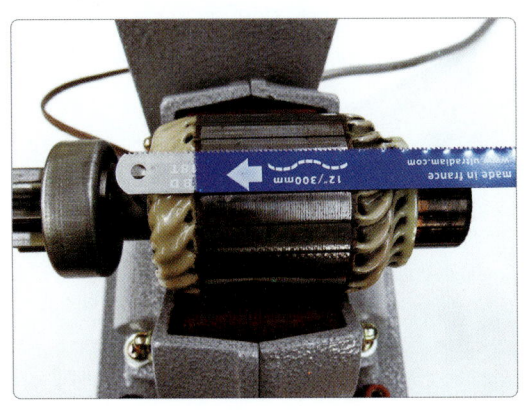

5) 풀 인 코일 시험 : 회로 시험기로 솔레노이드 스위치 ST 단자와 F 단자 사이에 저항 측정 후 기준값과 비교한다.(측정값 : 1.1Ω 규정값 : 1.5~1.8Ω) 불량

6) 홀드 인 코일 시험 : 회로 시험기로 솔레노이드 스위치 몸체와 ST 단자 사이에 저항을 측정 후 기준값과 비교한다.(측정값 : 12.9Ω 규정값 : 11~14Ω) 양호

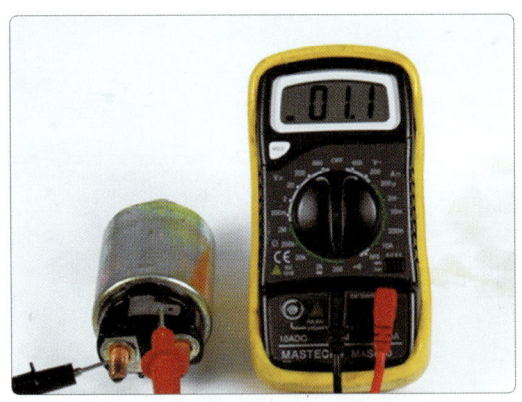
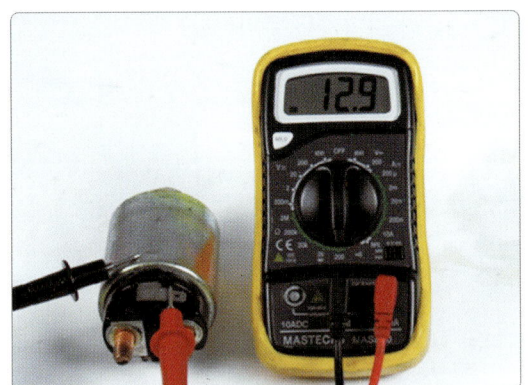

1-2-2. 답안지 작성

1) 단선, 단락, 접지 시험이 모두 양호하면 정상에 ☑ 표시, 전기자가 단선이면 단선에 ☑ 표시한다.
2) 측정값 풀 인 코일이 모두 양호하면 정상에 ☑ 표시, 불량이면 풀 인, 홀드 인에 ☑ 표시한다.

[전기 1] 시험결과 기록표

자동차 번호 :

항목	① 측정(또는 점검) 상태 (이상부위의 □에 'V'표)	② 판정 및 정비(또는 조치)사항		득점
		판정 (□에 'V'표)	정비 및 조치할 사항	
전기자코일 (단선, 단락, 접지)	☑ 정상 □ 단선 □ 단락 □ 접지	□ 양호 ☑ 불량	솔레노이드 교환/재점검	
솔레노이드 스위치 (풀 인, 홀드 인)	□ 정상 ☑ 풀 인 □ 홀드 인			

1-2-3. 판정 및 정비 조치사항

1) 불량에 ☑ 표시한다.
2) 풀 인, 홀드 인 저항은 기준값과 비교하여 판정한다.
3) 불량 판정 시 해당 부품을 교환한다.
4) 양호 시 양호에 ☑ 표시 후 "없음"으로 답안지를 작성한다.

다. 전기

2. 주어진 자동차에서 전조등 시험기로 전조등을 점검하여 기록표에 기록하시오.

2-1. 전조등 점검

 1안 참조 - p.68

다. 전기

3. 주어진 자동차에서 점화 키 홀 조명 기능이 작동 시 편의장치(ETACS 또는 ISU) 커넥터에서 출력신호(전압)를 측정하고 이상여부를 확인하여 기록표에 기록하시오.

3-1. 점화 키 홀 조명(ETACS 또는 ISU) 출력전압 측정

3-1-1. 측정

1) 커넥터 표에서 M25-2 1번 핀, 25-1 16번 핀을 확인한다.

AVANTE XD ETACS, A/C

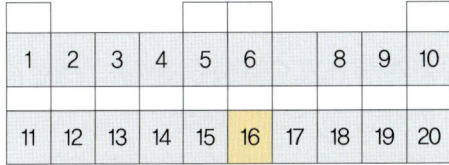

(M25-1)   (M25-2)   (M25-3)

1	B+
2	"P"포지션 신호
3	뒷도어 록/언록 신호
4	파워윈도우 릴레이 컨트롤
5	ON/ST 전원
6	IG 전원
7	
8	운전석앞 도어 스위치
9	조수석앞 도어 스위치
10	트렁크 램프 컨트롤
11	실내등
12	디포거 릴레이 컨트롤
13	시트벨트 경고등
14	도어록 릴레이(록)
15	미등 릴레이 컨트롤
16	GND
17	파킹브레이크 신호
18	전도어 스위치
19	엔진회전시 입력신호
20	도어록 릴레이(언록)

1	키홀조명
2	도어 경고 스위치 신호
3	
4	시트벨트 스위치
5	
6	
7	와셔신호
8	간헐와이퍼
9	간헐와이퍼 시간지연조절
10	와이퍼 릴레이 컨트롤
11	엔진체크 경고등 컨트롤
12	디포거 스위치
13	IG 릴레이(1) 컨트롤
14	미등 스위치 입력
15	
16	

2	외기온도 센서
3	
3	
4	증발기 온도센서
5	
6	
7	AQS
8	
9	외기온도센서 접지
10	
11	
12	GND

2) 시동 키를 탈거 후 키홀조명 점등을 확인한다.

3) 작동 시(키 홀 조명 On) 출력 전압을 측정한다.(0V)

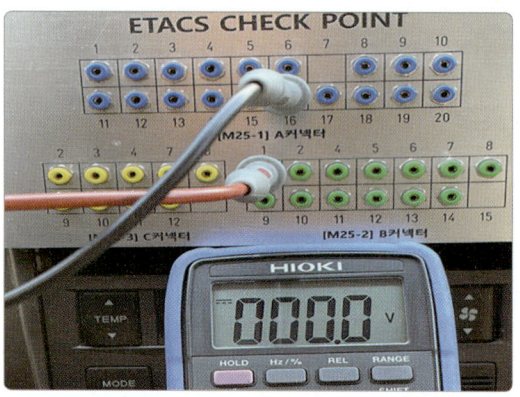

4) 시동 키를 On하여 키 홀 조명을 Off한다.

5) 소등 시 (키 홀 조명 Off) 출력 전압을 측정한다.(11.9V)

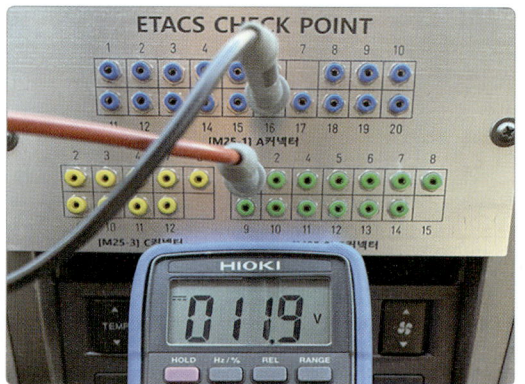

3-1-2. 답안지 작성

1) 키 홀 조명 작동 시(점등 시) 출력 전압 0V를 답안지에 기록한다.
2) 키 홀 조명 소등 시(소등 시) 출력 전압 11.9V를 답안지에 기록한다.
3) On 시 규정값 0~1V, Off 시 규정값 10~15V를 답안지에 기록한다.

[전기 3] 시험결과 기록표

자동차 번호 :

항목		① 측정(또는 점검) 상태		② 판정 및 정비(또는 조치)사항		득점
		측정값	규정값	판정 (□에 'V'표)	정비 및 조치할 사항	
키 홀 조명제어 전압	On	0V	0~1V	☑ 양호 □ 불량	없음	
	Off	11.9V	10~15V			

3-1-3. 판정 및 정비 조치사항

1) 양호에 ☑ 표시한다.
2) 측정값이 기준값 범위를 벗어나면 "에탁스 교환/재점검"으로 답안지를 작성한다.
3) 측정값이 규정값 범위내에 있음으로 양호에 ☑ 표시 후 "없음"으로 답안지를 작성한다.

다. 전기

4. 주어진 자동차에서 경음기 회로를 점검하여 이상개소(2곳)를 찾아서 수리 하시오.

4-1. 경음기 회로 수리

4-1-1. 점검

1) 실내 퓨즈 박스에서 경음기 퓨즈(10A)를 확인한다.

2) 핸들 밑 경음기 S/W 커넥터를 확인한다.　　3) 경음기 커넥터를 점검한다.

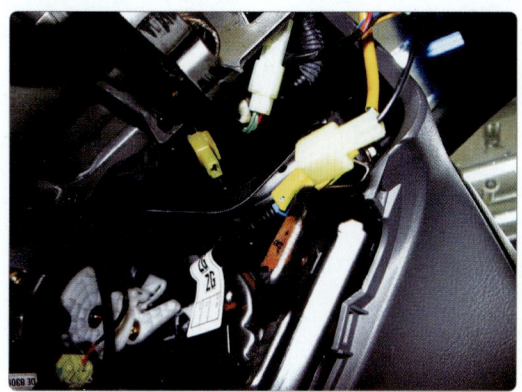 

4-1-2. 예상 고장부위

1) 고장부위가 확인되면 수리하지 말고 감독위원에게 확인을 받는다.
2) 예상답안
   ① 경음기 퓨즈(10A) 단선(또는 없음, 파손)
   ② 경음기 S/W 커넥터 탈거
   ③ 경음기 커넥터 탈거

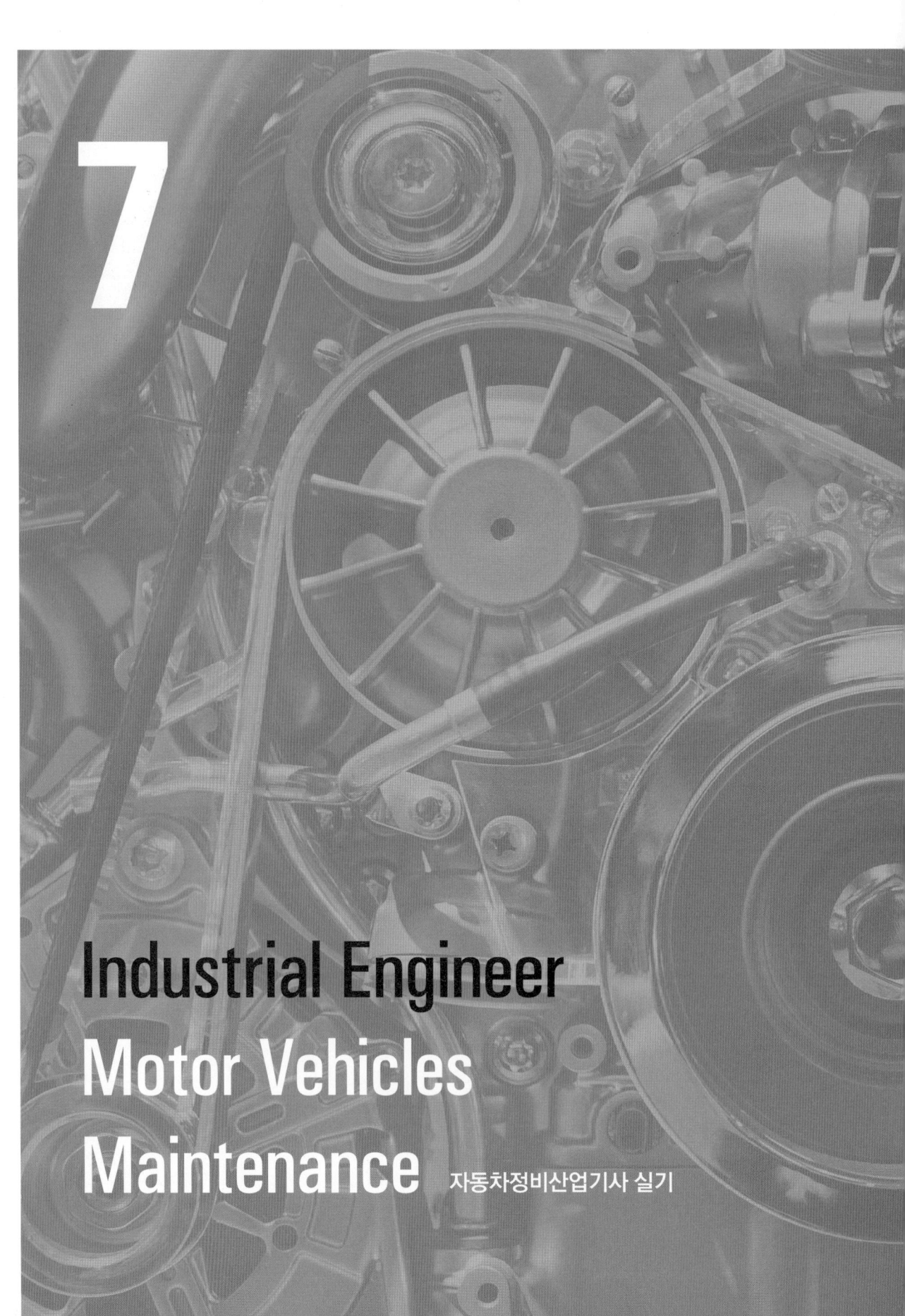

가. 엔진

1. 엔진 분해, 조립
2. 전자제어 엔진 시동
3. 공회전속도 점검
4. 흡입공기 유량센서 파형 출력 분석
5. 연료 압력 조절 밸브 탈, 부착

나. 섀시

1. 클러치 어셈블리 탈, 부착
2. 최소 회전반경 측정
3. 브레이커 마스터 실린더 탈, 부착
4. 제동력 측정
5. 자동변속기 점검

다. 전기

1. 발전기 분해, 조립
2. 전조등 점검
3. 에바포레이터(증발기) 온도 센서 출력값 측정
4. 방향지시등 회로 수리

7 자동차정비산업기사
국가기술자격검정 실기시험문제

자격종목	자동차정비산업기사	과제명	자동차정비작업

※ 문제지는 시험종료 후 본인이 가져갈 수 있습니다.

비번호		시험일시		시험장명	

※ 시험시간 : 5시간 30분 | 엔진 : 140분   섀시 : 120분   전기 : 70분

✓ 요구사항

가. 엔진	1. 주어진 엔진을 기록표의 측정항목(실린더 헤드 변형도)까지 분해하여 기록표의 요구사항을 측정 및 점검하고 본래 상태로 조립하시오.

1-1. 엔진 분해, 조립

📖 1안 참조 - p.4

1-2. 실린더 헤드 변형도 측정

1-2-1. 측정

1) 실린더 헤드 위에 평면 자를 이동시키면서 간극이 가장 큰 곳을 측정한다.

2) 아래 그림과 같이 대각선으로 측정 시 가장 큰 값이 나온다.

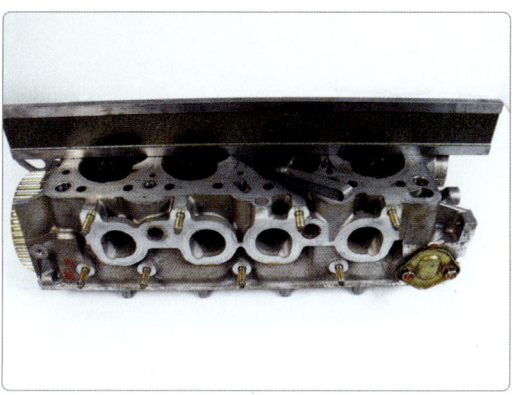
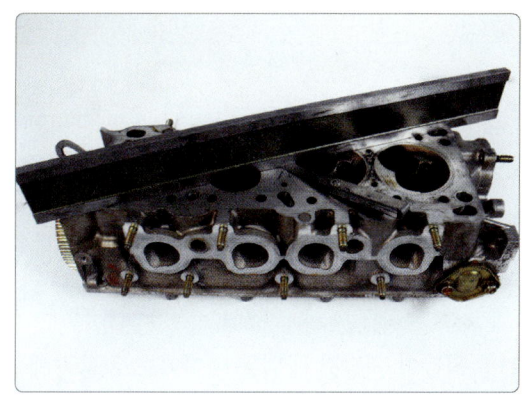

3) 간극게이지 0.279mm가 삽입되면 그 다음 사이즈인 0.305mm를 넣어본다. 0.305mm가 들어가지 않으면 0.279mm가 측정값이다.

1-2-2. 답안지 작성

1) 측정값 0.279mm를 답안지에 기입한다.
2) 기준값 0.20mm 이하를 답안지에 기입한다.

[엔진 1] 시험결과 기록표

자동차 번호 :

항목	① 측정(또는 점검)		② 판정 및 정비(또는 조치)사항		득점
	측정값	규정(한계)값	판정 (□에 'V'표)	정비 및 조치할 사항	
실린더 헤드 변형도	0.279mm	0.20mm 이하	□ 양호 ☑ 불량	헤드 교환/재점검	

1-2-3. 판정 및 정비 조치사항

1) 측정값이 규정값 범위를 벗어나므로 불량에 ☑ 표시한다.
2) 측정값이 규정값 범위 내에 들어오면 양호에 ☑ 표시 후 "없음"으로 답안지를 작성한다.

가. 엔진	2. 주어진 자동차의 전자제어 엔진에서 감독위원의 지시에 따라 1가지 부품을 탈거한 후 (감독위원에게 확인), 다시 부착하고 시동에 필요한 관련 부분의 이상 개소(시동회로, 점화회로, 연료장치 중 2개소)를 점검 및 수리하여 시동하시오.

2-1. 전자제어 엔진 시동

 **1안 참조 - p.25**

가. 엔진	3. 2의 시동된 엔진에서 공회전 상태를 확인하고, 감독위원의 지시에 따라 공회전 시 배기가스를 측정하여 기록표에 기록하시오.

3-1. 공회전속도 점검

 **1안 참조 - p.28**

3-2. 배기가스 측정(CO, HC)

 **1안 참조 - p.30**

| 가. 엔진 | 4. 주어진 자동차의 엔진에서 흡입공기 유량센서의 파형을 출력·분석하여 그 결과를 기록표에 기록하시오.(측정조건 : 공회전 상태) |

4-1. 흡입공기 유량센서 파형 출력 분석

4-1-1. 측정

1) 시험용 엔진의 AFS 위치를 확인한다.

2) AFS 커넥터에 1번 채널 프로브를 연결하고 엔진을 시동한다.

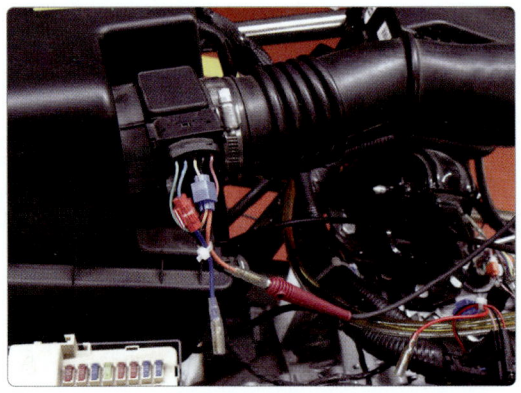

3) 윈도우 초기화면에서 Hi-DS를 클릭한다.

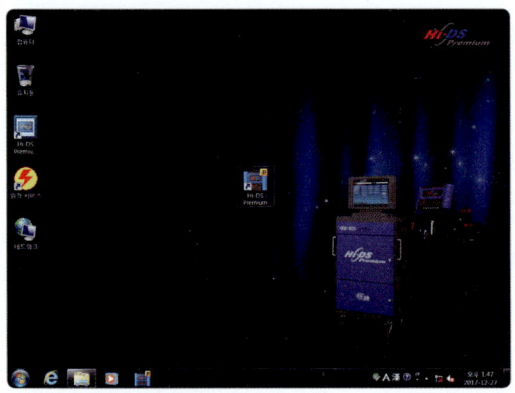

4) 로그인 창에서 로그인 취소를 클릭한다.

5) 다음 화면 사용제약 경고문에서 확인을 클릭한다.

6) 다음 화면에서 오실로스코프를 클릭한다.

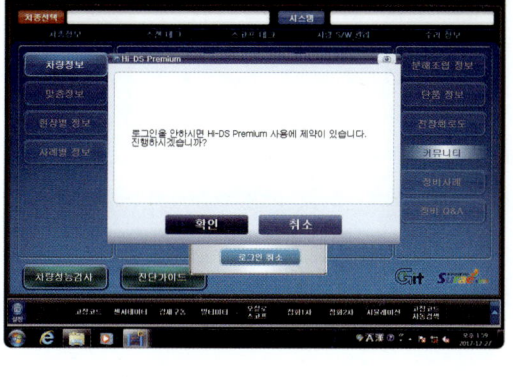

7) 다음 화면에서 제작사, 차종, 연식, 엔진형식을 클릭한다.

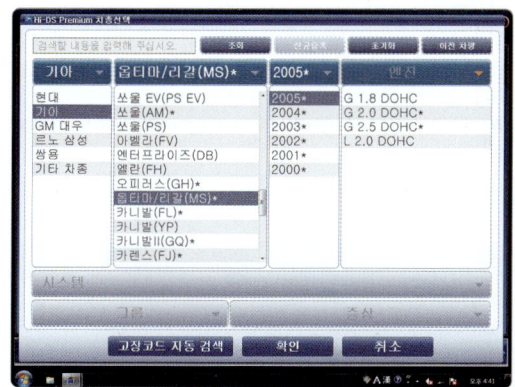

8) 측정할 시스템을 선택한다.

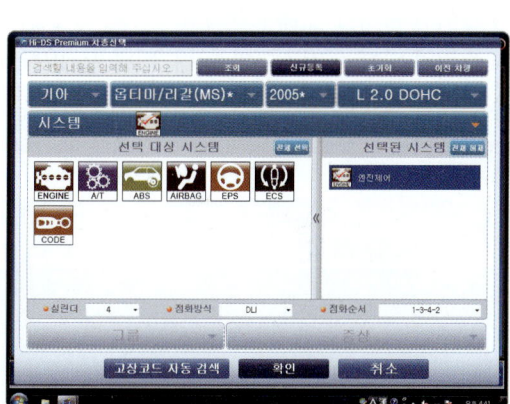

9) 다음 화면에서 10.0V, 1.5s로 설정 후 창을 확장한다.

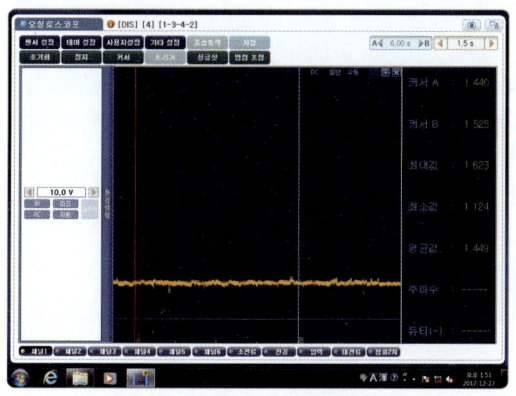

10) 급가속 후 파형이 잡히면 정지한다.

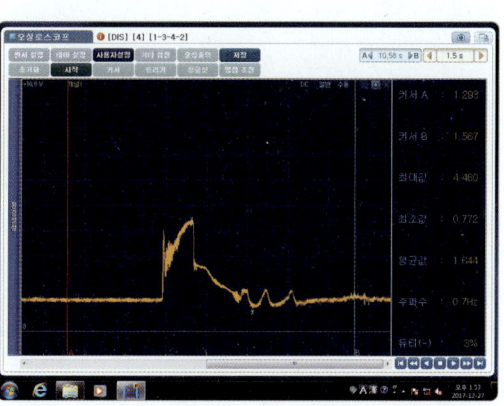

11) 프린터를 클릭하여 선택영역을 선택한다.   12) 확인을 클릭하여 인쇄한다.

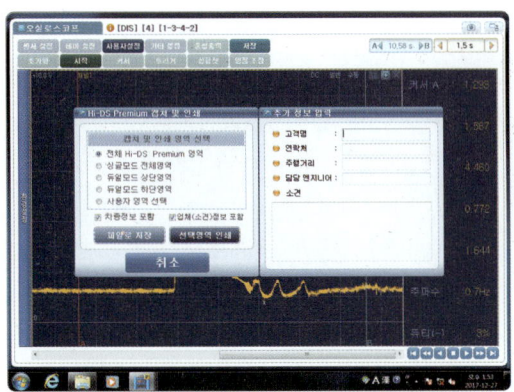 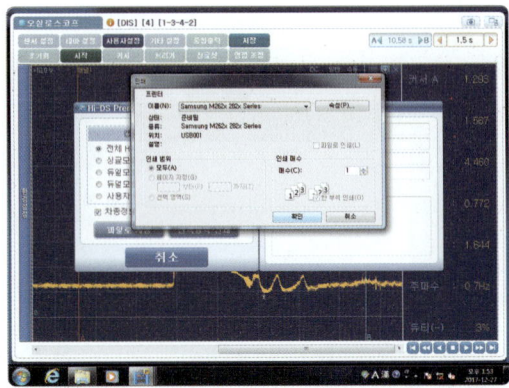

4-1-2. 답안지 작성

1) 출력한 파형에 전폐구간에 A커셔값 : 1.293V를 기입한다.
2) 출력한 파형에 전개구간 최대값 : 4.460V를 기입한다.
3) 출력한 파형에 맥동구간 최소값 : 0.772V를 기입한다.

[엔진 4] 시험결과 기록표

자동차 번호 :

측정항목	파형상태	득점
파형 측정	요구사항 조건에 맞는 파형을 프린트하여 아래사항을 분석 후 뒷면에 첨부 ① 불량요소가 있는 경우에는 반드시 표기 및 설명하여야 함 ② 파형의 주요 특징에 대하여 표기 및 설명되어야 함	

4-1-3. 판정 및 정비 조치사항

1) 규정값은 차종에 따라 다르므로 감독위원이 제시한다.
   (예 : 전폐구간 : 1~2V, 전개구간 : 3.5~5.5V, 맥동구간 : 0.2~1.5V)
2) 양호 판정 시 "측정값이 규정값 범위 내에 있으므로 양호함"으로 프린트한 파형 상단에 기록한다.
3) 불량 판정 시 "출력 전압이 규정값을 벗어나므로 AFS를 교환/재점검"으로 프린트한 파형 상단에 기록한다.

가. 엔진	5. 주어진 전자제어 디젤 엔진에서 연료 압력 조절 밸브를 탈거한 후(감독위원에게 확인), 다시 부착하여 시동을 걸고, 매연을 측정하여 기록표에 기록 하시오.

5-1. 연료 압력 조절 밸브 탈, 부착

 3안 참조 – p.130

5-2. 인젝터 리턴(백리크)량 측정

 5안 참조 – p.207

나. 섀시

1. 주어진 엔진에서 클러치 어셈블리를 탈거한 후(감독위원에게 확인), 다시 부착하여 클러치 디스크의 장착 상태를 확인하시오.

1-1. 클러치 어셈블리 탈, 부착

1) 시험차량의 디스크를 확인한다.

2) 클러치 디스크 커버와 디스크를 탈거한다.

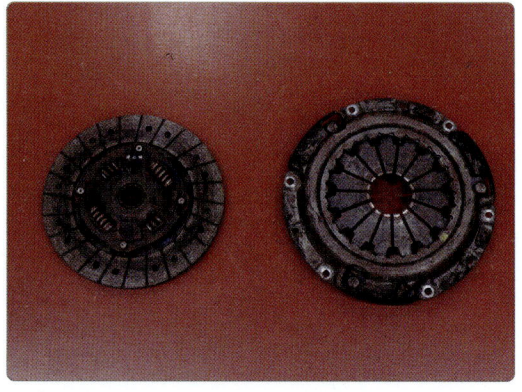

3) 센터 베어링을 확인 후 감독위원의 확인을 받는다.

4) 특수공구를 사용해 디스크를 먼저 조립한다.

5) 압력판을 장착하고 볼트를 체결한다.

6) 특수공구 제거 후 감독위원의 확인을 받는다.

나. 섀시   2. 주어진 자동차에서 최소 회전반경을 측정하여 기록표에 기록하고, 타이 로드 엔드를 탈거한 후(감독위원에게 확인), 다시 부착하여 토(toe)가 규정값이 되도록 조정하시오.

2-1. 최소 회전반경 측정

 **2안 참조 - p.98**

나. 섀시

3. 주어진 자동차에서 감독위원의 지시에 따라 브레이크 마스터 실린더를 탈거한 후(감독위원에게 확인), 다시 부착하여 브레이크 작동상태를 점검하시오.

3-1. 브레이크 마스터 실린더 탈, 부착

1) 클러치 마스터 오일공급 파이프를 분리한다.

2) 전, 후륜 브레이크 파이프를 분리한다.

3) 마스터 실린더 고정너트를 풀고 마스터 실린더를 탈거한다.

4) 탈거한 마스터 실린더를 감독위원에게 확인을 받는다.

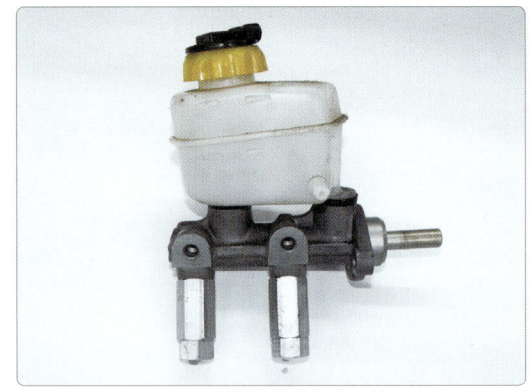

5) 마스터 실린더를 장착한다.

6) 전, 후륜 브레이크 파이프를 조립한다.

7) 브레이크 오일을 주입 후 4바퀴 모두 에어를 배출한다.

| 나. 섀시 | 4. 3의 작업 자동차에서 감독위원 지시에 따라 전(앞) 또는 후(뒤) 제동력을 측정하여 기록표에 기록하시오. |

4-1. 제동력 측정

 1안 참조 - p.54

| 나. 섀시 | 5. 주어진 자동차의 자동변속기에서 자기진단기(스캐너)를 이용하여 각종 센서 및 시스템의 작동 상태를 점검하고 기록표에 기록하시오. |

5-1. 자동변속기 점검

 1안 참조 - p.59

다. 전기

1. 주어진 발전기를 분해한 후 다이오드 및 브러시의 상태를 점검하여 기록표에 기록하고, 다시 본래대로 조립하여 작동상태를 확인하시오.

1-1. 발전기 분해, 조립

 4안 참조 - p.181

1-2. 다이오드, 브러시 점검

1) 멀티미터 적색 (+) 테스트 프로브를 히트싱크에 흑색 (-)를 다이오드에 연결했을 때 ∞이고 반대로 연결했을 때 통전되면 (+) 다이오드이다.

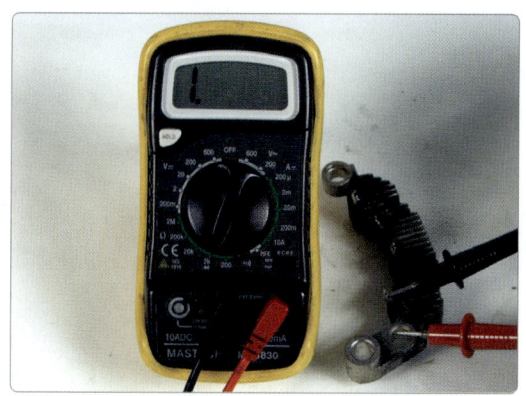 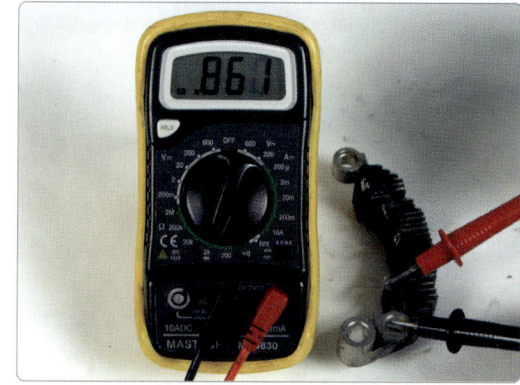

2) 멀티미터 흑색 (-) 테스트 프로브를 히트싱크에, 적색 (+)를 다이오드에 연결했을 때 ∞이고 반대로 연결했을 때 통전되면 (-) 다이오드이다.

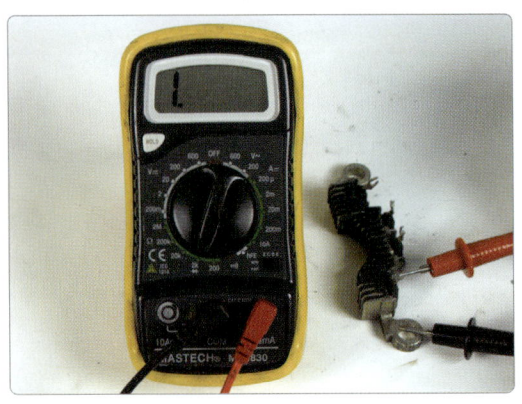 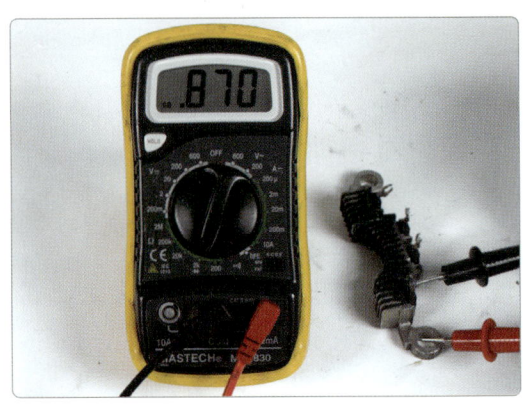

3) 여자 다이오드 순방향 접속 시 통전되면 양호이다.

4) 여자 다이오드 역방향 접속 시 비 통전되면 양호이다.

5) 마모 한계선까지 또는 표준 길이의 1/3 이상 마모 시 교환한다.

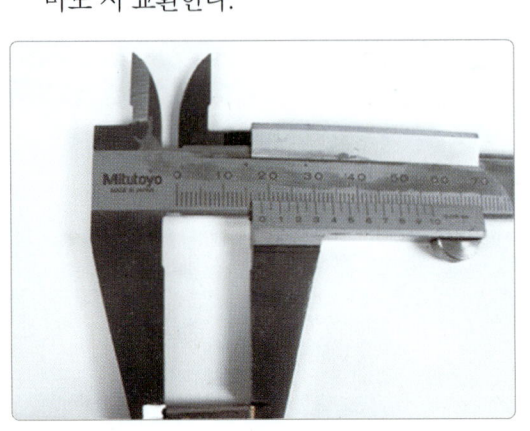

1-2-2. 답안지 작성

1) (+), (-) 다이오드 어셈블리, 여자 다이오드를 모두 점검하여 답안지를 작성한다.
2) 양호한 다이오드 갯수와 불량한 다이오드 갯수를 정확히 기입한다.
3) 브러시 길이를 측정하여 답안지에 기록한다.

[전기 1] 시험결과 기록표

자동차 번호 :

항목	① 측정(또는 점검)		② 판정 및 정비(또는 조치)사항		득점
	측정값	규정(한계)값	판정 (□에 'V'표)	정비 및 조치할 사항	
다이오드 (+)	(양 : 4 개), (부 : 0 개)		□ 양호 ☑ 불량	(-) 다이오드 어셈블리 교환 / 재점검	
다이오드 (-)	(양 : 3 개), (부 : 1 개)				
다이오드(여자)	(양 : 3 개), (부 : 0 개)				
브러시 마모	18.4mm				

1-2-3. 판정 및 정비 조치사항

1) (+), (-) 여자 다이오드는 한 개라도 불량이면 어셈블리 전체를 교환한다.
2) 브러시 길이가 불량이면 "브러시 교환"으로 답안지를 작성한다.
3) 브러시 길이 기준값은 감독위원이 제시한다.

다. 전기

2. 주어진 자동차에서 전조등 시험기로 전조등을 점검하여 기록표에 기록하시오.

2-1. 전조등 점검

📖 **1안 참조 - p.68**

다. 전기

3. 주어진 자동차의 에어컨 컴프레서가 작동 중일 때 에바포레이터(증발기) 온도 센서 출력값을 점검하여 이상여부를 확인하여 기록표에 기록하시오.

3-1. 에바포레이터(증발기) 온도 센서 출력값 측정

3-1-1. 측정

1) 커넥터 표에서 M25-3 4번 핀, 12번 핀을 확인한다.

AVANTE XD ETACS, A/C

(M25-1)

1	B+
2	"P"포지션 신호
3	뒷도어 록/언록 신호
4	파워윈도우 릴레이 컨트롤
5	ON/ST 전원
6	IG 전원
7	
8	운전석앞 도어 스위치
9	조수석앞 도어 스위치
10	트렁크 램프 컨트롤
11	실내등
12	디포거 릴레이 컨트롤
13	시트벨트 경고등
14	도어록 릴레이(록)
15	미등 릴레이 컨트롤
16	GND
17	파킹브레이크 신호
18	전도어 스위치
19	엔진회전시 입력신호
20	도어록 릴레이(언록)

(M25-2)

1	키홀조명
2	도어 경고 스위치 신호
3	
4	시트벨트 스위치
5	
6	
7	와셔신호
8	간헐와이퍼
9	간헐와이퍼 시간지연조절
10	와이퍼 릴레이 컨트롤
11	엔진체크 경고등 컨트롤
12	디포거 스위치
13	IG 릴레이(1) 컨트롤
14	미등 스위치 입력
15	
16	

(M25-3)

2	외기온도 센서
3	
3	
4	증발기 온도센서
5	
6	
7	AQS
8	
9	외기온도센서 접지
10	
11	
12	GND

2) 시동 키를 On에서 측정한다.

3) M25-3 12번핀 GND, 4번핀 증발기 온도센서에 멀티메터를 연결 후 에어컨을 작동한다.

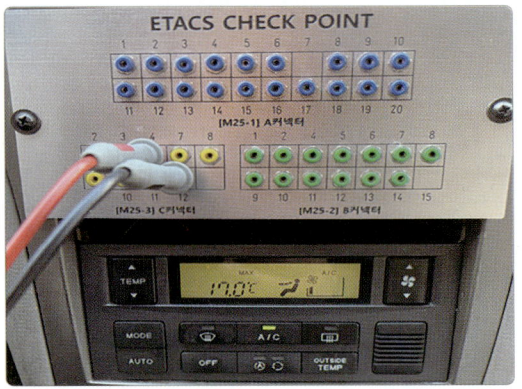

4) 출력 전압을 측정한다.(1.4V)

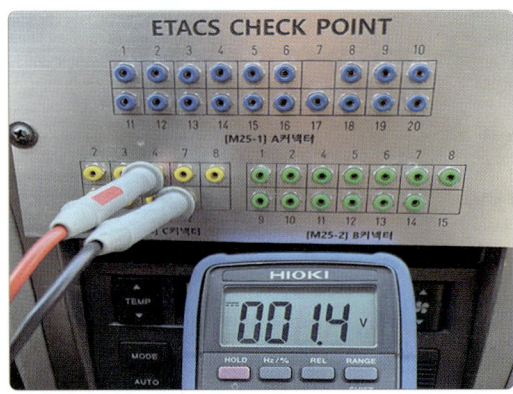

3-1-2. 답안지 작성

1) 온도센서 출력값 1.4V를 답안지에 기록한다.
2) 규정값 2.5~3.5V를 답안지에 기록한다.

[전기 3] 시험결과 기록표

자동차 번호 :

항목	① 측정(또는 점검) 상태		② 판정 및 정비(또는 조치)사항		득점
	측정값	규정값	판정 (□에 'V'표)	정비 및 조치할 사항	
에바포레이터 온도 센서 출력값	1.4V	2.5~3.5V	□ 양호 ☑ 불량	온도 센서 교환/재점검	

3-1-3. 판정 및 정비 조치사항

1) 측정값이 규정값 범위를 벗어나므로 불량에 ☑ 표시한다.
2) 측정값이 규정값 내에 들어가면 정비 및 조치사항 "없음"으로 답안지를 작성한다.

다. 전기

4. 주어진 자동차에서 방향지시등 회로를 점검하여 이상개소(2곳)를 찾아서 수리하시오.

4-1. 방향지시등 회로 수리

4-1-1. 점검

1) 앞쪽 좌, 우 방향지시등 전구와 커넥터를 확인한다.

2) 뒤쪽 좌, 우 방향지시등 전구와 커넥터를 확인한다.

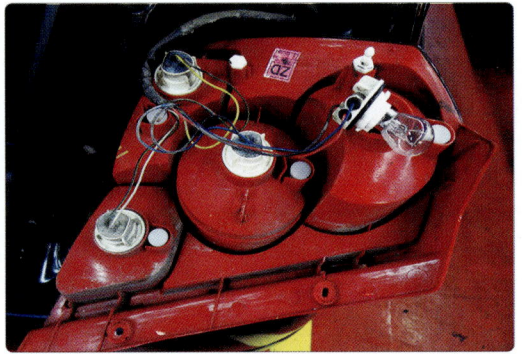

3) 엔진룸 IG 2 퓨즈(30A)를 확인한다.

4) 실내 퓨즈 박스의 방향지시등 퓨즈(15A), 비상등 퓨즈(15A)와 블링크 유니트, 블링크 릴레이를 확인한다.

5) 방향지시등 S/W 커넥터를 점검한다.

6) 엔진 키 박스 커넥터를 확인한다.

7) 비상등 S/W 커넥터를 확인한다.

4-1-2. 예상 고장부위

1) 고장부위가 확인되면 수리하지 말고 감독위원에게 확인을 받는다.
2) 예상답안
    ① 방향지시등 커넥터 탈거(앞, 뒤, 좌, 우측 방향 표시)
    ② 방향지시등 전구 단선, 없음(앞, 뒤, 좌, 우측 방향 표시)
    ③ IG 2 퓨즈(30A) 단선, 파손(또는 없음)
    ④ 방향지시등 퓨즈(15A), 비상등 퓨즈(15A) 단선, 파손(또는 없음)
    ⑤ 방향지시등 릴레이 파손(또는 없음)
    ⑥ 방향지시등 S/W 커넥터 탈거
    ⑦ 엔진 키 박스 커넥터를 확인한다.
    ⑧ 비상등 S/W 커넥터 탈거

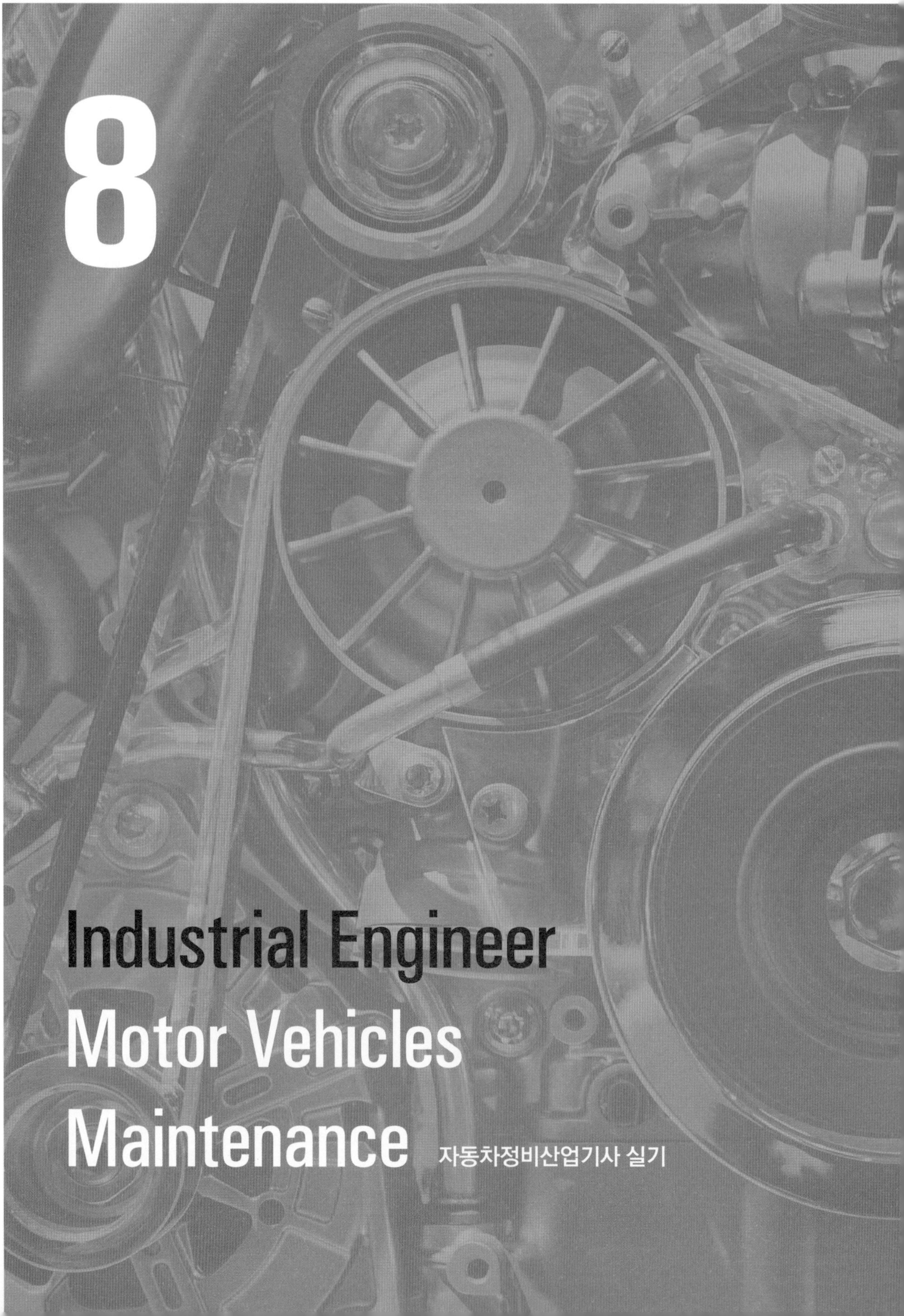

8

Industrial Engineer
Motor Vehicles
Maintenance 자동차정비산업기사 실기

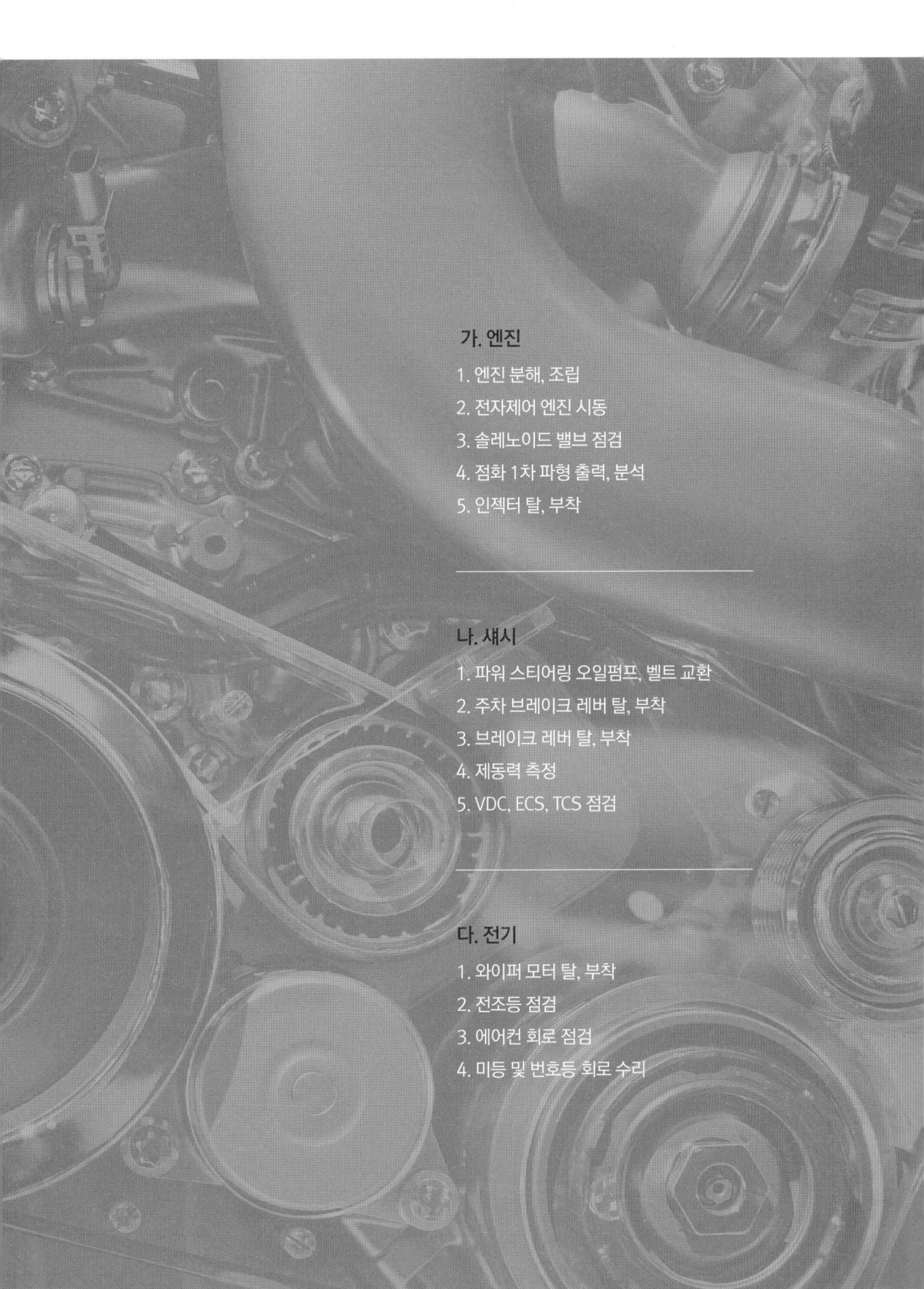

가. 엔진

1. 엔진 분해, 조립
2. 전자제어 엔진 시동
3. 솔레노이드 밸브 점검
4. 점화 1차 파형 출력, 분석
5. 인젝터 탈, 부착

나. 섀시

1. 파워 스티어링 오일펌프, 벨트 교환
2. 주차 브레이크 레버 탈, 부착
3. 브레이크 레버 탈, 부착
4. 제동력 측정
5. VDC, ECS, TCS 점검

다. 전기

1. 와이퍼 모터 탈, 부착
2. 전조등 점검
3. 에어컨 회로 점검
4. 미등 및 번호등 회로 수리

8 자동차정비산업기사
국가기술자격검정 실기시험문제

| 자격종목 | 자동차정비산업기사 | 과제명 | 자동차정비작업 |

※ 문제지는 시험종료 후 본인이 가져갈 수 있습니다.

| 비번호 | | 시험일시 | | 시험장명 | |

※ 시험시간 : 5시간 30분 | 엔진 : 140분   섀시 : 120분   전기 : 70분

✅ 요구사항

| 가. 엔진 | 1. 주어진 엔진을 기록표의 측정항목(실린더 마모량)까지 분해하여 기록표의 요구사항을 측정 및 점검하고 본래 상태로 조립하시오. |

1-1. 엔진 분해, 조립

 **1안 참조 - p.4**

1-2. 실린더 마모량 측정

1-2-1. 측정

1) 감독위원이 지정한 실린더를 텔레스코핑 게이지로 축 직각 방향으로 측정한다.

2) 텔레스코핑 게이지를 고정 후 마이크로미터로 측정값을 읽는다.(75.23mm)

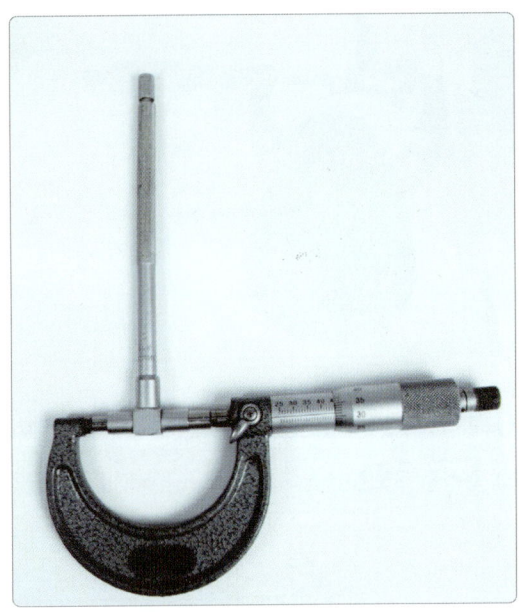

3) 실린더 보어게이지 사용 시에는 마이크로미터로 보어게이지 측정핀 길이를 먼저 측정하고 게이지를 0점 세팅한다.(75.34mm)

4) 보어게이지를 실린더에 넣고 좌측에서 우측으로 기울이면 바늘이 회전하다 멈춘 후 역회전한다. 이때 멈춘 장소의 치수가 측정값이다. 축 방향 상, 중, 하, 직각방향 상, 중, 하 중 가장 큰 값이 측정값이다.(0.11mm)

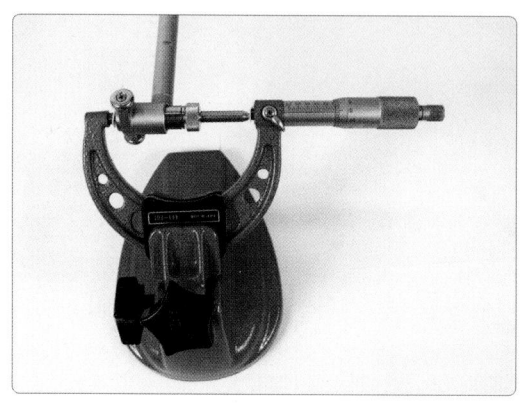
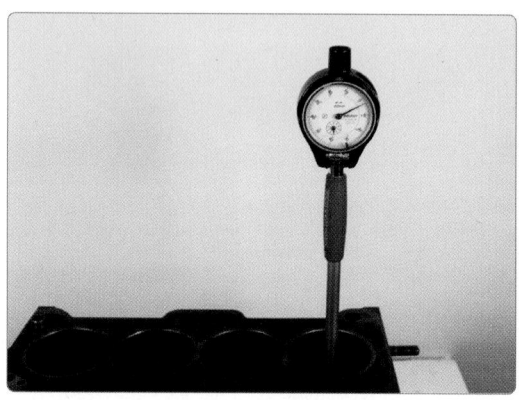

5) 보어게이지 측정 핀 길이 - 측정값은 75.34mm - 0.11mm = 75.23mm이다.

6) 측정값 75.23mm - 75.00mm = 0.23mm이므로, 실린더 마모량은 0.23mm이다.

1-2-2. 답안지 작성

1) 실린더 마모량 0.23mm를 답안지에 기록한다.
2) 기준값 0.20mm 이하(75.00mm)를 답안지에 기록한다.

[엔진 1] 시험결과 기록표

자동차 번호 :

항목	① 측정(또는 점검)		② 판정 및 정비(또는 조치)사항		득점
	측정값	규정(한계)값	판정 (□에 'V'표)	정비 및 조치할 사항	
실린더 마모량	0.23mm	0.20mm 이하 (75.00mm)	□ 양호 ☑ 불량	75.50mm로 보링/재점검	

1-2-3. 판정 및 정비 조치사항

1) 측정값이 규정값 범위를 벗어나므로 불량에 ☑ 표시한다.
2) 측정값 75.23 + 0.2(진원 절삭값) = 75.43mm 보다 큰 75.50mm로 보링한다.
3) O/S값 : 0.25mm, 0.50mm, 0.75mm, 1.00mm, 1.25mm, 1.50mm

가. 엔진

2. 주어진 자동차의 전자제어 엔진에서 감독위원의 지시에 따라 1가지 부품을 탈거한 후 (감독위원에게 확인), 다시 부착하고 시동에 필요한 관련 부분의 이상 개소(시동회로, 점화회로, 연료장치 중 2개소)를 점검 및 수리하여 시동하시오.

2-1. 전자제어 엔진 시동

1안 참조 - p.25

가. 엔진	3. 2의 시동된 엔진에서 증발가스 제어장치의 퍼지 컨트롤 솔레노이드 밸브를 점검하여 기록표에 기록하시오.(단, 시동이 정상적으로 되지 않은 경우 본 항의 작업은 할 수 없음)

3-1. 솔레노이드 밸브 점검

3-1-1. 점검

1) 솔레노이드밸브에 마이티백을 연결하여 50cm-Hg의 진공을 가한다.

2) 진공이 그대로 유지되면 답안지 비작동 시 공급전원 0V, "진공유지", 게이지가 내려가면 "진공 해제"라고 기입한다.

3) 진공이 그대로 유지되면 솔레노이드밸브에 12V 전압을 인가한다.

4) 공급전원 12V 인가 시 게이지가 내려가면 답안에 "진공 해제", 게이지가 안 내려가면 "진공 유지"라고 기입한다

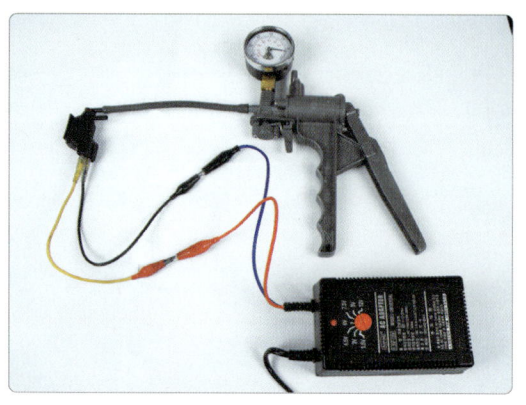

3-1-2. 답안지 작성

1) 작동 시 인가 전압 12V, 진공 해제로 답안지를 작성한다.
2) 비작동 시 인가 전압 0V, 진공 유지로 답안지를 작성한다.

[엔진 3] 시험결과 기록표

자동차 번호 :

항목	① 측정(또는 점검)		② 판정 및 정비(또는 조치)사항		득점
	공급전압	진공유지 또는 진공해제 기록	판정 (□에 'V'표)	정비 및 조치할 사항	
퍼지 컨트롤 솔레노이드 밸브	작동 시 : 12V	진공 해제	☑ 양호 □ 불량	없음	
	비 작동 시 : 0V	진공 유지			

3-1-3. 판정 및 정비 조치사항

1) 작동 시(전원 공급 시) "진공 해제", 비작동 시(전원 미공급 시) "진공 유지"가 되면 양호이다.
2) 불량 시 "솔레노이드 밸브 교환/재점검"으로 답안지를 작성한다.

| 가. 엔진 | 4. 주어진 자동차의 엔진에서 점화 코일의 1차 파형을 측정하고 그 결과를 분석하여 출력물에 기록·판정하시오.(측정조건 : 공회전 상태) |

4-1. 점화 1차 파형 출력, 분석

 5안 참조 - p.198

| 가. 엔진 | 5. 주어진 전자제어 디젤 엔진에서 인젝터를 탈거한 후(감독위원에게 확인), 다시 부착하여 시동을 걸고 매연을 측정하여 기록표에 기록하시오. |

5-1. 인젝터 탈, 부착

 1안 참조 - p.37

5-2. 디젤 매연 측정

 2안 참조 - p.91

나. 섀시

1. 주어진 자동차에서 파워 스티어링 오일펌프 및 벨트를 탈거한 후(감독위원에게 확인), 다시 부착하고 에어빼기 작업을 하여 작동상태를 확인하시오.

1-1. 파워 스티어링 오일펌프, 벨트 교환

1) 파워 오일펌프 흡입구 호스를 탈거 후 오일을 배출한다.

2) 파워 오일펌프 토출구 파이프를 탈거한다.

3) 파워펌프 풀리 너트를 돌려 고정볼트가 보이는 위치로 한다.

4) 파워펌프 상부 장력 조정용 볼트를 탈거한다.

5) 파워펌프 벨트를 탈거한다.

6) 파워펌프 하부 고정볼트를 탈거한다.

7) 파워펌프를 탈거한다.

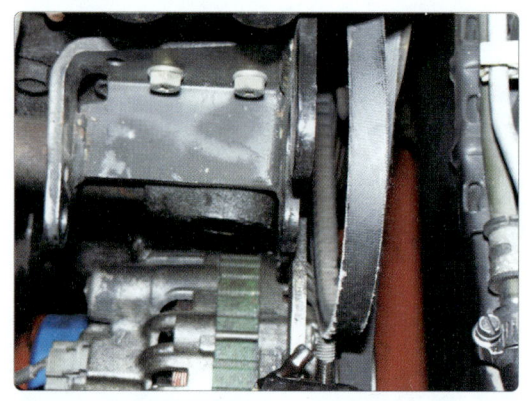

8) 탈거한 파워펌프를 감독위원에게 확인을 받는다.

9) 파워펌프를 장착하고 고정볼트를 체결한다.

10) 파워펌프 벨트를 장착한다.

11) 레버로 펌프 몸체를 당기면서 벨트 장력을 조정하고 볼트를 체결한다.

12) 흡입구 호스를 장착한다.

13) 토출구쪽 파이프를 장착한다.

14) 오일을 주입하고 핸들을 좌우로 돌려 에어를 배출하고 감독위원에게 확인을 받는다.

| 나. 섀시 | 2. 주어진 종 감속 장치에서 링 기어의 백래시와 런 아웃을 측정하여 기록표에 기록한 후, 백래시가 규정값이 되도록 조정하시오. |

2-1. 링 기어 백래시, 런 아웃 측정

 1안 참조 - p.49

| 나. 섀시 | 3. 주어진 자동차에서 후륜의 주차 브레이크 레버(또는 브레이크 슈)를 탈거한 후(감독위원에게 확인), 다시 부착하여 작동상태를 점검 하시오. |

3-1. 주차 브레이크 레버 탈, 부착

1) 주차레버를 최대한 당긴다.

2) 플라스틱 콘솔을 탈거한다.

3) 주차 케이블 조정너트를 탈거한다.

4) 주차레버 고정볼트를 탈거한다.

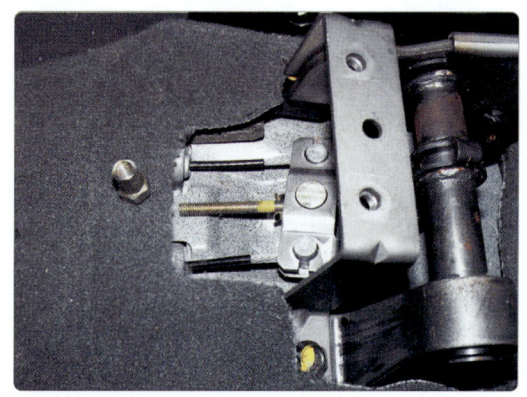

5) 주차레버를 탈거한다.

6) 탈거한 레버를 감독위원에게 확인을 받는다.

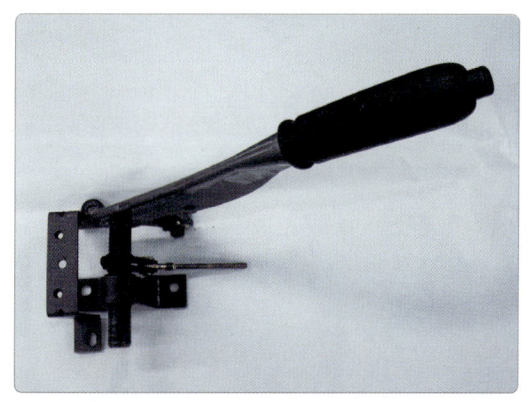

7) 주차 케이블 고정볼트를 끼우고 레버 고정볼트를 체결한다.

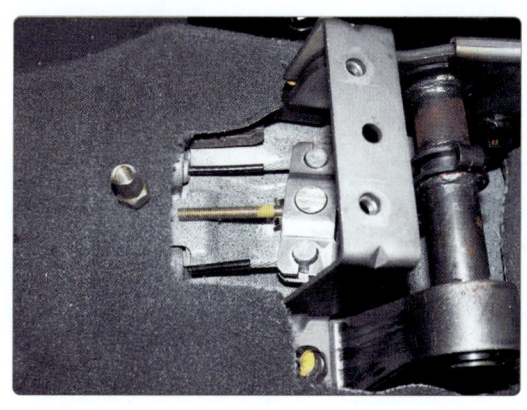

8) 주차 케이블 장력을 조정한다.

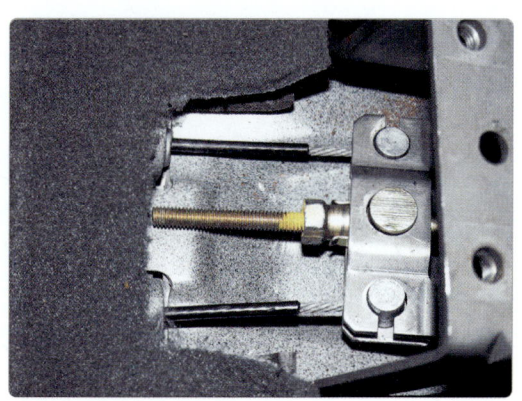

9) 플라스틱 콘솔을 장착 후 감독위원에게 확인을 받는다.

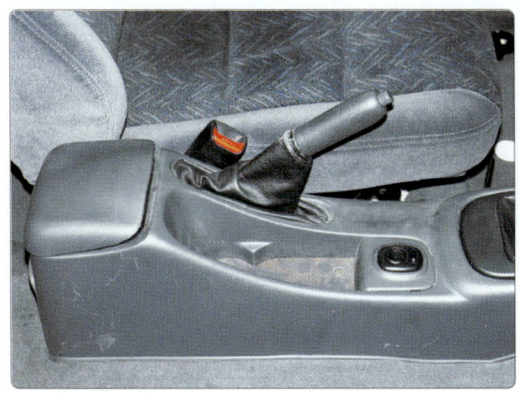

3-2. 브레이크 슈 탈, 부착

 **4안 참조 - p.172**

| 나. 섀시 | 4. 3의 작업 자동차에서 감독위원 지시에 따라 전(앞) 또는 후(뒤) 제동력을 측정하여 기록표에 기록하시오. |

4-1. 제동력 측정

 1안 참조 - p.54

| 나. 섀시 | 5. 주어진 자동차의 ABS에서 자기진단기(스캐너)를 이용하여 각종 센서 및 시스템 작동 상태를 점검하고 기록표에 기록하시오. |

5-1. VDC, ECS, TCS 점검

 2안 참조 - p.102

다. 전기

1. 주어진 자동차에서 와이퍼 모터를 탈거한 후(감독위원에게 확인), 다시 부착하여 와이퍼 브러시의 작동상태를 확인하고, 와이퍼 작동 시 소모 전류를 점검하여 기록표에 기록하시오.

1-1. 와이퍼 모터 탈, 부착

1) 와이퍼 모터 커넥터를 분리한다.

2) 와이퍼 모터에 장착된 메인 커넥터를 탈거한다.

3) 와이퍼 모터 고정 볼트를 탈거한다.

4) 와이퍼 모터를 약간 기울이고 (-) 드라이버로 볼 조인트 부분을 벌려서 링크를 분리한다.

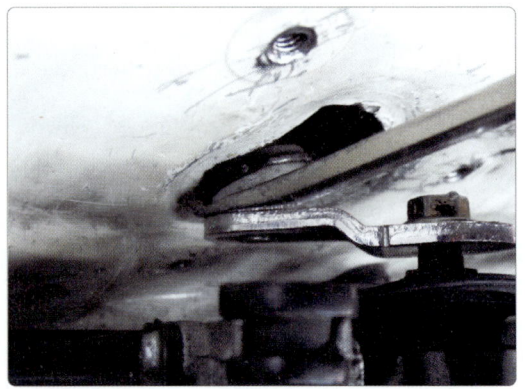

5) 탈거한 모터를 감독위원에게 확인을 받고 다시 장착한다.

6) 링크 뒷면에 (-) 드라이버를 삽입한다.

7) 볼 조인트를 눌러서 끼운다.

8) 와이퍼 모터 고정 볼트를 체결한다.

9) 와이퍼 모터에 장착된 메인 커넥터를 장착한다.

10) 와이퍼 모터 커넥터를 조립하고 감독위원에게 확인을 받는다.

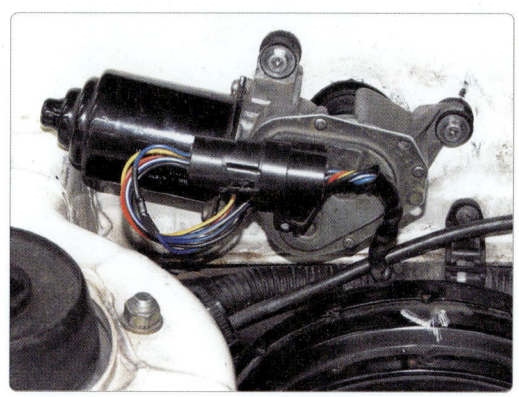

1-2. 와이퍼 모터 소모 전류 측정

1-2-1. 측정

1) 엔진 KEY On 상태에서 와이퍼 모터 전원선에 전류계를 설치하고 시험기의 레인지를 DCA에 놓고 영점 조정한다.

2) 와이퍼를 Low로 작동시켜 측정 값을 읽는다.(3.4A)

3) 와이퍼를 High로 작동시켜 측정된 값을 읽는다.(5.4A)

1-2-2. 답안지 작성

1) 측정 전류 Low 모드 3.4A, High 모드 5.4A를 답안지에 기록한다.
2) 규정값 Low 모드 0.3~2.5A, High 모드 3.5~4.5A를 답안지에 기록한다.

[전기 1] 시험결과 기록표

자동차 번호 :

항목		① 측정(또는 점검)		② 판정 및 정비(또는 조치)사항		득점
		측정값	규정(정비한계)값	판정 (□에 'V'표)	정비 및 조치할 사항	
소모 전류	Low 모드	3.4A	0.3~2.5A	☑ 양호 □ 불량	없음	
	High 모드	5.4A	3.5~4.5A			

1-2-3. 답안지 작성

1) 측정값이 규정값 범위 내에 있으므로 양호에 ☑ 표시한다.
2) 측정값이 규정값 범위를 벗어나면 불량에 ☑ 표시 후 "와이퍼 모터 교환/재점검"으로 답안지를 작성한다.

다. 전기 2. 주어진 자동차에서 전조등 시험기로 전조등을 점검하여 기록표에 기록하시오.

2-1. 전조등 점검

📖 **1안 참조 - p.68**

다. 전기

3. 주어진 자동차의 에어컨 회로에서 외기온도 입력 신호값을 점검하여 이상 여부를 확인하여 기록표에 기록하시오.

3-1. 에어컨 외기온도 입력 신호값 점검

3-1-1. 점검

1) 커넥터 표에서 M25-3 2번 핀 외기온도 센서, 12번 핀 GND를 확인한다.

AVANTE XD ETACS, A/C

1	2	3	4	5	6		8	9	10
11	12	13	14	15	16	17	18	19	20

(M25-1)

1	2		4	5	6	7	8
9	10	11	12	13	14		

(M25-2)

2	3	4		7	8
9	10	11	12		

(M25-3)

1	B+
2	"P"포지션 신호
3	뒷도어 록/언록 신호
4	파워윈도우 릴레이 컨트롤
5	ON/ST 전원
6	IG 전원
7	
8	운전석앞 도어 스위치
9	조수석앞 도어 스위치
10	트렁크 램프 컨트롤
11	실내등
12	디포거 릴레이 컨트롤
13	시트벨트 경고등
14	도어록 릴레이(록)
15	미등 릴레이 컨트롤
16	GND
17	파킹브레이크 신호
18	전도어 스위치
19	엔진회전시 입력신호
20	도어록 릴레이(언록)

1	키홀조명
2	도어 경고 스위치 신호
3	
4	시트벨트 스위치
5	
6	
7	와셔신호
8	간헐와이퍼
9	간헐와이퍼 시간지연조절
10	와이퍼 릴레이 컨트롤
11	엔진체크 경고등 컨트롤
12	디포거 스위치
13	IG 릴레이(1) 컨트롤
14	미등 스위치 입력
15	
16	

2	외기온도 센서
3	
3	
4	증발기 온도센서
5	
6	
7	AQS
8	
9	외기온도센서 접지
10	
11	
12	GND

2) M25-3 12번핀 GND, 2번핀 외기 온도센서에 멀티메터를 연결 후 에어컨을 작동한다.

3) 출력 전압을 측정한다.(2.8V)

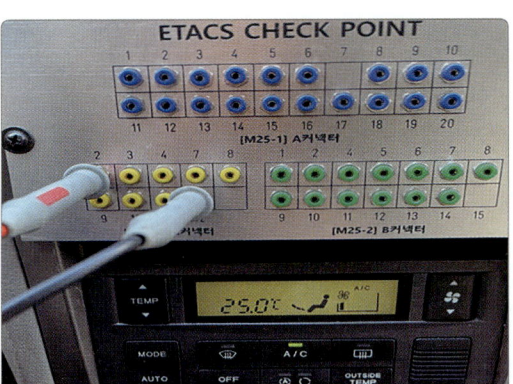

3-1-2. 답안지 작성

1) 외기온도 센서 출력값 2.8V를 답안지에 기록한다.
2) 규정값 1.5~2.2V를 답안지에 기록한다.

[전기 3] 시험결과 기록표

자동차 번호 :

항목	① 측정(또는 점검) 상태		② 판정 및 정비(또는 조치)사항		득점
	측정값	규정값	판정 (□에 'V'표)	정비 및 조치할 사항	
외기온도 입력 신호값	2.8V	1.5~2.2V	□ 양호 ☑ 불량	외기 온도센서 교환/재점검	

3-1-3. 판정 및 정비 조치사항

1) 측정값이 규정값 범위를 벗어나므로 불량에 ☑ 표시한다.
2) 측정값이 규정값 범위 내에 들어가면 양호에 ☑ 표시 후 정비 및 조치사항 "없음"으로 답안지를 작성한다.

다. 전기 4. 주어진 자동차에서 미등 및 번호등 회로를 점검하여 이상개소(2곳)를 찾아서 수리하시오.

4-1. 미등 및 번호등 회로 수리

4-1-1. 점검

1) 미등 S/W 커넥터 탈거를 확인한다.

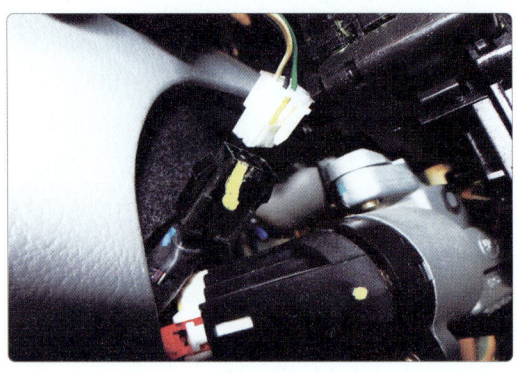

2) 앞 좌, 우측 미등 커넥터 탈거를 확인한다.

3) 앞 좌, 우측 미등 전구 단선을 확인한다.

4) 뒤 좌, 우측 미등 커넥터 탈거를 확인한다.

5) 뒤 좌, 우측 미등 전구를 확인한다.

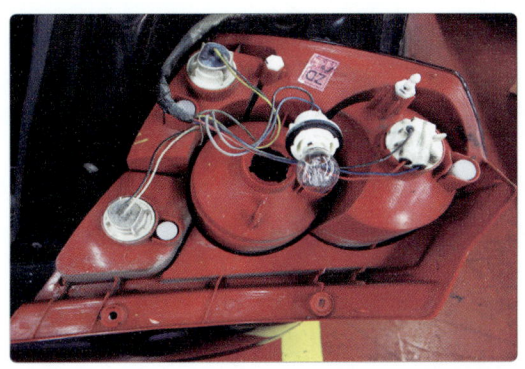

6) 번호등 전구와 커넥터를 확인한다.

7) 메인 퓨즈 박스에 우측, 좌측 미등 퓨즈(10A), 미등 퓨즈(20A), 미등 릴레이를 점검한다.

4-1-2. 예상 고장부위

1) 고장부위가 확인되면 수리하지 말고 감독위원에게 확인을 받는다.
2) 예상답안
   ① 미등 커넥터 탈거(앞, 뒤, 좌, 우측 방향 표시)
   ② 미등 전구 단선(앞, 뒤, 좌, 우측 방향 표시)
   ③ 번호등 전구 단선(또는 없음)
   ④ 미등 퓨즈(20A) 단선, 파손(좌,우측(10A) 방향 표시)
   ⑤ 미등 릴레이 파손(또는 없음)
   ⑥ 미등 S/W 커넥터 탈거

MEMO

Industrial Engineer
Motor Vehicles
Maintenance

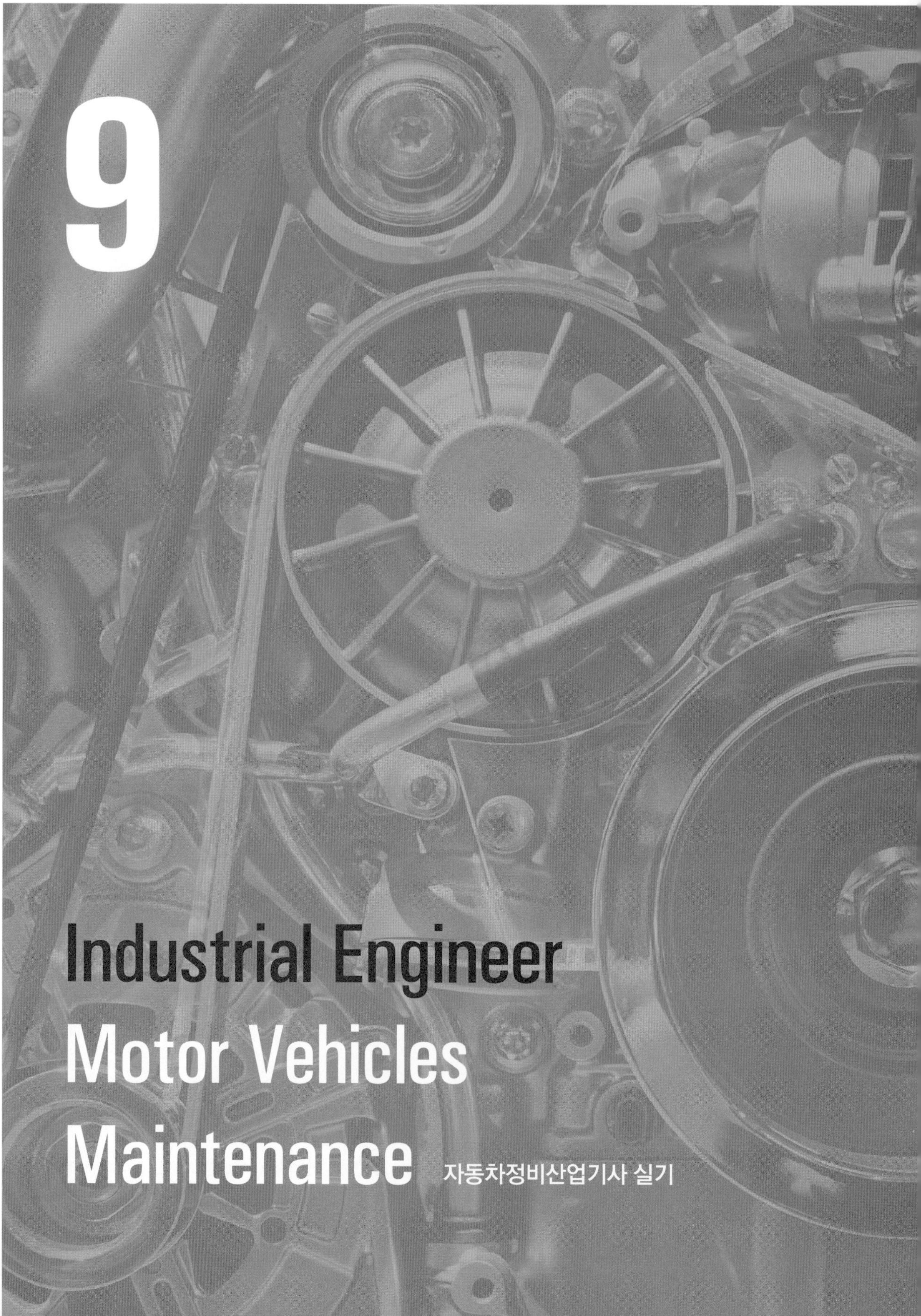

9

**Industrial Engineer
Motor Vehicles
Maintenance** 자동차정비산업기사 실기

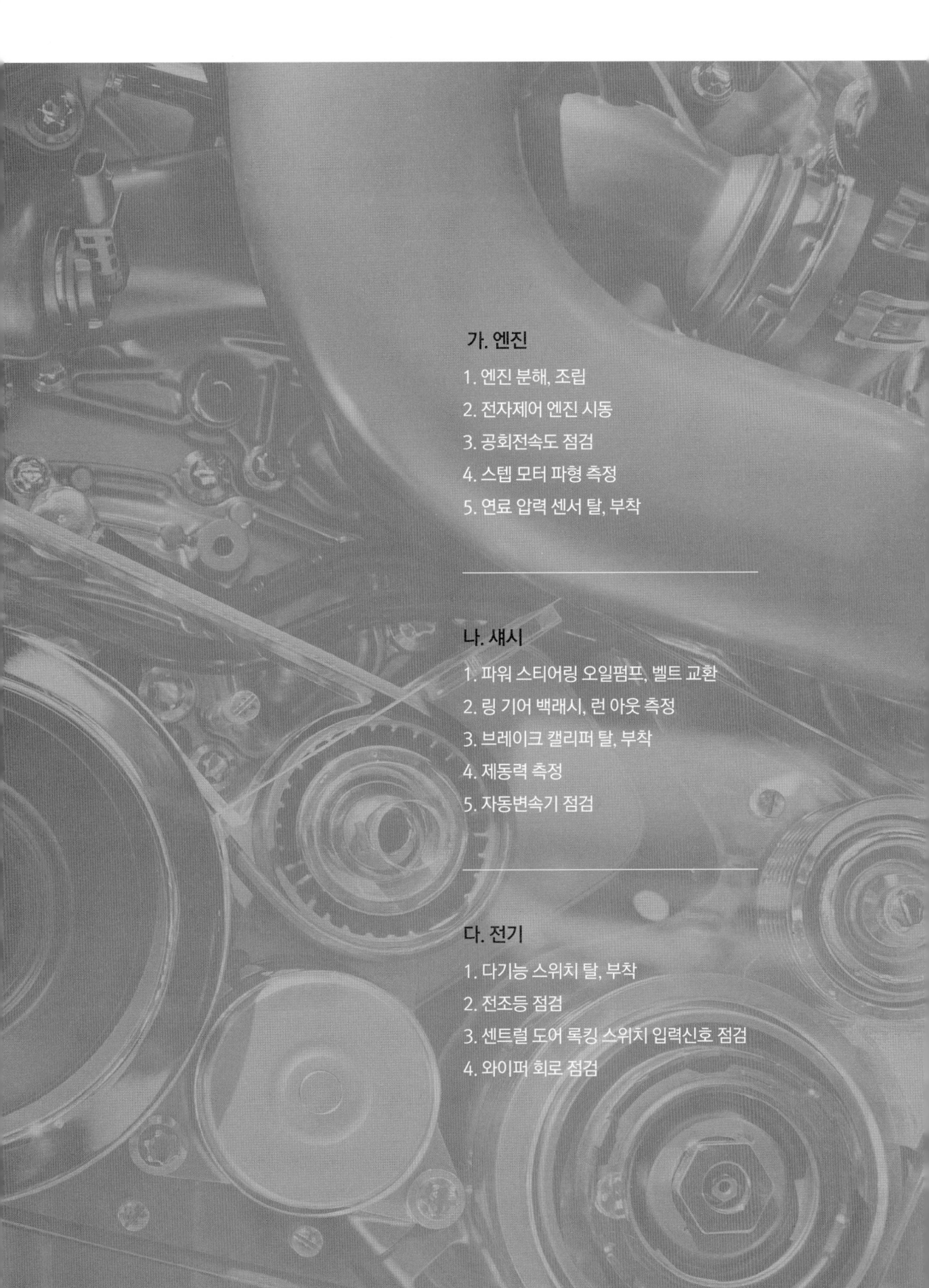

가. 엔진
1. 엔진 분해, 조립
2. 전자제어 엔진 시동
3. 공회전속도 점검
4. 스텝 모터 파형 측정
5. 연료 압력 센서 탈, 부착

나. 섀시
1. 파워 스티어링 오일펌프, 벨트 교환
2. 링 기어 백래시, 런 아웃 측정
3. 브레이크 캘리퍼 탈, 부착
4. 제동력 측정
5. 자동변속기 점검

다. 전기
1. 다기능 스위치 탈, 부착
2. 전조등 점검
3. 센트럴 도어 록킹 스위치 입력신호 점검
4. 와이퍼 회로 점검

자동차정비산업기사
국가기술자격검정 실기시험문제

자격종목	자동차정비산업기사	과제명	자동차정비작업

※ 문제지는 시험종료 후 본인이 가져갈 수 있습니다.

비번호		시험일시		시험장명	

※ 시험시간 : 5시간 30분 | 엔진 : 140분   섀시 : 120분   전기 : 70분

☑ 요구사항

가. 엔진	1. 주어진 엔진을 기록표의 측정항목(실린더 마모량)까지 분해하여 기록표의 요구사항을 측정 및 점검하고 본래 상태로 조립하시오.

1-1. 엔진 분해, 조립

1안 참조 - p.4

1-2. 크랭크축 메인저널 마모량 측정

1-2-1. 측정

1) 감독위원이 지정한 메인저널을 마이크로미터로 측정한다.

2) 메인저널 측정값 57.00mm이다.

3) 측정값은 규정값 - 측정값 이므로, 57.50mm - 57.00mm = 0.50mm이다.

1-2-2. 답안지 작성

1) 측정값 0.50mm를 답안지에 기입한다.
2) 기준값 0.05mm 이하(57.50mm)를 답안지에 기입한다.

[엔진 1] 시험결과 기록표

자동차 번호 :

항목	① 측정(또는 점검)		② 판정 및 정비(또는 조치)사항		득점
	측정값	규정(한계)값	판정 (□에 'V'표)	정비 및 조치할 사항	
크랭크축 메인저널 마모량	0.50mm	0.05mm 이하 (57.50mm)	□ 양호 ☑ 불량	56.75mm로 절삭 후 u/s 베어링 장착/재점검	

1-2-3. 판정 및 정비 조치사항

1) 측정값이 규정값 범위를 벗어나므로 불량에 ☑ 표시한다.
2) 측정값 57.00mm - 0.2mm(진원 절삭량) = 56.80mm 보다 작은 56.75mm로 절삭 후 u/s 베어링을 장착한다.
3) 측정값이 규정값 범위 내에 있으면 양호에 ☑ 표시 후 정비 및 조치사항 "없음"으로 답안지를 작성한다.
4) U/S값 : 0.25mm, 0.50mm, 0.75mm, 1.00mm, 1.25mm, 1.50mm

| 가. 엔진 | 2. 주어진 자동차의 전자제어 엔진에서 감독위원의 지시에 따라 1가지 부품을 탈거한 후 (감독위원에게 확인), 다시 부착하고 시동에 필요한 관련 부분의 이상 개소(시동회로, 점화회로, 연료장치 중 2개소)를 점검 및 수리하여 시동하시오. |

2-1. 전자제어 엔진 시동

📖 **1안 참조 - p.25**

| 가. 엔진 | 3. 2의 시동된 엔진에서 공회전 상태를 확인하고, 공회전 시 배기가스를 측정하여 기록표에 기록하시오. (단, 시동이 정상적으로 되지 않은 경우 본 항의 작업은 할 수 없음) |

3-1. 공회전속도 점검

 1안 참조 - p.28

3-2. 배기가스 측정(CO, HC)

 1안 참조 - p.30

| 가. 엔진 | 4. 주어진 자동차의 엔진에서 스텝 모터(또는 ISA)의 파형을 출력·분석하여 그 결과를 기록표에 기록하시오.(측정조건 : 공회전 상태) |

4-1. 스텝 모터 파형 측정

 4안 참조 - p.156

가. 엔진

5. 주어진 전자제어 디젤엔진에서 연료 압력 센서를 탈거한 후(감독위원에게 확인), 다시 부착하여 시동을 걸고, 공회전속도를 점검하여 기록표에 기록하시오.

5-1. 연료 압력 센서 탈, 부착

2안 참조 - p.89

5-2. 공회전속도 측정

1안 참조 - p.28

| 나. 섀시 | 1. 주어진 자동차에서 파워 스티어링 오일펌프 및 벨트를 탈거한 후(감독위원에게 확인), 다시 부착하고 에어빼기 작업을 하여 작동상태를 확인하시오. |

1-1. 파워 스티어링 오일펌프, 벨트 교환

 8안 참조 - p.305

| 나. 섀시 | 2. 주어진 종 감속 장치에서 링 기어의 백래시와 런 아웃을 측정하여 기록표에 기록한 후, 백래시가 규정값이 되도록 조정하시오. |

2-1. 링 기어 백래시, 런 아웃 측정

 1안 참조 - p.49

| 나. 섀시 | 3. 주어진 자동차에서 전륜의 브레이크 캘리퍼를 탈거한 후(감독위원에게 확인), 다시 부착하고 브레이크 작동 상태를 점검하시오. |

3-1. 브레이크 캘리퍼 탈, 부착

 3안 참조 - p.142

| 나. 섀시 | 4. 3의 작업 자동차에서 감독위원 지시에 따라 전(앞) 또는 후(뒤) 제동력을 측정하여 기록표에 기록하시오. |

4-1. 제동력 측정

 **1안 참조 - p.54**

| 나. 섀시 | 5. 주어진 자동차의 자동변속기에서 자기진단기(스캐너)를 이용하여 각종 센서 및 시스템 작동 상태를 점검하고 기록표에 기록하시오. |

5-1. 자동변속기 점검

 **1안 참조 - p.59**

다. 전기

1. 주어진 자동차에서 다기능(컴비네이션) 스위치를 교환(탈, 부착)하여 스위치 작동 상태를 확인하고, 경음기 음량 상태를 점검하여 기록표에 기록하시오.

1-1. 다기능 스위치 탈, 부착

1) 핸들에 장착된 혼 스위치 어셈블리를 탈거한다.

2) 핸들 고정너트를 3회전 정도 푼 뒤 핸들을 좌우로 기울여 핸들을 탈거한다.

3) 핸들을 탈거한다.

4) 다기능 스위치 커넥터 배선을 탈거한다.

5) 다기능 스위치를 탈거 후 감독위원에게 확인을 받는다.

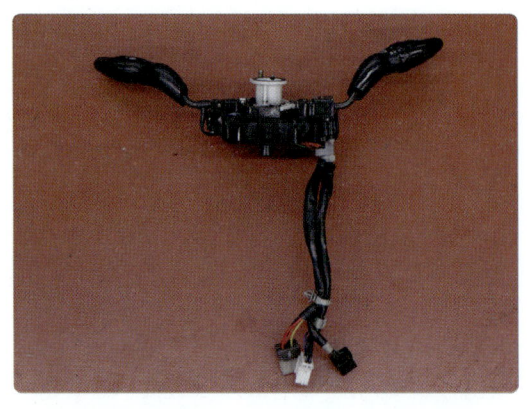

6) 다기능 스위치 고정 볼트를 체결한다.

7) 다기능 스위치 커넥터 배선을 체결한다.

8) 방향지시등 리턴 칼럼을 9시 방향으로 놓는다.

9) 핸들의 리턴 칼럼 고정 홈을 맞추어 핸들을 장착한다.

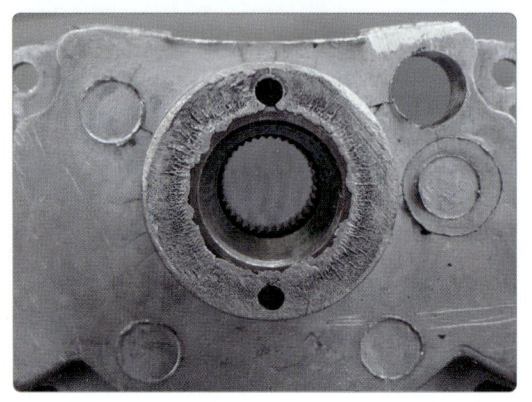

10) 핸들 고정 너트를 체결 후 감독위원에게 확인을 받는다.

1-2. 경음기 음량 측정

1-2-1. 측정

1) 차량 전방 2m 위치에 높이 1.2±0.05m 위치에 혼 시험기를 설치한다.

2) C특성, 90-130dB을 선택한다.

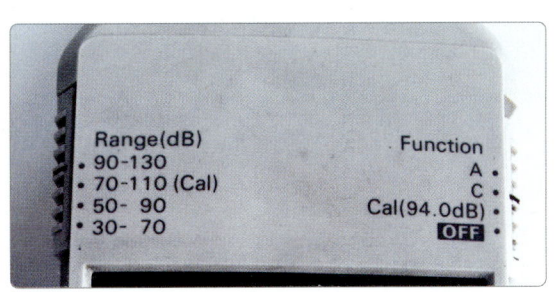

3) Fast, Max Hold를 선택하고 Reset 버튼을 누른 후, 수검자 본인이 경음기를 누른다. "빵"

4) 측정값이 홀드된다.(105.4dB)

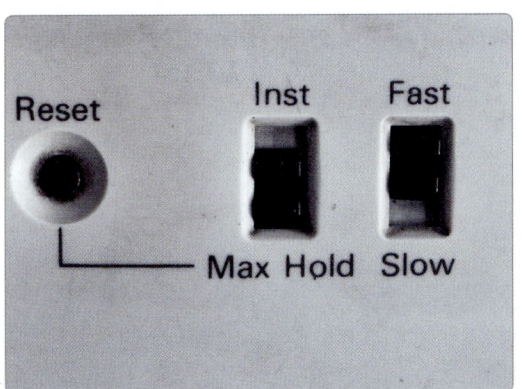

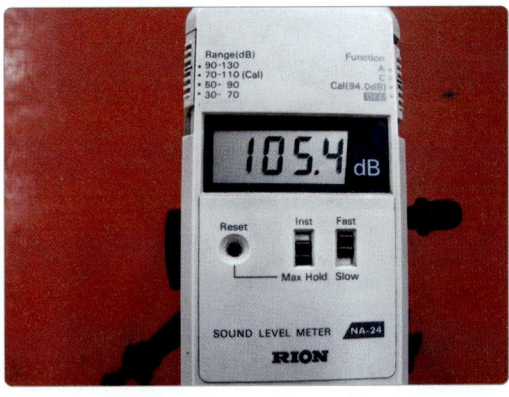

5) 시험 차량의 차대번호를 보고 연식을 확인한다.

자동차 등록증

최초등록일 : 0000년 00월 00일

① 자동차 등록번호	48나 8902	② 차　　　종	소형승용	③ 용도	자가용
④ 차　　　　명	i 30	⑤ 형식 및 연식	UP203A		
⑥ 차 대 번 호	KNHUP75238S714545	⑦ 원 동 기 형 식	K5		
⑧ 사 용 본 거 지	서울특별시 노원구 덕릉로 70가길 81				
소유자	⑨ 성명(명칭)	자 동 차	⑩ 주민(사업자) 등록번호	123456-1234567		
	⑪ 주　　　소	서울특별시 노원구 덕릉로 70가길 81				

자동차관리법 제8조의 규정에 의하여 위와 같이 등록하였음을 증명합니다.

변경전 : (매연 측정용)

0000년 00월 00일

서울특별시 노원구청장

6) 차대번호에 따른 연식별 규정값과 보정값 환산 방식을 숙지한다.

경음기 음량(C특성)

1999년까지 : 90~115dB

2000년부터 : 90~110dB

(보정값 3: -3, 4~5 : -2 6~9 : -1, 10 이상 : 보정 안함)

1-2-2. 답안지 작성

1) 측정값 105.4dB을 답안지에 기록한다.
2) 차량 등록증의 연식을 확인하고 기준값 90 이상, 110dB 이하를 기록한다.
3) 경음기 기준값은 감독위원이 제시하지 않는다.(차량 등록증만 제시)

[전기 1] 시험결과 기록표

자동차 번호 :

항목	① 측정(또는 점검)		② 판정 및 정비(또는 조치)사항		득점
	측정값	규정(정비한계)값	판정 (□에 'V'표)	정비 및 조치할 사항	
경음기 음량	105.4dB	90dB 이상 110dB 이하	☑ 양호 □ 불량	없음	

1-2-3. 답안지 작성

1) 측정값이 규정값 범위 내에 있으므로 양호에 ☑ 표시한다.
2) 측정값이 규정값 범위를 벗어나면 불량에 ☑ 표시 후 "경음기 교환/재점검"으로 답안지를 작성한다.

다. 전기

2. 주어진 자동차에서 전조등 시험기로 전조등을 점검하여 기록표에 기록하시오.

2-1. 전조등 점검

 1안 참조 - p.68

다. 전기

3. 주어진 자동차에서 도어 센트럴 록킹(도어 중앙 잠금장치) 스위치 조작 시 편의장치 (ETACS 또는 ISU) 및 운전석 도어모듈(DDM) 커넥터에서 작동 신호를 측정하고 이상 여부를 확인하여 기록표에 기록하시오.

3-1. 센트럴 도어 록킹 스위치 입력신호 점검

 2안 참조 - p.111

다. 전기

4. 주어진 자동차에서 와이퍼 회로를 점검하여 이상 개소(2곳)를 찾아서 수리 하시오.

4-1. 와이퍼 회로 수리

 1안 참조 - p.77

MEMO

Industrial Engineer
Motor Vehicles
Maintenance

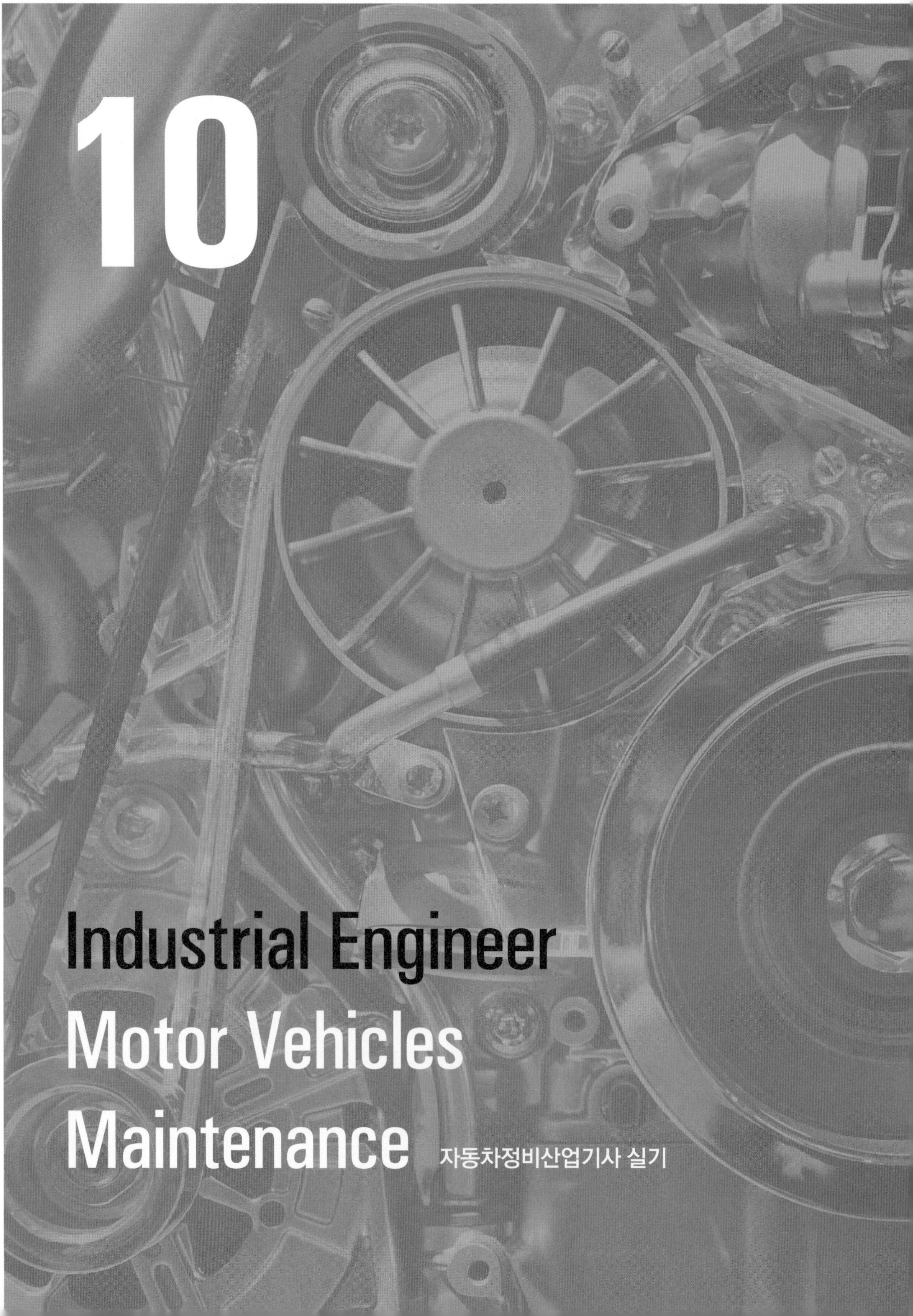

10

**Industrial Engineer
Motor Vehicles
Maintenance** 자동차정비산업기사 실기

가. 엔진
1. 엔진 분해, 조립
2. 전자제어 엔진 시동
3. 공회전속도 점검
4. TDC 센서 파형 출력, 분석
5. 인젝터 탈, 부착

나. 섀시
1. 허브 및 너클 탈, 부착
2. 캠버, 토(toe) 측정
3. 브레이크 휠 실린더 탈, 부착
4. 제동력 측정
5. VDC, ECS, TCS 점검

다. 전기
1. 윈도우 레귤레이터 탈, 부착
2. 전조등 점검
3. ETACS (또는 ISU) 기본 입력 전압 측정
4. 실내등 및 도어 오픈 경고등 회로 수리

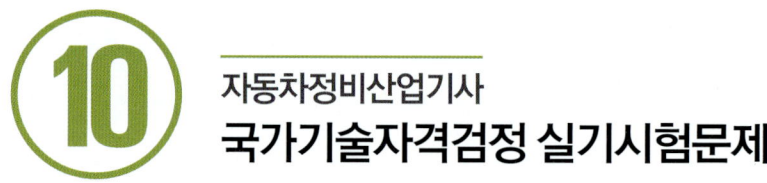

자격종목: 자동차정비산업기사 | 과제명: 자동차정비작업

※ 문제지는 시험종료 후 본인이 가져갈 수 있습니다.

| 비번호 | | 시험일시 | | 시험장명 | |

※ 시험시간 : 5시간 30분 | 엔진 : 140분   섀시 : 120분   전기 : 70분

✅ 요구사항

| 가. 엔진 | 1. 주어진 엔진을 기록표의 측정항목(크랭크축 축 방향 유격)까지 분해하여 기록표의 요구사항을 측정 및 점검하고 본래 상태로 조립하시오. |

1-1. 엔진 분해, 조립

1안 참조 – p.4

1-2. 크랭크축 축 방향 유격 측정

3안 참조 – p.123

| 가. 엔진 | 2. 주어진 자동차의 전자제어 엔진에서 감독위원의 지시에 따라 1가지 부품을 탈거한 후 (감독위원에게 확인), 다시 부착하고 시동에 필요한 관련 부분의 이상 개소(시동회로, 점화회로, 연료장치 중 2개소)를 점검 및 수리하여 시동하시오. |

2-1. 전자제어 엔진 시동

1안 참조 - p.25

| 가. 엔진 | 3. 2의 시동된 엔진에서 공회전 상태를 확인하고, 감독위원의 지시에 따라 연료 공급 시스템의 연료 압력을 측정하여 기록표에 기록하시오. (단, 시동이 정상적으로 되지 않은 경우 본 항의 작업은 할 수 없음) |

3-1. 공회전속도 점검

1안 참조 - p.28

3-2. 연료 압력 측정

1안 참조 - p.40

가. 엔진

4. 주어진 자동차의 엔진에서 TDC 센서(또는 캠각 센서)의 파형을 출력·분석 하여 그 결과를 기록표에 기록하시오.(측정조건 : 공회전 상태)

4-1. TDC 센서 파형 출력, 분석

1) 시험용 엔진의 TDC센서 위치를 확인한다.

2) TDC센서 커넥터에 1번 채널 프로브를 연결하고 엔진을 시동한다.

3) 윈도우 초기 화면에서 Hi-DS 를 클릭한다.

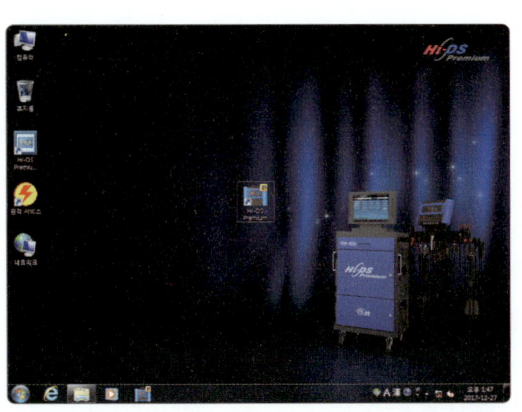

4) 로그인 창에서 로그인 취소를 클릭한다.

5) 다음 화면 사용제약 경고문에서 확인을 클릭한다.

6) 다음 화면에서 오실로스코프를 클릭한다.

7) 다음 화면에서 제작사, 차종, 연식, 엔진형식을 클릭한다.

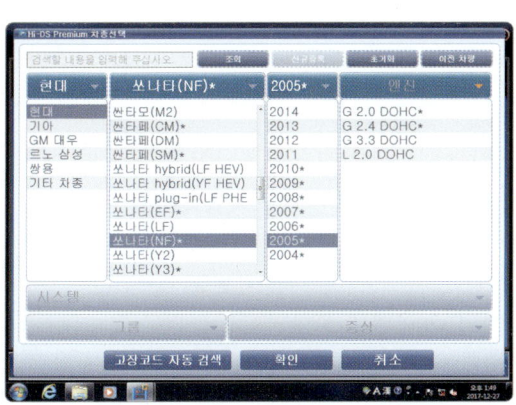

8) 측정할 시스템을 선택한다.

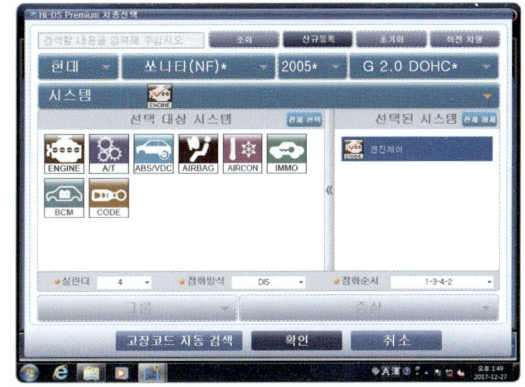

9) 다음 화면에서 20.0V, 60ms로 설정 후 창을 확장한다.

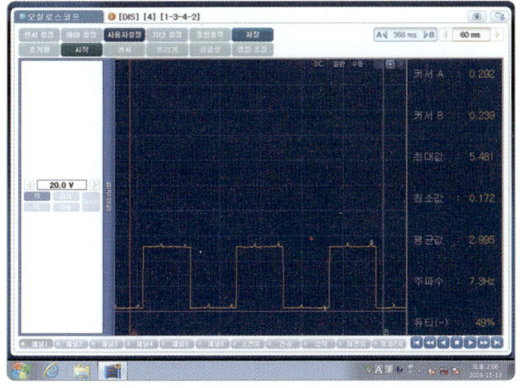

10) 파형 정지 후 A, B 커셔를 파형 1주기에 정렬한다.

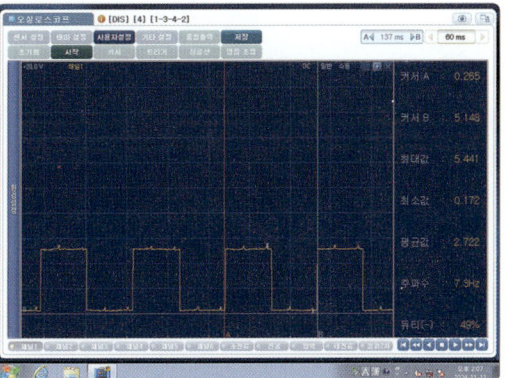

11) 프린터를 클릭하여 선택영역을 선택한다.   12) 확인을 클릭하여 인쇄한다.

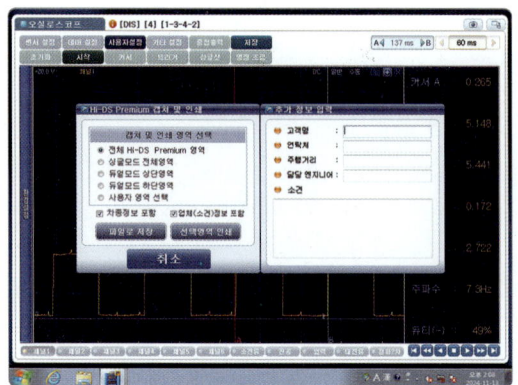 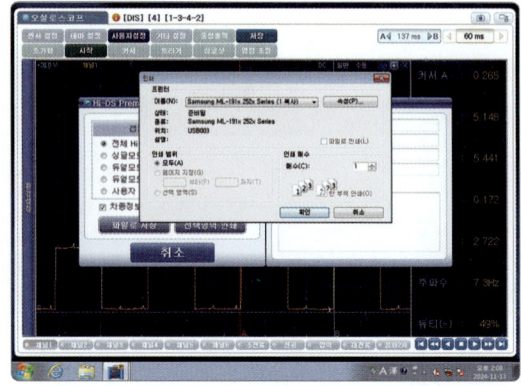

4-1-2. 답안지 작성

1) 최소값 0.172V를 출력한 파형에 표시한다.
2) 최대값 5.441V를 출력한 파형에 표시한다.
3) 듀티 49%를 출력한 파형에 표시한다.

[엔진 4] 시험결과 기록표

자동차 번호 :

측정항목	파형상태	득점
파형 측정	요구사항 조건에 맞는 파형을 프린트하여 아래사항을 분석 후 뒷면에 첨부 ① 불량요소가 있는 경우에는 반드시 표기 및 설명하여야 함 ② 파형의 주요 특징에 대하여 표기 및 설명되어야 함	

4-1-3. 판정 및 정비 조치사항

1) 기준값은 감독위원이 제시한다.(예 : 최소값 0~1.2V, 최대값 4.8~5.5V, 듀티 45~55%)
2) 양호 판정 시 "출력값이 규정값 범위 내에 있으므로 양호함"으로 프린트한 파형 상단에 기록한다.
3) 불량 판정 시 "TDC 교환/재점검"으로 프린트한 파형 상단에 기록한다.

| 가. 엔진 | 5. 주어진 전자제어 디젤 엔진에서 인젝터를 탈거한 후(감독위원에게 확인), 다시 부착하여 시동을 걸고, 매연을 측정하여 기록표에 기록하시오. |

5-1. 인젝터 탈, 부착

 **1안 참조 - p.37**

5-2. 디젤 매연 측정

 **2안 참조 - p.91**

나. 섀시

1. 주어진 자동차의 전륜에서 허브 및 너클을 탈거한 후(감독위원에게 확인), 다시 부착하여 작동상태를 확인하시오.

1-1. 허브 및 너클 탈, 부착

1) 타이어를 탈거한다.

2) 허브너트를 탈거한다.

3) 타이 로드 엔드 고정 핀을 탈거 후 너트를 1/2 정도 회전시킨다.

4) 타이 로드 엔드 풀러를 장착 후 압축한다.(풀러를 사용하지 않으면 감점)

5) 타이 로드 엔드를 탈거한다.

6) 캘리퍼 고정 볼트를 탈거한다.

7) 캘리퍼를 탈거한다.

8) 쇽업소버 고정 볼트를 탈거한다.

9) CV조인트를 탈거한다.

10) 로워암 볼 조인트 고정너트를 1/2 정도 탈거한다.

11) 엔드 풀러를 장착 후 압축한다.(풀러를 사용하지 않으면 감점)

12) 허브 너클 어셈블리를 탈거한다.

13) 탈거한 허브 어셈블리를 감독위원에게 확인을 받는다.

14) 허브 너클 어셈블리를 장착 후 볼 조인트를 체결한다.

15) CV조인트를 장착한다.

16) 쇽업소버 고정 볼트를 체결한다.

17) 브레이크 캘리퍼를 장착한다.

18) 타이 로드 엔드를 장착한다.

19) 허브 너트를 체결하고 분할 핀을 설치한다.

20) 타이어를 장착 후 감독위원에게 확인을 받는다.

| 나. 섀시 | 2. 주어진 자동차에서 휠 얼라인먼트 시험기로 캠버와 토(toe) 값을 측정하여 기록표에 기록한 후, 타이 로드 엔드를 탈거한 후(감독위원에게 확인), 다시 부착하여 토(toe)가 규정값이 되도록 조정하시오. |

2-1. 캠버, 토(toe) 측정

3안 참조 - p.132

2-2. 타이 로드 엔드로 조정

3안 참조 - p.138

| 나. 섀시 | 3. 주어진 자동차에서 후륜의 브레이크 휠 실린더를 탈거한 후(감독위원에게 확인), 다시 부착하여 브레이크 작동상태를 점검하시오. |

3-1. 브레이크 휠 실린더 탈, 부착

3안 참조 - p.142

| 나. 섀시 | 4. 3의 작업 자동차에서 감독위원 지시에 따라 전(앞) 또는 후(뒤) 제동력을 측정하여 기록표에 기록하시오. |

4-1. 제동력 측정

 1안 참조 - p.54

| 나. 섀시 | 5. 주어진 자동차의 ABS에서 자기진단기(스캐너)를 이용하여 각종 센서 및 시스템 작동 상태를 점검하고 기록표에 기록하시오. |

5-1. VDC, ECS, TCS 점검

 2안 참조 - p.102

| 다. 전기 | 1. 주어진 자동차에서 파워 윈도우 레귤레이터를 탈거한 후(감독위원에게 확인), 다시 부착하여 작동상태를 확인 후 윈도우 모터의 작동 소모 전류 시험을 하여 기록표에 기록하시오. |

1-1. 윈도우 레귤레이터 탈, 부착

1) 도어 트림을 탈거한다.

2) IG 1 상태에서 유리 고정 브라켓이 보일 때까지 창문을 내려서 고정한다.

3) 윈도우 고정 볼트를 탈거한다.

4) 윈도우를 탈거한다.

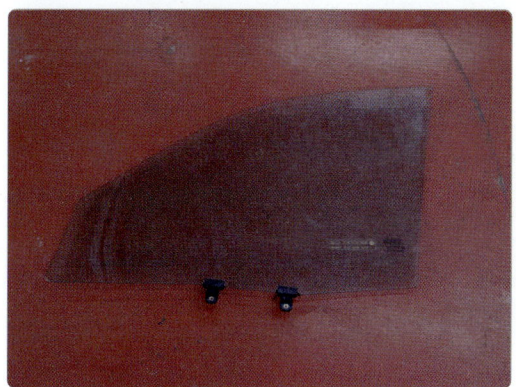

5) 윈도우 모터 커넥터를 탈거한다.

6) 레귤레이터 어셈블리 고정 너트를 탈거한다.

7) 레귤레이터 어셈블리를 탈거한다.

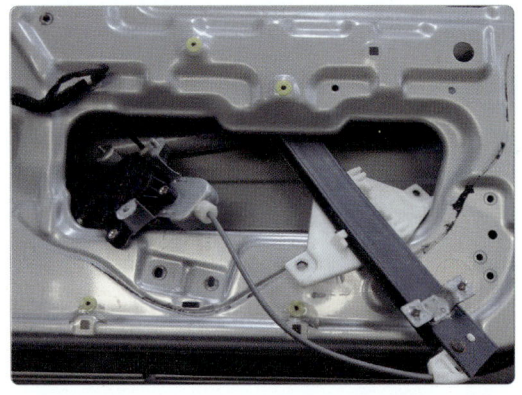

8) 탈거한 레귤레이터 어셈블리를 감독위원에게 확인을 받는다.

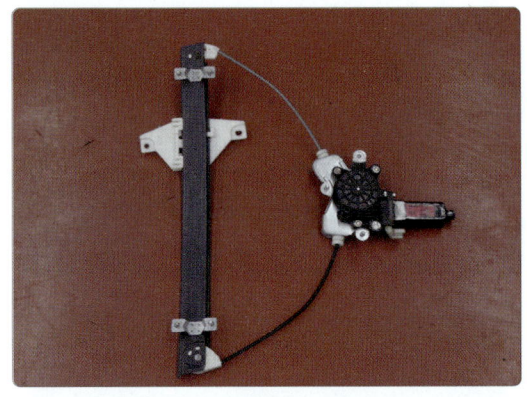

9) 레귤레이터 어셈블리를 장착한다.

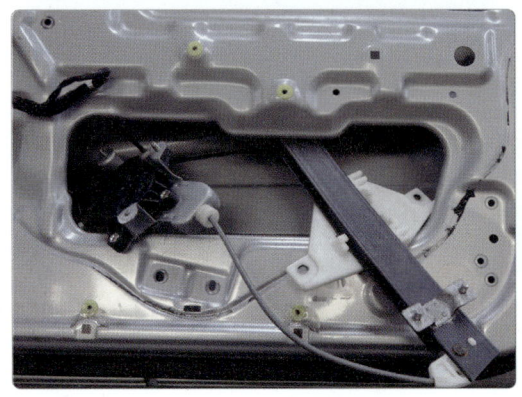

10) 레귤레이터 고정 볼트를 체결한다.

11) 윈도우 모터 커넥터를 체결한다.

12) 윈도우 장착 후 감독위원에게 확인을 받는다.

1-2. 윈도우 모터 소모 전류 시험

1-2-1. 측정

1) 파워 윈도우를 완전히 DOWN 한다.

2) 파워 윈도우 모터 전원 입력 선에 전류계를 설치한다.

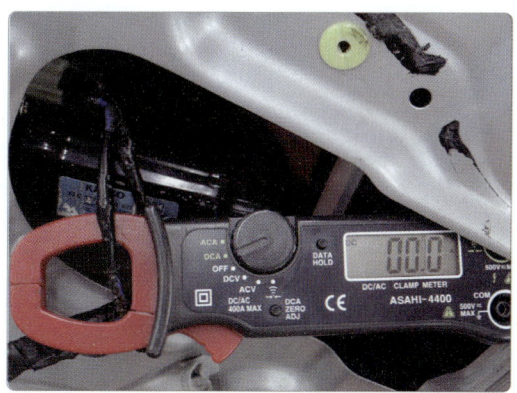

3) 윈도우를 UP 시키면서(중간쯤) 소모 전류를 측정한다.(4.6A)

4) 윈도우를 DOWN 시키면서 소모 전류를 측정한다.(2.4A)

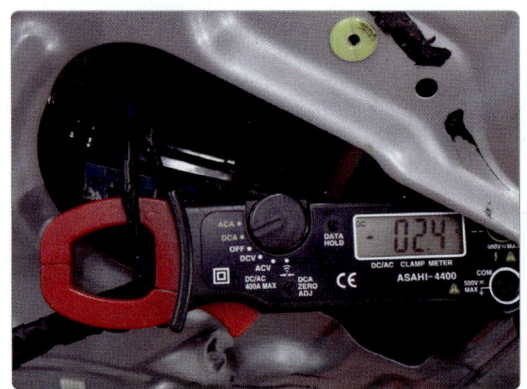

1-2-2. 답안지 작성

1) UP 시 측정값 4.6A를 답안지에 작성한다.
2) DOWN 시 측정값 2.4A를 답안지에 작성한다.
3) 기준값 올림 시 3~6A, 내림 시 2~3A를 답안지에 기입한다.
4) 전류계 설치방향에 따라 - 부호가 표시되므로 생략한다.

[전기 1] 시험결과 기록표

자동차 번호 :

항목	① 측정(또는 점검)		② 판정 및 정비(또는 조치)사항		득점
	측정값	규정(정비한계)값	판정 (□에 'V'표)	정비 및 조치할 사항	
소모 전류 시험	올림 : 4.6A	3~6A	☑ 양호 □ 불량	없음	
	내림 : 2.4A	2~3A			

1-2-3. 답안지 작성

1) 측정값이 규정값 범위내에 있으므로 양호에 ☑ 표시 후 "없음"으로 답안지를 작성한다.
2) 측정값이 규정값 범위를 벗어나면 불량에 ☑ 표시 후 "윈도우 모터 교환/재점검"으로 답안지를 작성한다.

다. 전기 2. 주어진 자동차에서 전조등 시험기로 전조등을 점검하여 기록표에 기록하시오.

2-1. 전조등 점검

1안 참조 – p.68

다. 전기

3. 주어진 자동차의 편의장치(ETACS 또는 ISU) 커넥터에서 전원 전압을 점검하여 기록표에 기록하시오.

3-1. ETACS (또는 ISU) 기본 입력 전압 측정

3-1-1. 점검

1) 커넥터표 에서 M25-1 1번 핀 B+, 6번핀 IG, 16번 핀GND를 확인한다.

AVANTE XD ETACS, A/C

(M25-1)

1	B+
2	"P"포지션 신호
3	뒷도어 록/언록 신호
4	파워윈도우 릴레이 컨트롤
5	ON/ST 전원
6	IG 전원
7	
8	운전석앞 도어 스위치
9	조수석앞 도어 스위치
10	트렁크 램프 컨트롤
11	실내등
12	디포거 릴레이 컨트롤
13	시트벨트 경고등
14	도어록 릴레이(록)
15	미등 릴레이 컨트롤
16	GND
17	파킹브레이크 신호
18	전도어 스위치
19	엔진회전시 입력신호
20	도어록 릴레이(언록)

(M25-2)

1	키홀조명
2	도어 경고 스위치 신호
3	
4	시트벨트 스위치
5	
6	
7	와셔신호
8	간헐와이퍼
9	간헐와이퍼 시간지연조절
10	와이퍼 릴레이 컨트롤
11	엔진체크 경고등 컨트롤
12	디포거 스위치
13	IG 릴레이(1) 컨트롤
14	미등 스위치 입력
15	
16	

(M25-3)

2	외기온도 센서
3	
3	
4	증발기 온도센서
5	
6	
7	AQS
8	
9	외기온도센서 접지
10	
11	
12	GND

2) 시동 키를 ON에서 측정한다.

3) M25-1 1번 커넥터 핀에서\ (+) 상시 입력 전압을 측정한다.(12.42V)

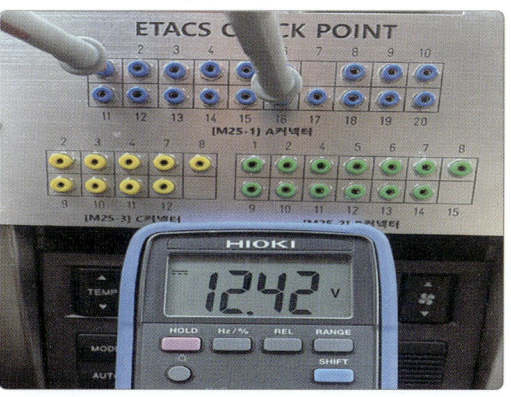

4) M25-1 16번 커넥터 핀에 (-), (+)는 접지 후 전압을 측정한다.(0V)

5) M25-1 6번 커넥터 핀에서 (IG) 입력 전압을 측정한다.(11.92V)

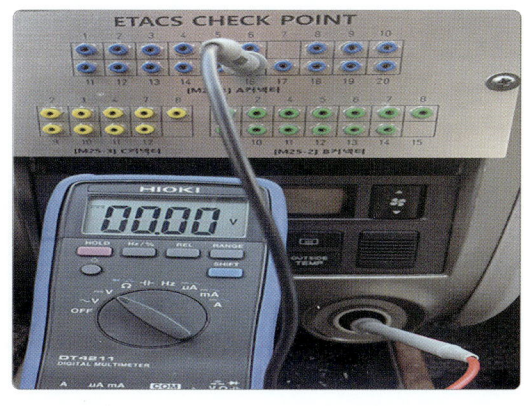

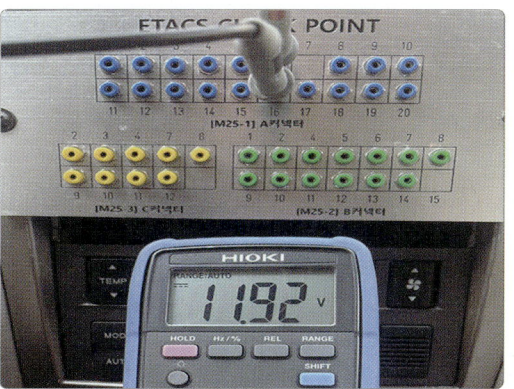

3-1-2. 답안지 작성

1) M25-1 커넥터 1번 핀 (+) 입력 전원 측정값 12.42V를 답안지에 기록한다.
2) M25-1 커넥터 16번 핀 GND 핀과 차체접지 측정값 0V를 답안지에 기록한다.
3) M25-1 커넥터 6번 핀 IG 입력 전원 측정값 11.92V를 답안지에 기록한다.
4) 감독위원이 제시한 기준값을 답안지에 기입한다.

[전기 3] 시험결과 기록표

자동차 번호 :

항목		① 측정(또는 점검) 상태		② 판정 및 정비(또는 조치)사항		득점
		측정값	규정(정비한계)값	판정 (□에 'V'표)	정비 및 조치할 사항	
컨트롤 유닛의 기본입력 전압	+	12.42V	10.5~15.5V	☑ 양호 □ 불량	없음	
	-	0V	0~1.5V			
	IG	11.92V	10.5~15.5V			

3-1-3. 판정 및 정비 조치사항

1) 측정값이 규정값 범위 내에 있으므로 양호에 ☑ 표시 후 "없음"으로 답안지를 작성한다.
2) (+), IG 2 전원 공급이 안되면 에탁스 퓨즈, IG 2 퓨즈를 점검한다. "에탁스 퓨즈 교환/재점검", "IG 2 퓨즈 교환/재점검"으로 답안지를 작성한다.
3) (-) 전압이 규정보다 높으면 에탁스 접지 불량이다. "에탁스 접지/재점검"으로 답안지를 작성한다.

다. 전기	4. 주어진 자동차에서 실내등 및 도어 오픈 경고등 회로를 점검하여 이상 개소(2곳)를 찾아서 수리하시오.

4-1. 실내등 및 도어 오픈 경고등 회로 수리

4-1-1. 점검

1) 메인 퓨즈 박스에서 실내등(10A) 퓨즈를 확인한다.

2) 실내 퓨즈 박스에서 계기판 퓨즈(10A)를 점검한다.(계기판 표시등 점등 확인을 위해)

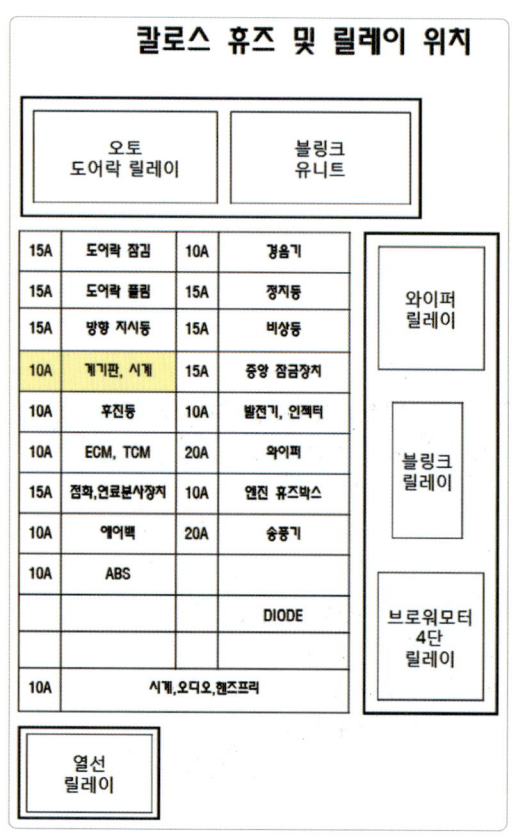

3) 실내등 전구를 확인한다.

4) 도어 핀 S/W를 확인한다.

4-1-2. 예상 고장부위

1) 고장부위가 확인되면 수리하지말고 감독위원에게 확인을 받는다.
2) 예상답안
   ① 실내등(10A), 퓨즈 단선(또는 없음, 파손)
   ② 실내등 전구 단선(또는 없음)
   ③ 도어 핀 S/W 커넥터 탈거(또는 없음)

11

Industrial Engineer
Motor Vehicles
Maintenance
자동차정비산업기사 실기

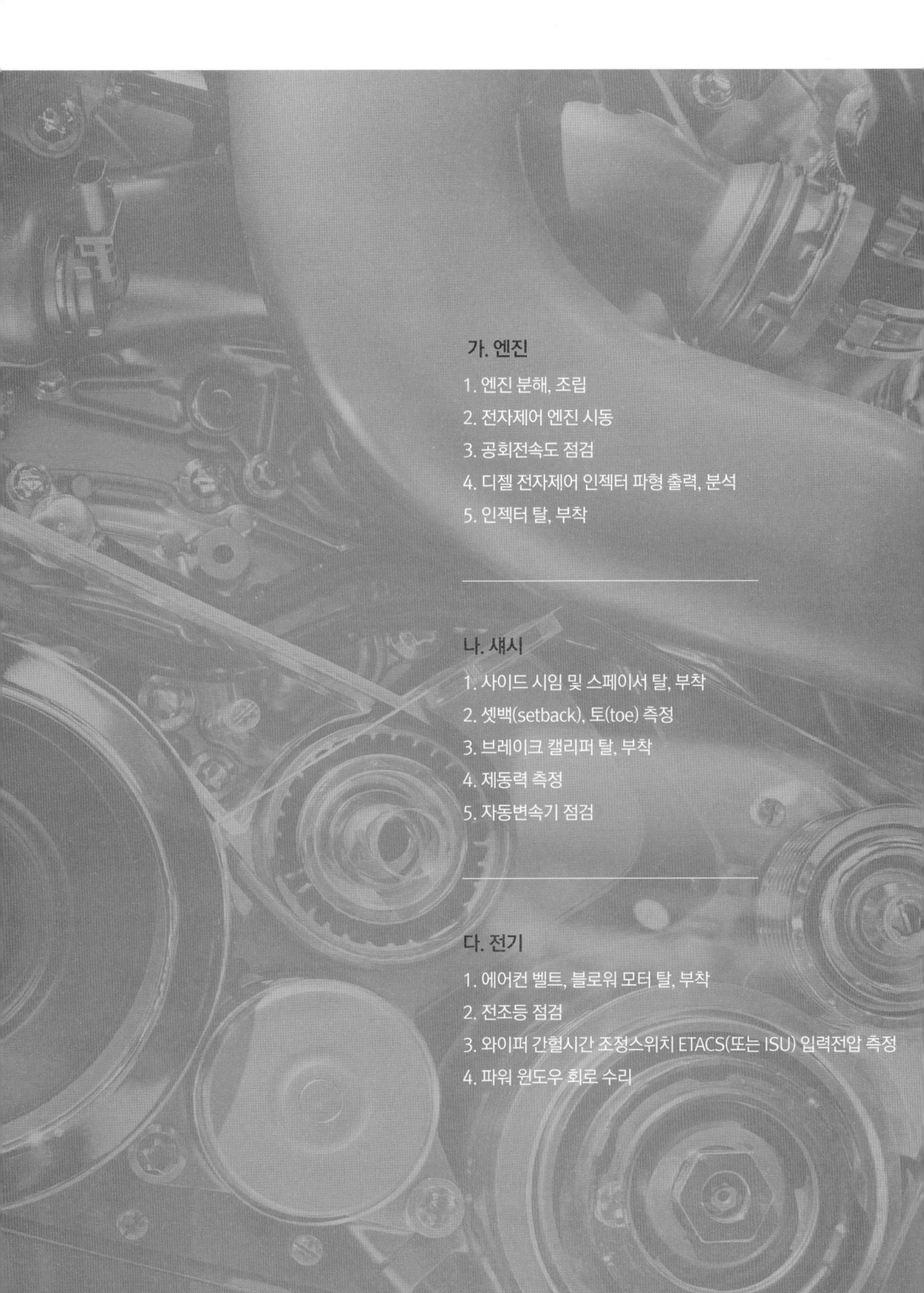

가. 엔진
1. 엔진 분해, 조립
2. 전자제어 엔진 시동
3. 공회전속도 점검
4. 디젤 전자제어 인젝터 파형 출력, 분석
5. 인젝터 탈, 부착

나. 섀시
1. 사이드 시임 및 스페이서 탈, 부착
2. 셋백(setback), 토(toe) 측정
3. 브레이크 캘리퍼 탈, 부착
4. 제동력 측정
5. 자동변속기 점검

다. 전기
1. 에어컨 벨트, 블로워 모터 탈, 부착
2. 전조등 점검
3. 와이퍼 간헐시간 조정스위치 ETACS(또는 ISU) 입력전압 측정
4. 파워 윈도우 회로 수리

11 자동차정비산업기사 국가기술자격검정 실기시험문제

자격종목	자동차정비산업기사	과제명	자동차정비작업

※ 문제지는 시험종료 후 본인이 가져갈 수 있습니다.

비번호		시험일시		시험장명	

※ 시험시간 : 5시간 30분 | 엔진 : 140분   섀시 : 120분   전기 : 70분

☑ 요구사항

가. 엔진	1. 주어진 엔진을 기록표의 측정항목(핀 저널 오일간극)까지 분해하여 기록표의 요구사항을 측정 및 점검하고 본래 상태로 조립하시오.

1-1. 엔진 분해, 조립

📖 **1안 참조 - p.4**

1-2. 크랭크축 핀 저널 오일 간극 측정

1-2-1. 텔레스코핑 게이지와 마이크로미터로 측정

1) 피스톤에 핀 저널 베어링을 장착 후 규정 토크로 조립한다.

2) 텔레스코핑 게이지를 설치한다.

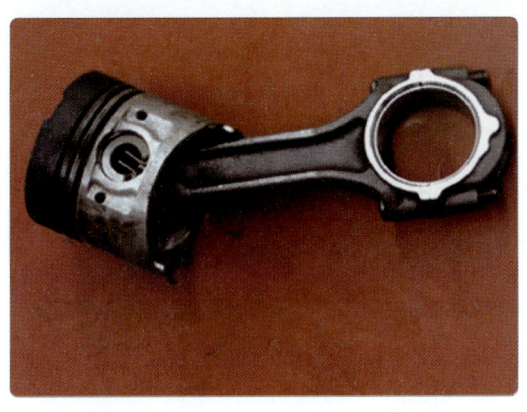

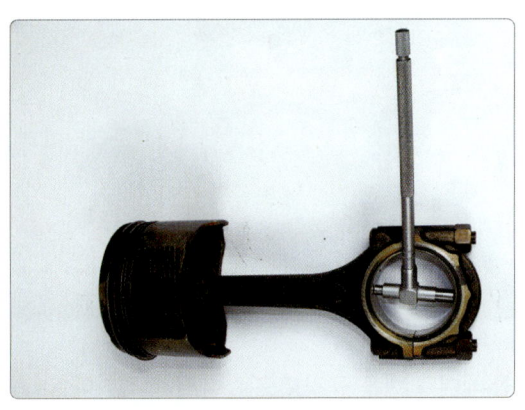

3) 텔레스코핑 게이지 길이를 측정한다. (45.31mm)

4) 크랭크축 핀 저널을 측정한다. (45.23mm)

5) 측정값은 피스톤 핀 저널 내경 45.31mm - 크랭크축 핀 저널 외경 45.23mm = 0.08mm이다.

1-2-2. 플라스틱 게이지로 측정

1) 감독위원이 지정한 핀 저널 고정 볼트를 탈거한다.

2) 플라스틱 게이지를 설치한다.

3) 베어링 캡을 규정토크로 다시 체결한다.

4) 체결한 베어링 캡을 다시 탈거한다.

5) 오일 간극을 측정한다.(0.076mm)

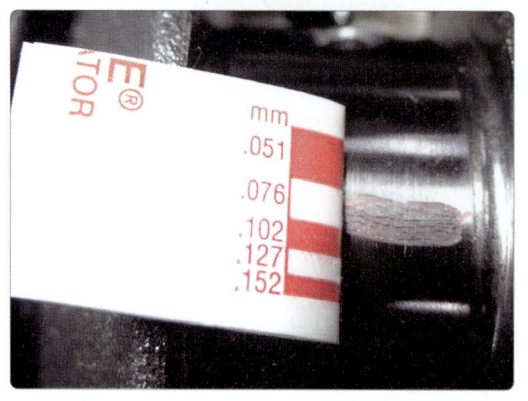

1-2-3. 답안지 작성

1) 측정값 0.076mm를 답안지에 기입한다.
2) 규정값 0.02~0.04mm를 답안지에 기입한다.

[엔진 1] 시험결과 기록표

자동차 번호 :

항목	① 측정(또는 점검)		② 판정 및 정비(또는 조치)사항		득점
	측정값	규정(정비한계)값	판정 (□에 'V'표)	정비 및 조치할 사항	
핀 저널 오일간극	0.076mm	0.02~0.04mm	□ 양호 ☑ 불량	핀 저널 베어링 교환/재점검	

1-2-4. 판정 및 정비 조치사항

1) 측정값이 규정값 범위를 벗어나므로 불량에 ☑ 표시한다.
2) 측정값이 규정값 범위 내에 있으면 양호에 ☑ 표시 후 "없음"으로 답안지를 작성한다.

가. 엔진

2. 주어진 자동차의 전자제어 엔진에서 감독위원의 지시에 따라 1가지 부품을 탈거한 후 (감독위원에게 확인), 다시 부착하고 시동에 필요한 관련 부분의 이상개소(시동회로, 점화회로, 연료장치 중 2개소)를 점검 및 수리하여 시동 하시오.

2-1. 전자제어 엔진 시동

 1안 참조 - p.25

가. 엔진

3. 2의 시동된 엔진에서 공회전속도를 확인하고 감독위원의 지시에 따라 인젝터 파형을 측정 및 분석하여 기록표에 기록하시오.(단, 시동이 정상적으로 되지 않은 경우 본 항의 작업은 할 수 없음)

3-1. 공회전속도 점검

 **1안 참조 - p.28**

3-2. 인젝터 파형 측정

3-2-1. 측정

1) 윈도우 초기화면에서 Hi-DS를 클릭한다.

2) 로그인 창에서 로그인 취소를 클릭한다.

3) 다음 화면에서 사용제약 경고문에서 확인을 클릭한다.

4) 다음 화면에서 오실로스코프를 클릭한다.

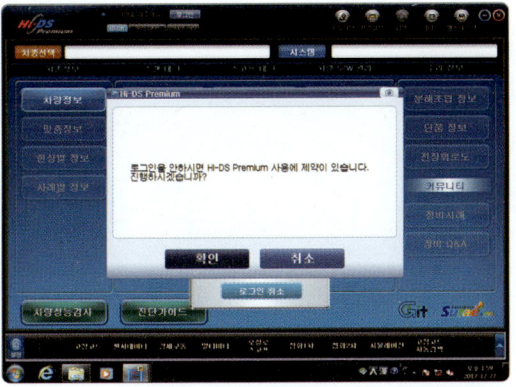

5) 다음 화면에서 제작사, 차종, 연식, 엔진형식을 클릭한다.

6) 측정할 시스템을 선택한다.

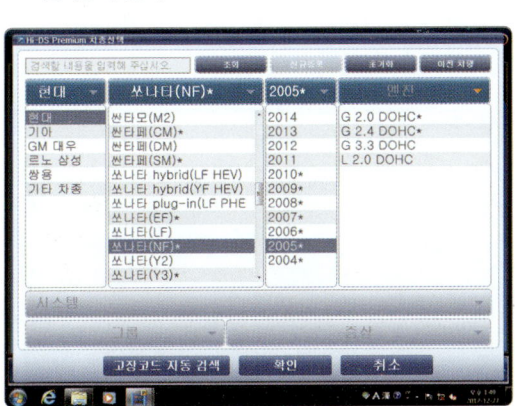
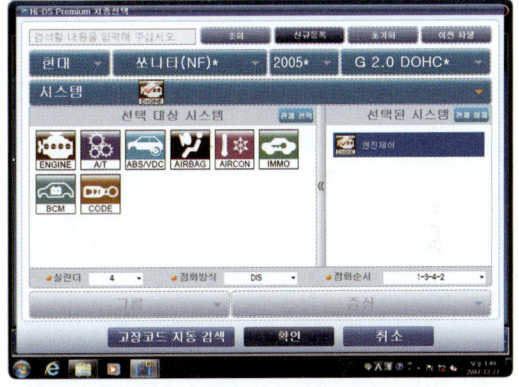

7) 다음 화면에서 100.0V, 3ms로 설정 후 창을 확장한다.

8) 설정 창을 닫는다.

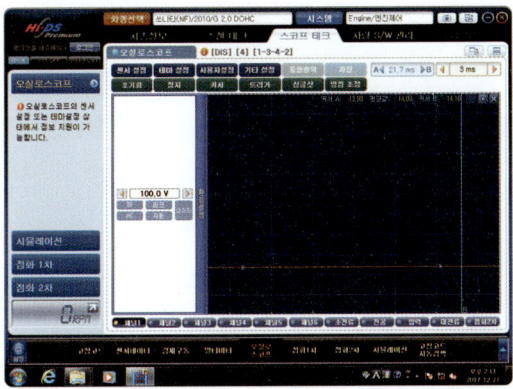
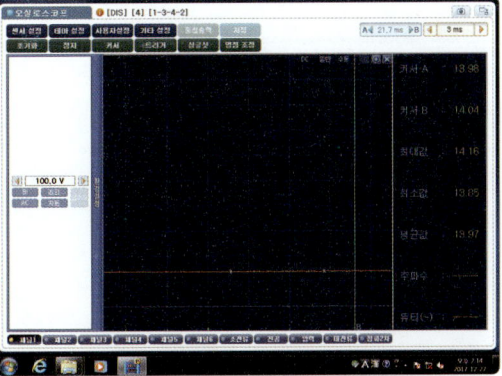

8) 감독 위원이 지정한 인젝터에 1번 채널 프로브를 연결하고 엔진을 시동한다.(예 : 3번 인젝터)

9) 30V 라인 정도에 트리거를 설정한다.

10) 파형이 잡히면 정지 버튼을 누른다.

11) A 커서를 TR On 시작점에, B 커서를 서지 전압 꼭지점에서 커서 B 값과 최대값이 일치하도록 위치한다.

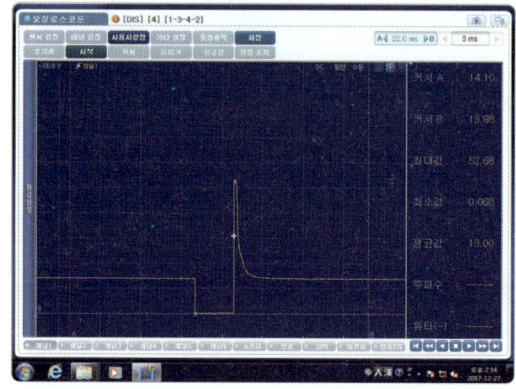
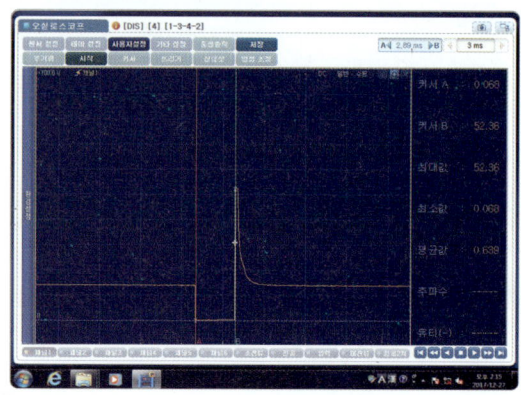

12) 답안지를 작성한다.

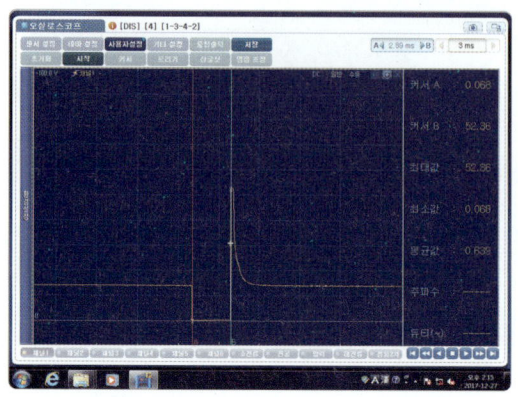

3-2-2. 답안지 작성

1) 인젝터 분사 시간 2.89ms을 답안지에 표시한다.
2) 인젝터 분사 시간 규정값 2.5~5.5ms을 답안지에 표시한다.
3) 서지 전압 52.36V를 답안지에 기록한다.
4) 서지 전압 규정값 60~80V를 답안지에 기록한다.

[엔진 3] 시험결과 기록표

자동차 번호 :

항목	① 측정(또는 점검)		② 판정 및 정비(또는 조치)사항		득점
	측정값	규정(정비한계)값	판정 (□에 'V'표)	정비 및 조치할 사항	
분사 시간	2.89ms	2.5~5.5ms	□ 양호 ☑ 불량	3번 인젝터 교환/재점검	
서지 전압	52.36V	60~80V			

3-2-3. 판정 및 정비 조치사항

1) 서지 전압이 규정값을 벗어났음으로 "3번 인젝터 교환/재점검"으로 답안지를 작성한다.
2) 분사 시간이 규정값을 벗어나면 "ECU 교환/재점검"으로 답안지를 작성한다.

가. 엔진

4. 주어진 자동차의 전자제어 디젤 엔진에서 인젝터 파형을 출력·분석하여 기록표에 기록하시오. (측정조건 : 공회전상태)

4-1. 디젤 전자제어 인젝터 파형 출력, 분석

1) 주어진 엔진 인젝터 (+) 핀에 소전류 픽업과, 1번 (+) 프로브를, (-) 프로브는 (-)에 연결한다.

2) 윈도우 바탕 화면에서 Hi-DS 아이콘을 클릭한다.

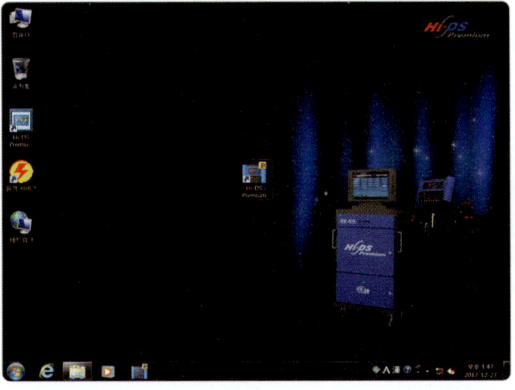

3) 로그인 창이 뜨면 취소 버튼을 클릭한다.

4) 다음 화면 사용제약 경고문에서 확인을 클릭한다.

5) 다음 창에서 오실로스코프 버튼을 클릭한다.

6) 차량 정보를 입력한다.

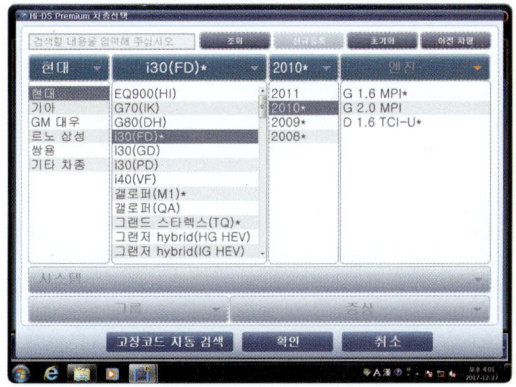

7) ENGINE, 엔진제어 시스템 아이콘을 클릭한다.

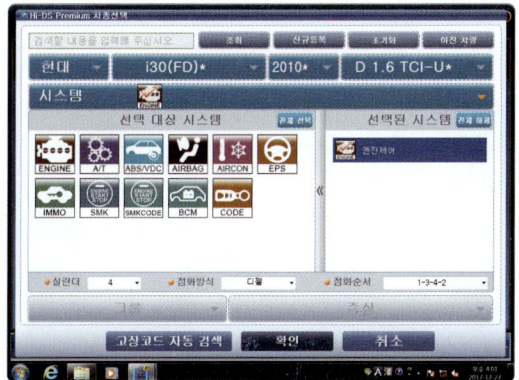

8) 1번 채널 전압 60V, 소전류 30A, Time 1.5ms로 설정한다.

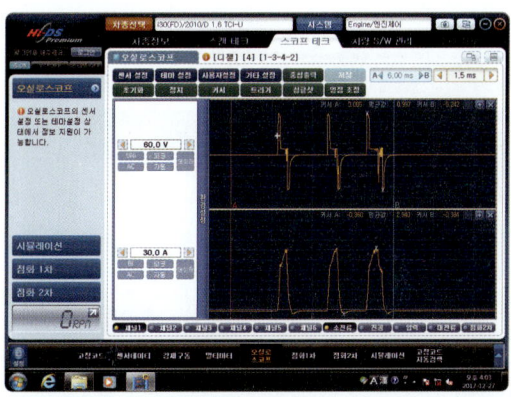

9) 화면을 확대 트리거를 실행 후 파형이 표시되면 정지한다.

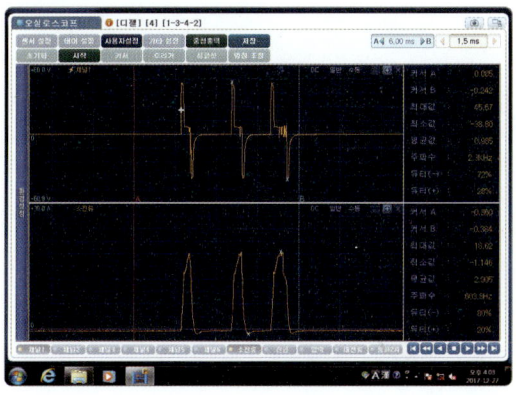

10) 예비분사 1 파형의 분사 시간, (+), (-) 서지 전압, 전류값을 기록한다.

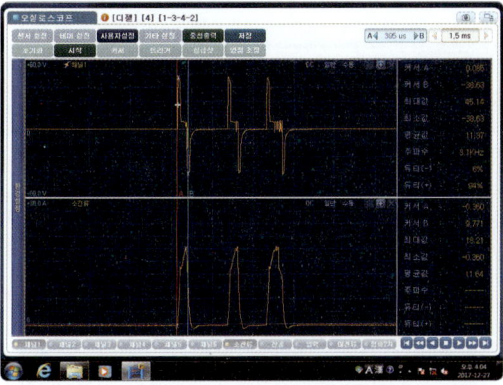

11) 예비분사 2 파형의 분사 시간, (+), (-) 서지 전압, 전류값을 기록한다.

12) 주분사 파형의 분사 시간, (+), (-) 서지 전압, 전류값을 기록한다.

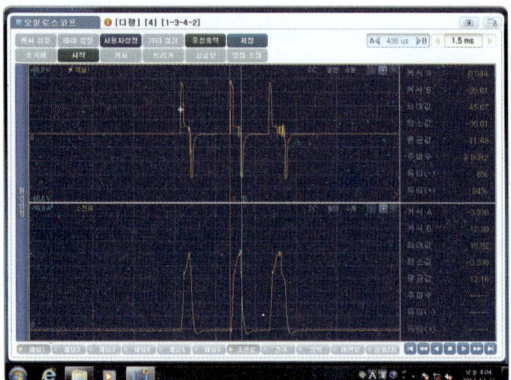

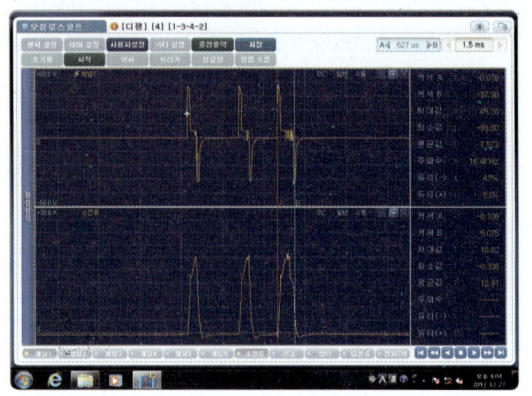

13) 캡처 인쇄 아이콘을 클릭 후 확인 버튼을 누른다.

14) 프린터 창이 뜨면 확인 버튼을 눌러 프린트 한다.

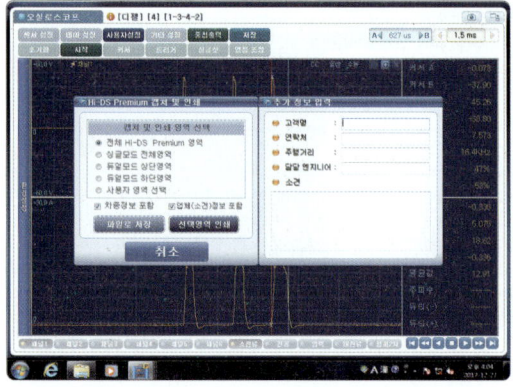

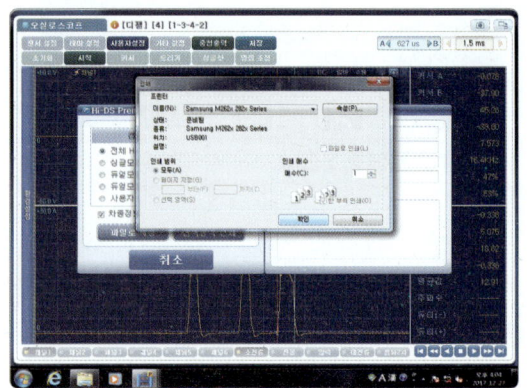

15) 예비분사 1, 2 주분사 (+), (-) 서지 전압, 전류값을 기록한다.

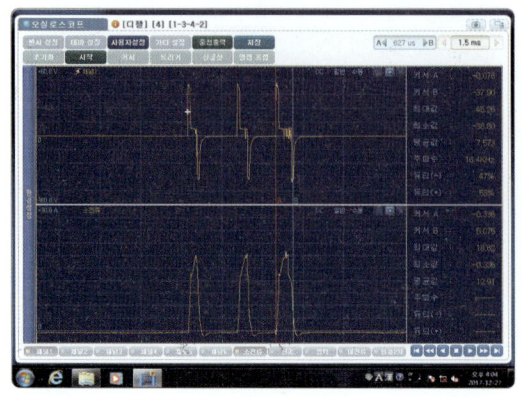

4-1-2. 답안지 작성

1) 출력한 파형에 예비분사 1, 2 서지 전압, 분사 시간, 작동 전류를 기입한다.
2) 출력한 파형에 주분사 서지 전압, 분사 시간, 작동 전류를 기입한다.
3) 차량마다 규정값이 다르므로 감독위원이 제시하는 규정값을 기준으로 판정한다.
4) 측정값이 규정값 범위를 벗어나면 "인젝터 교환/재점검"이라고 기록 판정한다.
5) 파형 분석이 끝나면 기록표 뒷면에 출력된 파형을 붙인 후 감독위원에게 제출한다.

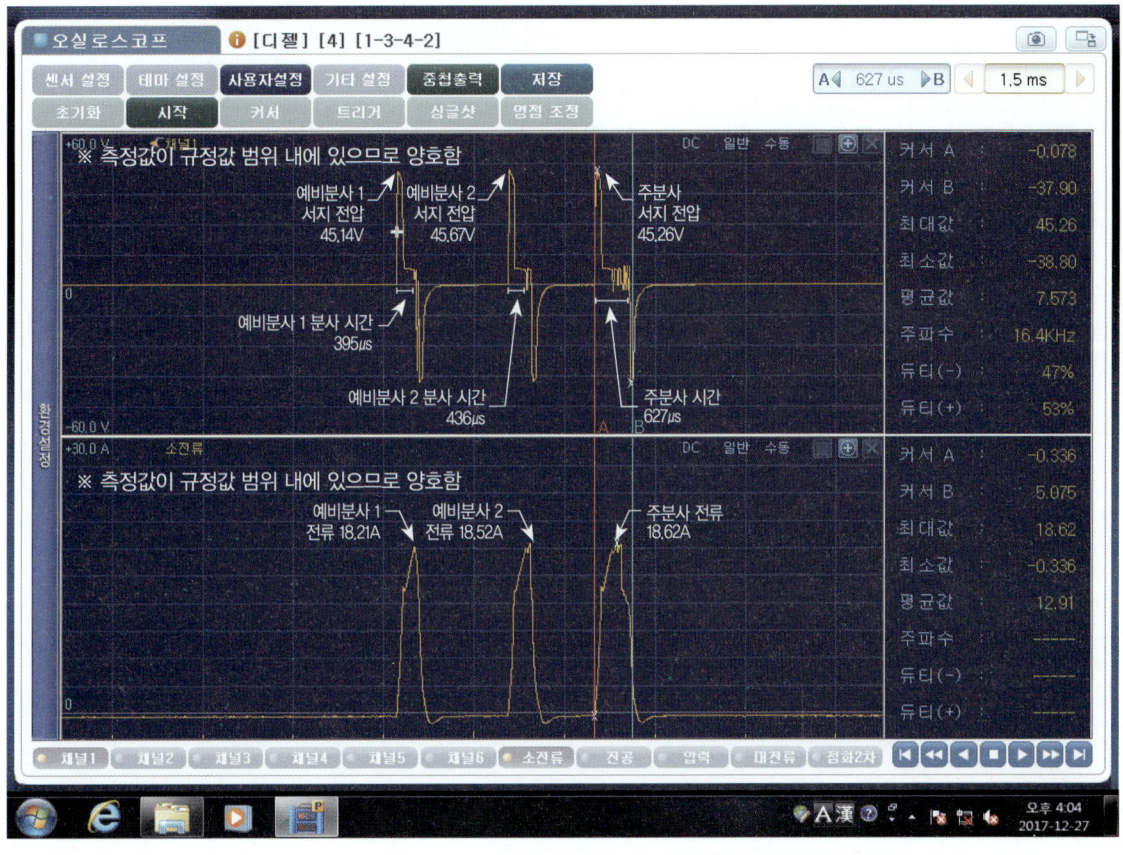

[엔진 4] 시험결과 기록표

자동차 번호 :

측정항목	파형상태	득점
파형 측정	요구사항 조건에 맞는 파형을 프린트하여 아래사항을 분석 후 뒷면에 첨부 ① 불량요소가 있는 경우에는 반드시 표기 및 설명하여야 함 ② 파형의 주요 특징에 대하여 표기 및 설명되어야 함	

4-1-3. 판정 및 정비 조치사항

1) 감독위원이 제시한 기준값과 비교하여 양, 부 판정을 한다.
2) "예비분사 1, 2 주분사의 서지 전압, 분사 시간, 작동 전류가 규정값 범위 내에 있으므로 양호함"으로 출력물에 기입한다.

| 가. 엔진 | 5. 주어진 전자제어 디젤 엔진에서 인젝터를 탈거한 후(감독위원에게 확인), 다시 조립하여 시동을 걸고, 매연을 측정하여 기록표에 기록하시오. |

5-1. 인젝터 탈, 부착

📖 **1안 참조 - p.37**

5-2. 디젤 매연 측정

📖 **2안 참조 - p.91**

나. 섀시

1. 주어진 후륜 차량의 종 감속 기어 어셈블리에서 사이드 기어의 시임 및 스페이서를 탈거한 후(감독위원에게 확인), 다시 부착하여 링 기어 백래시와 접촉면 상태를 바르게 조정 및 확인하시오.

1-1. 사이드 시임 및 스페이서 탈, 부착

1) 링 기어 어셈블리 고정 베어링 캡을 탈거한다.

2) 링 기어 어셈블리를 탈거한다.

3) 링 기어 고정 볼트를 탈거한다.

4) 링 기어를 탈거한다.

5) 피니언 샤프트 고정 핀을 탈거한다.

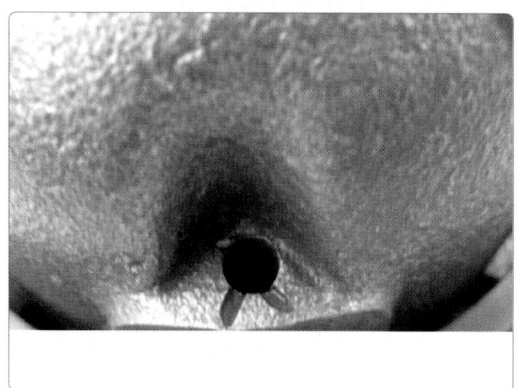

6) 피니언 샤프트를 탈거한다.

7) 피니언 기어를 회전시켜 피니언 기어와 와셔를 탈거한다.

8) 사이드 기어와 시임을 탈거한다.

9) 분해된 부품을 정렬하고 감독위원에게 확인을 받는다.

10) 사이드 기어와 시임을 조립한다.

11) 피니언 기어와 와셔를 조립한다.(양쪽 피니언을 동시에 조립)

12) 피니언 샤프트를 조립한다.

13) 링 기어를 조립한다.

14) 링 기어 어셈블리를 조립한다.

15) 링 기어 어셈블리 고정 베어링 캡을 조립하고 감독위원에게 확인을 받는다.

나. 섀시	2. 주어진 자동차에서 휠 얼라인먼트 시험기로 셋백(setback)과 토(toe) 값을 측정하여 기록표에 기록하고, 타이 로드 엔드를 탈거한 후(감독위원 에게 확인), 다시 부착하여 토(toe)가 규정값이 되도록 조정하시오.

2-1. 셋백(setback), 토(toe) 측정

 4안 참조 - p.165

2-2. 타이 로드 엔드로 조정

 3안 참조 - p.138

| 나. 섀시 | 3. 주어진 자동차에서 전륜의 브레이크 캘리퍼를 탈거한 후(감독위원에게 확인), 다시 부착하여 브레이크 작동상태를 점검하시오. |

3-1. 브레이크 캘리퍼 탈, 부착

 3안 참조 – p.142

| 나. 섀시 | 4. 3의 작업 자동차에서 감독위원 지시에 따라 전(앞) 또는 후(뒤) 제동력을 측정하여 기록표에 기록하시오. |

4-1. 제동력 측정

 1안 참조 – p.54

| 나. 섀시 | 5. 주어진 자동차의 자동변속기에서 자기진단기(스캐너)를 이용하여 각종 센서 및 시스템 작동 상태를 점검하고 기록표에 기록하시오. |

5-1. 자동변속기 점검

 1안 참조 – p.59

다. 전기	1. 자동차에서 에어컨 벨트와 블로워 모터를 탈거한 후(감독위원에게 확인), 다시 부착하여 작동상태를 확인하고, 에어컨의 압력을 측정하여 기록표에 기록하시오.

1-1. 에어컨 벨트 탈, 부착

 5안 참조 – p.227

1-2. 블로워 모터 탈, 부착

 5안 참조 – p.230

1-3. 에어컨 압력 측정

 5안 참조 – p.232

| 다. 전기 | 2. 주어진 자동차에서 전조등 시험기로 전조등을 점검하여 기록표에 기록하시오. |

2-1. 전조등 점검

 1안 참조 - p.68

| 다. 전기 | 3. 주어진 자동차에서 와이퍼 간헐(INT)시간 조정스위치 조작 시 편의장치 (ETACS 또는 ISU) 커넥터에서 스위치 신호(전압)를 측정하고 이상 여부를 확인하여 기록표에 기록하시오. |

3-1. 와이퍼 간헐시간 조정스위치 ETACS(또는 ISU) 입력전압 측정

 5안 참조 - p.235

| 다. 전기 | 4. 주어진 자동차에서 파워 윈도우 회로를 점검하여 이상개소(2곳)를 찾아서 수리하시오. |

4-1. 파워 윈도우 회로 수리

 4안 참조 - p.189

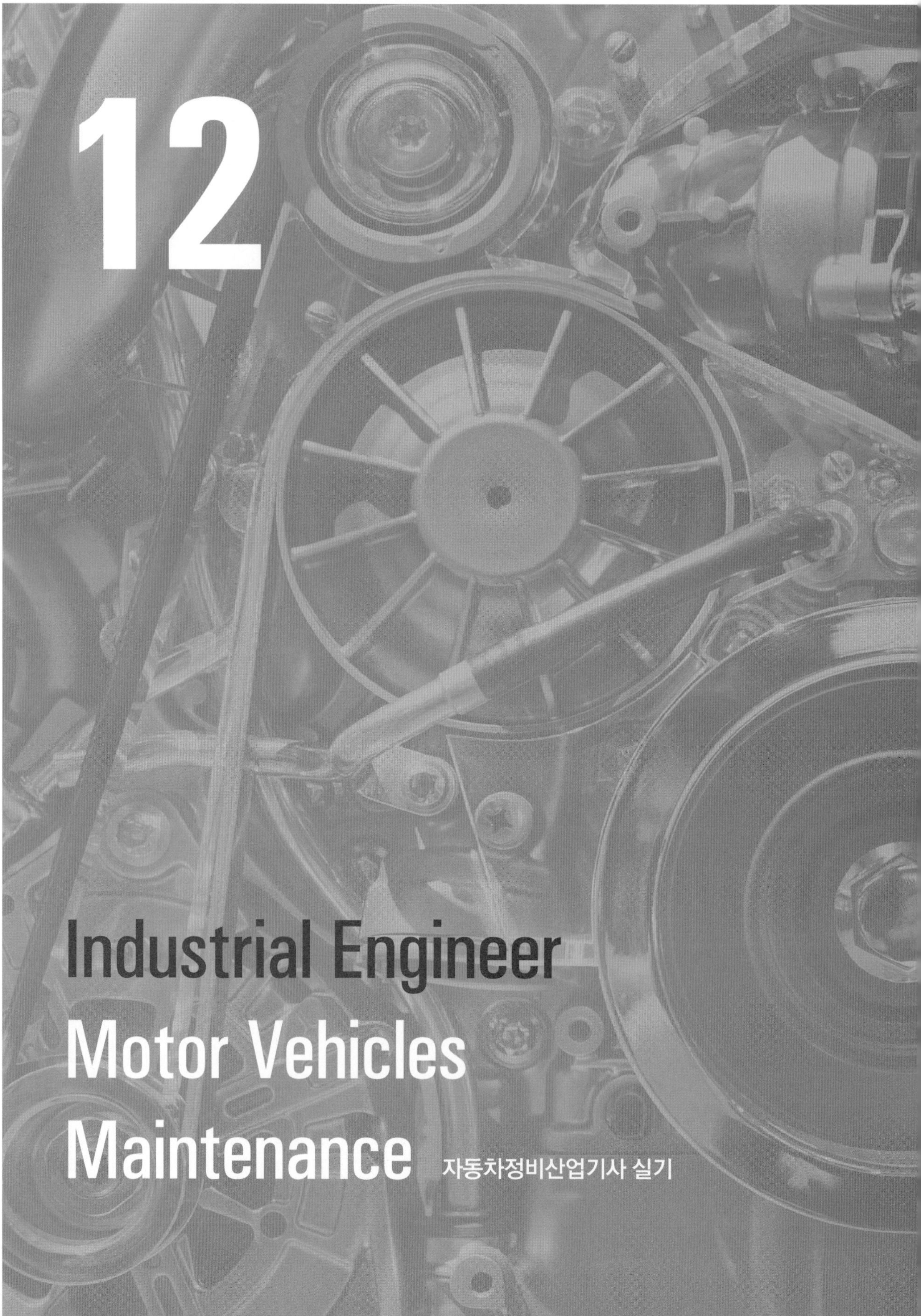

12

Industrial Engineer
Motor Vehicles
Maintenance 자동차정비산업기사 실기

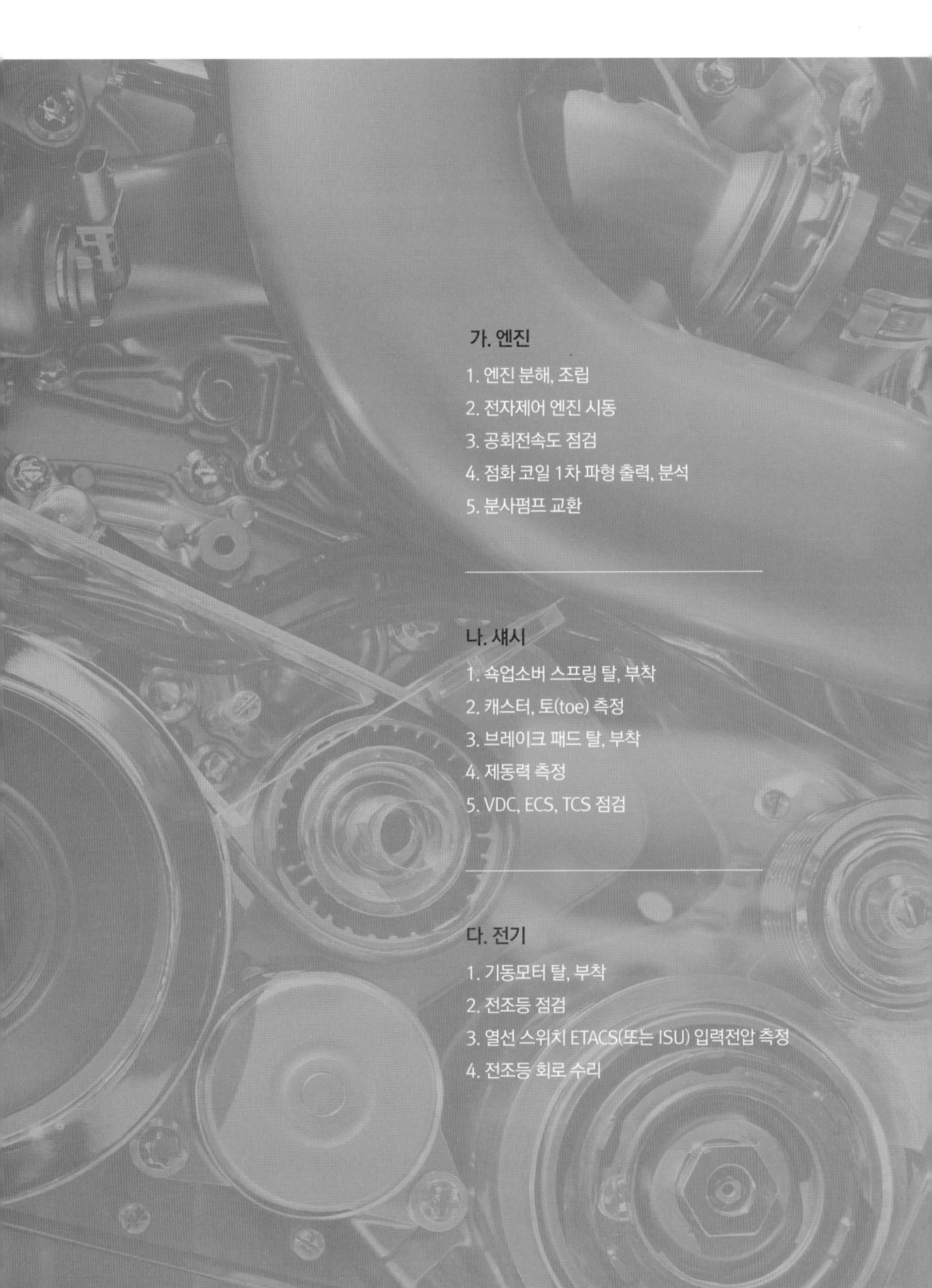

가. 엔진
1. 엔진 분해, 조립
2. 전자제어 엔진 시동
3. 공회전속도 점검
4. 점화 코일 1차 파형 출력, 분석
5. 분사펌프 교환

나. 섀시
1. 쇽업소버 스프링 탈, 부착
2. 캐스터, 토(toe) 측정
3. 브레이크 패드 탈, 부착
4. 제동력 측정
5. VDC, ECS, TCS 점검

다. 전기
1. 기동모터 탈, 부착
2. 전조등 점검
3. 열선 스위치 ETACS(또는 ISU) 입력전압 측정
4. 전조등 회로 수리

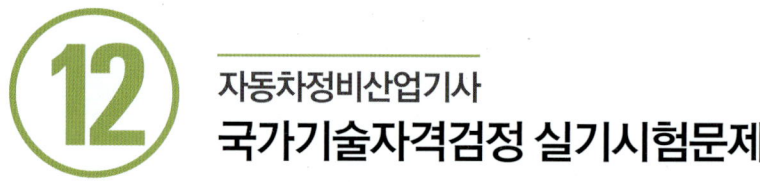

12 자동차정비산업기사 국가기술자격검정 실기시험문제

자격종목	자동차정비산업기사	과제명	자동차정비작업

※ 문제지는 시험종료 후 본인이 가져갈 수 있습니다.

비번호		시험일시		시험장명	

※ 시험시간 : 5시간 30분 | 엔진 : 140분   섀시 : 120분   전기 : 70분

☑ 요구사항

가. 엔진	1. 주어진 엔진을 기록표의 측정항목(크랭크축 메인저널 오일간극)까지 분해하여 기록표의 요구사항을 측정 및 점검하고 본래 상태로 조립하시오.

1-1. 엔진 분해, 조립

1안 참조 - p.4

1-2. 크랭크축 메인저널 오일 간극 측정

1안 참조 - p.21

가. 엔진	2. 주어진 자동차의 전자제어 엔진에서 감독위원의 지시에 따라 1가지 부품을 탈거한 후 (감독위원에게 확인), 다시 부착하고 시동에 필요한 관련 부분의 이상개소(시동회로, 점화회로, 연료장치 중 2개소)를 점검 및 수리하여 시동 하시오.

2-1. 전자제어 엔진 시동

1안 참조 - p.25

가. 엔진	3. 2의 시동된 엔진에서 공회전속도를 확인하고, 감독위원의 지시에 따라 공회전 시 배기가스를 측정하여 기록표에 기록하시오.(단, 시동이 정상적으로 되지 않은 경우 본 항의 작업은 할 수 없음)

3-1. 공회전속도 점검

1안 참조 - p.28

3-2. 배기가스 측정(CO, HC)

1안 참조 - p.30

가. 엔진	4. 주어진 자동차의 엔진에서 점화 코일의 1차 파형을 측정하고 그 결과를 분석하여 출력물에 기록·판정하시오.(측정조건 : 공회전 상태)

4-1. 점화 1차 파형 출력, 분석

 5안 참조 – p.198

가. 엔진	5. 주어진 전자제어 디젤 엔진의 분사 펌프(고압 펌프)를 교환하고 공기 빼기 작업 후, 공회전 시 연료 압력을 점검하여 기록표에 기록하시오.

5-1. 연료 압력 조절 밸브 탈, 부착

1) 시험 차량의 연료 압력 조절 밸브를 확인한다.

2) 연료 압력 조절 밸브 커넥터를 탈거한다.

3) 연료 압력 조절 밸브를 탈거한다.

4) 탈거한 압력 조절 밸브를 감독위원에게 확인을 받는다.

5) 연료 압력 조절 밸브를 장착한다.

6) 연료 압력 조절 밸브 커넥터를 연결 후 감독위원에게 확인을 받는다.

5-2. 에어 빼기 작업

5-2-1. 보쉬 1세대 시스템

1) 시험차량의 연료필터 어셈블리를 확인한다.

2) 플라이밍 펌프에 압력이 찰 때까지 펌핑 후 엔진을 시동한다.

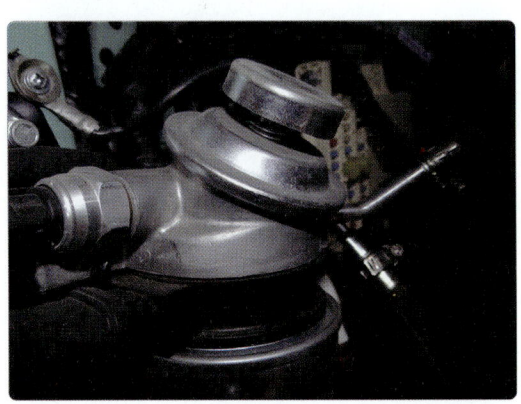

5-2-2. 보쉬 2세대 시스템

1) 연료필터 어셈블리에 플라이밍 펌프가 없으므로 연료펌프를 강제 구동하여 에어를 배출 후 시동한다.

2) 메인휴즈 박스에서 연료 펌프 릴레이를 확인한다.

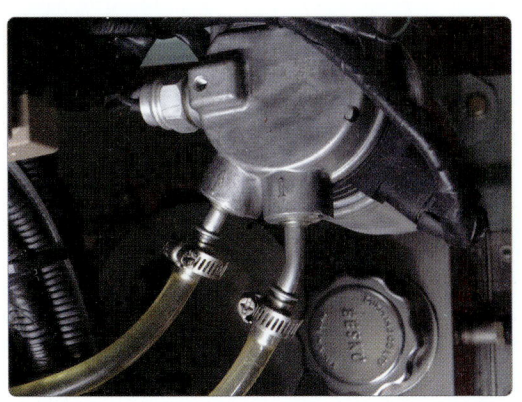
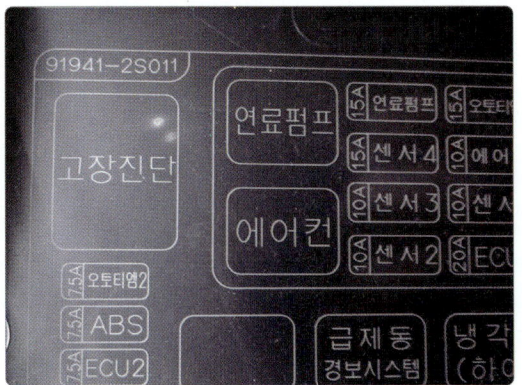

3) 연료펌프 릴레이를 탈거한다.

4) 릴레이 출력부를 연결하여 에어를 배출 후 시동한다.

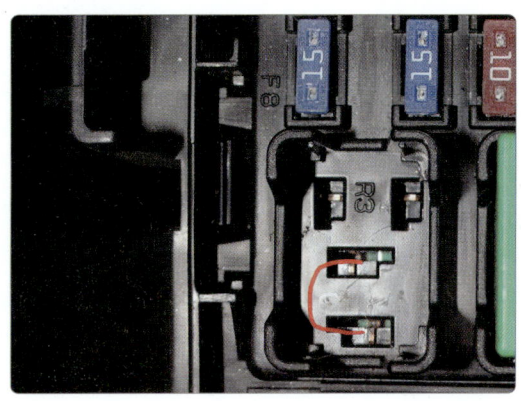

5-3. 연료 압력 점검

 **1안 참조 - p.40**

| 나. 섀시 | 1. 주어진 자동차에서 후륜 현가장치의 쇽업소버 스프링을 탈거한 후(감독 위원에게 확인), 다시 부착하여 작동상태를 확인하시오. |

1-1. 쇽업소버 스프링 탈, 부착

1안 참조 - p.45

| 나. 섀시 | 2. 주어진 자동차에서 휠 얼라인먼트 시험기로 캐스터와 토(toe) 값을 측정하여 기록표에 기록한 후, 타이 로드 엔드를 교환하여 토(toe)가 규정값이 되도록 조정하시오. |

2-1. 캐스터, 토(toe) 측정

5안 참조 - p.215

2-2. 타이 로드 엔드 교환

5안 참조 - p.220

| 나. 섀시 | 3. ABS가 설치된 주어진 자동차에서 브레이크 패드를 탈거한 후(감독위원에게 확인), 다시 부착하여 브레이크 작동상태를 점검하시오. |

3-1. 브레이크 패드 탈, 부착

 1안 참조 – p.52

| 나. 섀시 | 4. 3의 작업 자동차에서 감독위원 지시에 따라 전(앞) 또는 후(뒤) 제동력을 측정하여 기록표에 기록하시오. |

4-1. 제동력 측정

 1안 참조 – p.54

| 나. 섀시 | 5. 주어진 자동차의 ABS기에서 자기진단기(스캐너)를 이용하여 각종 센서 및 시스템 작동 상태를 점검하고 기록표에 기록하시오. |

5-1. VDC, ECS, TCS 점검

 2안 참조 – p.102

| 다. 전기 | 1. 주어진 자동차에서 기동모터를 탈거한 후(감독위원에게 확인), 다시 부착하여 작동상태를 확인하고, 크랭킹 시 전압 강하 시험을 하여 기록표에 기록하시오. |

1-1. 기동모터 탈, 부착

 1안 참조 - p.62

1-2. 크랭킹 시 전압 강하 시험

 1안 참조 - p.65

| 다. 전기 | 2. 주어진 자동차에서 전조등 시험기로 전조등을 점검하여 기록표에 기록하시오. |

2-1. 전조등 점검

 1안 참조 - p.68

| 다. 전기 | 3. 주어진 자동차에서 열선 스위치 조작 시 편의장치(ETACS 또는 ISU) 커넥터 에서 스위치 입력신호(전압)를 측정하고 이상여부를 확인하여 기록표에 기록하시오. |

3-1. 열선 스위치 ETACS(또는 ISU) 입력전압 측정

 4안 참조 - p.186

| 다. 전기 | 4. 주어진 자동차에서 전조등 회로를 점검하여 이상개소(2곳)를 찾아서 수리하시오. |

4-1. 전조등 회로 수리

 3안 참조 - p.148

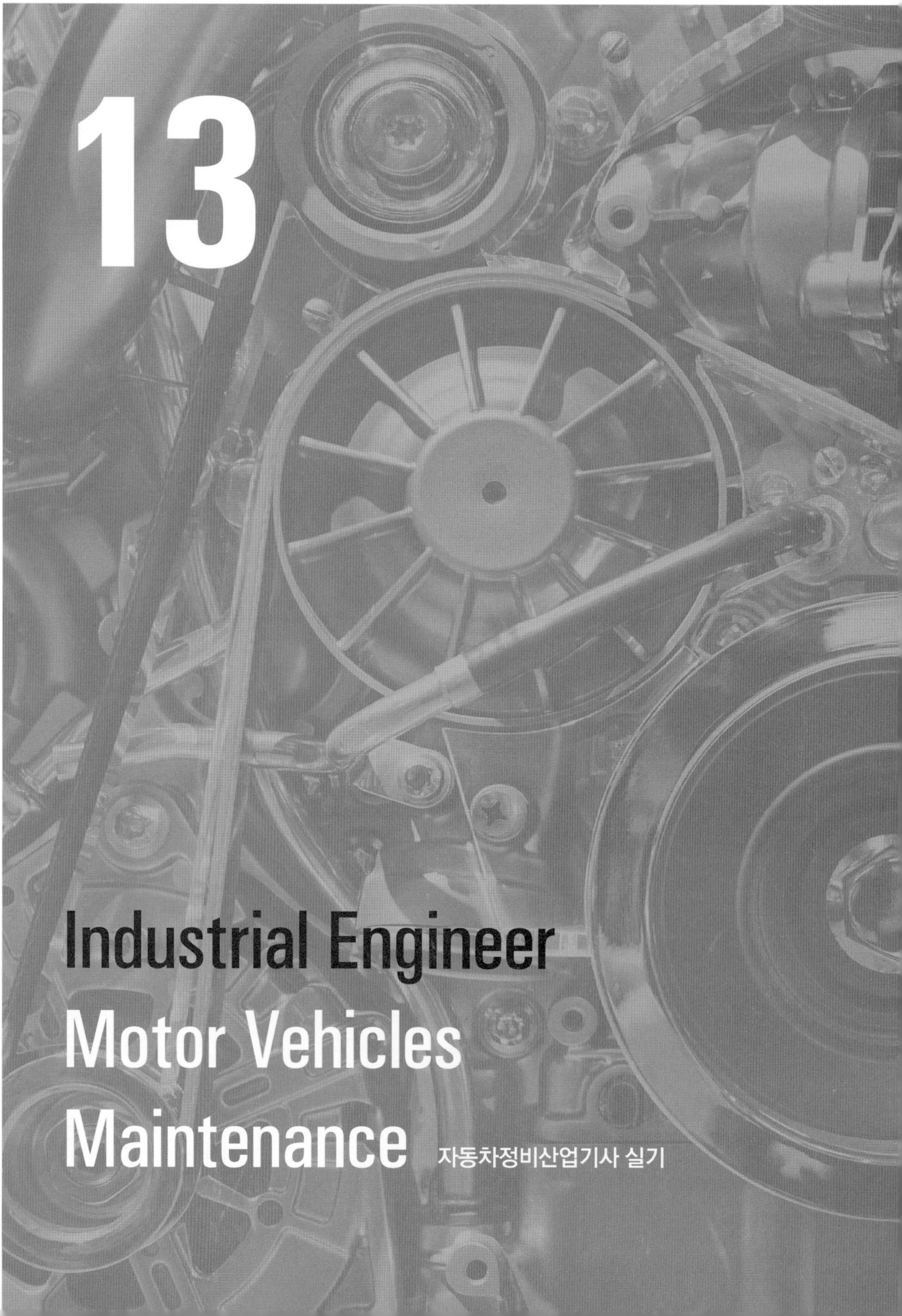

13

**Industrial Engineer
Motor Vehicles
Maintenance** 자동차정비산업기사 실기

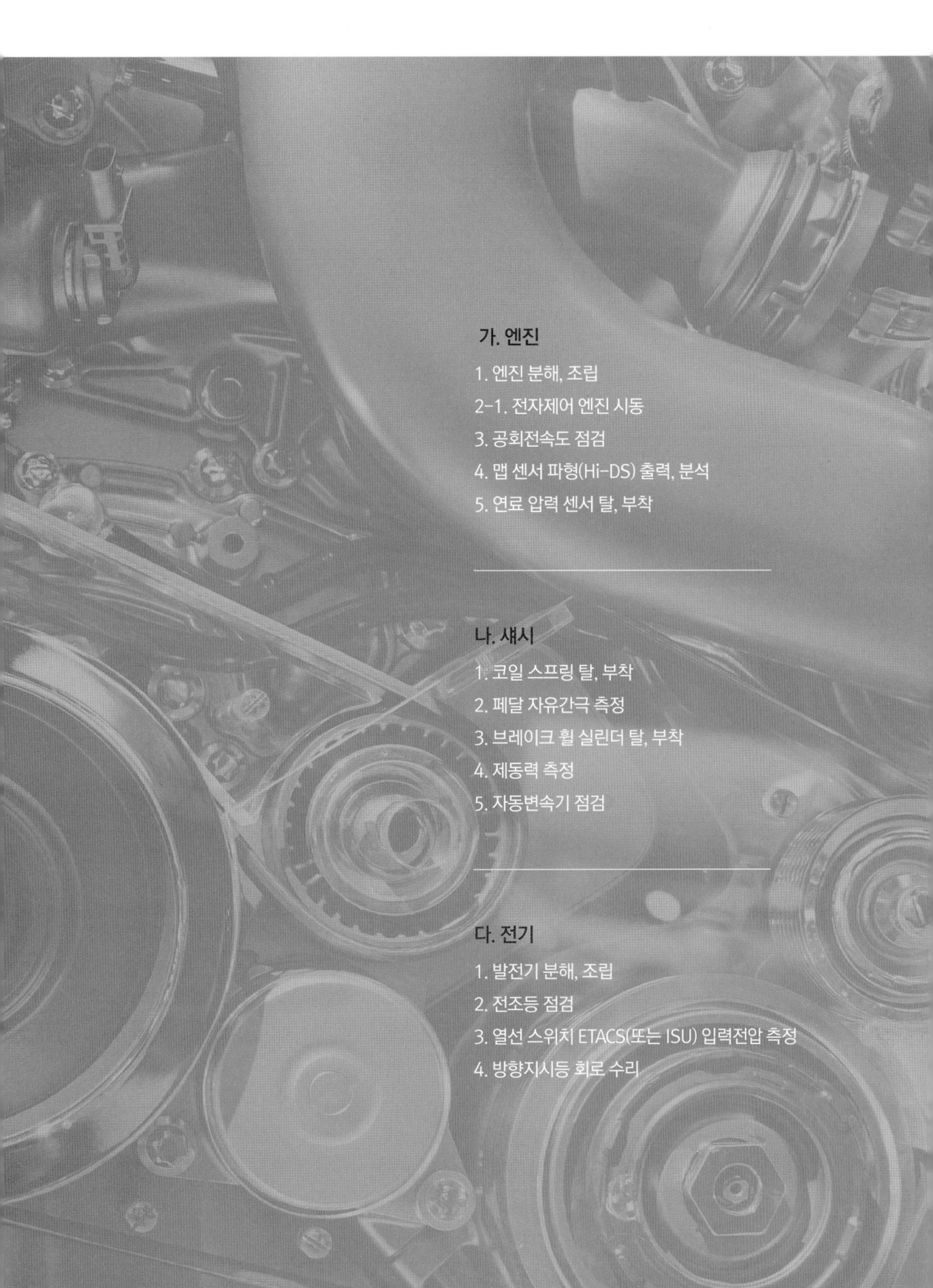

가. 엔진

1. 엔진 분해, 조립
2-1. 전자제어 엔진 시동
3. 공회전속도 점검
4. 맵 센서 파형(Hi-DS) 출력, 분석
5. 연료 압력 센서 탈, 부착

나. 섀시

1. 코일 스프링 탈, 부착
2. 페달 자유간극 측정
3. 브레이크 휠 실린더 탈, 부착
4. 제동력 측정
5. 자동변속기 점검

다. 전기

1. 발전기 분해, 조립
2. 전조등 점검
3. 열선 스위치 ETACS(또는 ISU) 입력전압 측정
4. 방향지시등 회로 수리

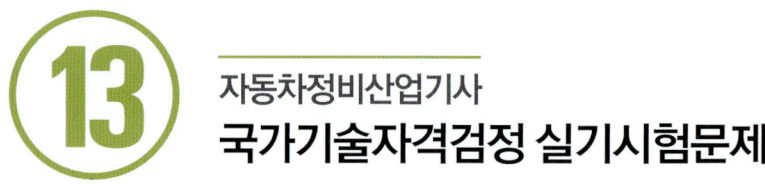

자동차정비산업기사 국가기술자격검정 실기시험문제

자격종목	자동차정비산업기사	과제명	자동차정비작업

※ 문제지는 시험종료 후 본인이 가져갈 수 있습니다.

비번호		시험일시		시험장명	

※ 시험시간 : 5시간 30분 | 엔진 : 140분   섀시 : 120분   전기 : 70분

☑ 요구사항

가. 엔진

1. 주어진 엔진을 기록표의 측정항목(크랭크축 축 방향 유격)까지 분해하여 기록표의 요구사항을 측정 및 점검하고 본래 상태로 조립하시오.

1-1. 엔진 분해, 조립

 1안 참조 - p.4

1-2. 크랭크축 축 방향 유격 측정

 3안 참조 - p.123

가. 엔진	2. 주어진 자동차의 전자제어 엔진에서 감독위원의 지시에 따라 1가지 부품을 탈거한 후 (감독위원에게 확인), 다시 부착하고 시동에 필요한 관련 부분의 이상개소(시동회로, 점화회로, 연료장치 중 2개소)를 점검 및 수리하여 시동 하시오.

2-1. 전자제어 엔진 시동

 1안 참조 - p.25

가. 엔진	3. 2의 시동된 엔진에서 공회전속도를 확인하고 감독위원의 지시에 따라 인젝터 파형을 측정 및 분석하여 기록표에 기록하시오.(단, 시동이 정상적으로 되지 않은 경우 본 항의 작업은 할 수 없음)

3-1. 공회전속도 점검

 1안 참조 - p.28

3-2. 인젝터 파형 측정, 분석

 2안 참조 - p.85

| 가. 엔진 | 4. 주어진 자동차의 엔진에서 맵 센서의 파형을 분석하여 그 결과를 기록표에 기록하시오. (측정조건 : 급가감속 시) |

4-1. 맵 센서 파형 출력, 분석

 1안 참조 - p.33

| 가. 엔진 | 5. 주어진 전자제어 디젤 엔진에서 연료 압력 센서를 탈거한 후(감독위원에게 확인), 다시 부착하여 시동을 걸고, 매연을 측정하여 기록표에 기록 하시오. |

5-1. 연료 압력 센서 탈, 부착

 2안 참조 - p.89

5-2. 디젤 매연 측정

 2안 참조 - p.91

| 나. 섀시 | 1. 주어진 자동차에서 전륜 현가장치의 코일 스프링을 탈거한 후(감독위원에게 확인), 다시 부착하여 작동상태를 확인하시오. |

1-1. 코일 스프링 탈, 부착

 1안 참조 – p.45

| 나. 섀시 | 2. 주어진 자동차의 브레이크에서 페달 자유간극을 측정하여 기록표에 기록한 후, 페달 자유간극과 페달 높이가 규정값이 되도록 조정하시오. |

2-1. 페달 자유간극 측정

 6안 참조 – p.255

나. 섀시	3. 주어진 자동차에서 브레이크 휠 실린더(또는 캘리퍼)를 탈거한 후(감독위원에게 확인), 다시 부착하여 브레이크 작동상태를 점검하시오.

3-1. 브레이크 휠 실린더 탈, 부착

 **3안 참조 – p.142**

나. 섀시	4. 3의 작업 자동차에서 감독위원 지시에 따라 전(앞) 또는 후(뒤) 제동력을 측정하여 기록표에 기록하시오.

4-1. 제동력 측정

 **1안 참조 – p.54**

나. 섀시	5. 주어진 자동차의 ABS기에서 자기진단기(스캐너)를 이용하여 각종 센서 및 시스템 작동 상태를 점검하고 기록표에 기록하시오.

5-1. 자동변속기 점검

 **1안 참조 – p.59**

다. 전기

1. 주어진 발전기를 분해한 후 정류 다이오드 및 로터 코일의 상태를 점검하여 기록표에 기록하고, 다시 본래대로 조립하여 작동상태를 확인하시오.

1-1. 발전기 분해, 조립

4안 참조 - p.181

1-2. 다이오드 및 로터 코일 점검

4안 참조 - p.183

다. 전기

2. 주어진 자동차에서 전조등 시험기로 전조등을 점검하여 기록표에 기록하시오.

2-1. 전조등 점검

1안 참조 - p.68

다. 전기 3. 주어진 자동차에서 열선 스위치 조작 시 편의장치(ETACS 또는 ISU) 커넥터 에서 스위치 입력신호(전압)를 측정하고 이상여부를 확인하여 기록표에 기록하시오.

3-1. 열선 스위치 ETACS(또는 ISU) 입력전압 측정

4안 참조 - p.186

다. 전기 4. 주어진 자동차에서 방향지시등 회로를 점검하여 이상개소(2곳)를 찾아서 수리 하시오.

4-1. 방향지시등 회로 수리

7안 참조 - p.292

MEMO

Industrial Engineer
Motor Vehicles
Maintenance

14

Industrial Engineer
Motor Vehicles
Maintenance
자동차정비산업기사 실기

가. 엔진
1. 엔진 분해, 조립
2. 전자제어 엔진 시동
3. 공회전속도 점검
4. 산소 센서 파형 출력 분석
5. 연료 압력 조절 밸브 탈, 부착

나. 섀시
1. 드라이브 액슬 축 탈, 부착(CV 조인트)
2. 최소 회전반경 측정
3. 브레이크 라이닝 슈 및 패드 탈, 부착
4. 제동력 측정
5. VDC, ECS, TCS 점검

다. 전기
1. 기동모터 탈, 부착
2. 전조등 점검
3. 와이퍼 간헐시간 조정스위치 ETACS (또는 ISU) 입력전압 측정
4. 미등 및 제동등 회로 수리

14 자동차정비산업기사
국가기술자격검정 실기시험문제

자격종목	자동차정비산업기사	과제명	자동차정비작업

※ 문제지는 시험종료 후 본인이 가져갈 수 있습니다.

비번호		시험일시		시험장명	

※ 시험시간 : 5시간 30분 | 엔진 : 140분   섀시 : 120분   전기 : 70분

✓ 요구사항

가. 엔진   1. 주어진 엔진을 기록표의 측정항목(캠축 휨)까지 분해하여 기록표의 요구사항을 측정 및 점검하고 본래 상태로 조립하시오.

1-1. 엔진 분해, 조립

📖 **1안 참조 - p.4**

1-2. 캠축 휨 측정

📖 **2안 참조 - p.83**

| 가. 엔진 | 2. 주어진 자동차의 전자제어 엔진에서 감독위원의 지시에 따라 1가지 부품을 탈거한 후 (감독위원에게 확인), 다시 부착하고 시동에 필요한 관련 부분의 이상개소(시동회로, 점화회로, 연료장치 중 2개소)를 점검 및 수리하여 시동하시오. |

2-1. 전자제어 엔진 시동

 1안 참조 - p.25

| 가. 엔진 | 3. 2의 시동된 엔진에서 공회전속도를 확인하고, 감독위원의 지시에 따라 공회전 시 배기가스를 측정하여 기록표에 기록하시오.(단, 시동이 정상적으로 되지 않은 경우 본 항의 작업은 할 수 없음) |

3-1. 공회전속도 점검

 1안 참조 - p.28

3-2. 배기가스 측정(CO, HC)

 1안 참조 - p.30

| 가. 엔진 | 4. 주어진 자동차의 엔진에서 산소 센서의 파형을 출력·분석하여 그 결과를 기록표에 기록하시오.(측정조건 : 공회전 상태) |

4-1. 산소 센서 파형 출력, 분석

3안 참조 - p.126

| 가. 엔진 | 5. 주어진 전자제어 디젤 엔진에서 연료 압력 조절 밸브를 탈거한 후(감독위원에게 확인), 다시 부착하여 시동을 걸고, 공회전 시 연료 압력을 점검하여 기록표에 기록하시오. |

5-1. 연료 압력 조절 밸브 탈, 부착

3안 참조 - p.130

5-2. 연료 압력 측정

1안 참조 - p.40

| 나. 섀시 | 1. 주어진 전륜구동 자동차에서 드라이브 액슬 축을 탈거하여 액슬 축 부트를 탈거한 후(감독위원에게 확인), 다시 부착하여 작동상태를 확인하시오. |

1-1. 드라이브 액슬 축 탈, 부착

 **4안 참조 – p.161**

| 나. 섀시 | 2. 주어진 자동차에서 최소 회전반경을 측정하여 기록표에 기록하고, 타이 로드 엔드를 탈거한 후(감독위원에게 확인), 다시 부착하여 토(toe)가 규정값이 되도록 조정하시오. |

2-1. 최소 회전반경 측정

 **2안 참조 – p.98**

2-2. 타이 로드 엔드로 조정

 **3안 참조 – p.138**

나. 섀시 3. 주어진 자동차에서 브레이크 라이닝 슈 및 패드를 탈거한 후(감독위원 에게 확인), 다시 부착하여 브레이크 작동상태를 점검하시오.

3-1. 브레이크 라이닝 슈 및 패드 탈, 부착

 4안 참조 – p.172

나. 섀시 4. 3의 작업 자동차에서 감독위원 지시에 따라 전(앞) 또는 후(뒤) 제동력을 측정하여 기록표에 기록하시오.

4-1. 제동력 측정

 **1안 참조 – p.54**

나. 섀시 5. 주어진 자동차의 ABS기에서 자기진단기(스캐너)를 이용하여 각종 센서 및 시스템 작동 상태를 점검하고 기록표에 기록하시오.

5-1. VDC, ECS, TCS 점검

 2안 참조 – p.102

다. 전기

1. 주어진 자동차에서 기동모터를 탈거한 후(감독위원에게 확인), 다시 부착하여 작동상태를 확인하고, 크랭킹 시 소모 전류 및 전압 강하 시험을 하여 기록표에 기록하시오.

1-1. 기동모터 탈, 부착

 1안 참조 - p.62

1-2. 크랭킹 시 소모 전류 및 전압 강하 시험

 1안 참조 - p.65

다. 전기

2. 주어진 자동차에서 전조등 시험기로 전조등을 점검하여 기록표에 기록하시오.

2-1. 전조등 점검

 1안 참조 - p.68

다. 전기

3. 주어진 자동차에서 와이퍼 간헐(INT)시간 조정스위치 조작 시 편의장치 (ETACS 또는 ISU) 커넥터에서 스위치 신호(전압)를 측정하고 이상 여부를 확인하여 기록표에 기록하시오.

3-1. 와이퍼 간헐시간 조정스위치 ETACS (또는 ISU) 입력전압 측정

5안 참조 - p.235

다. 전기

4. 주어진 자동차에서 미등 및 제동등(브레이크) 회로를 점검하여 이상 개소(2곳)를 찾아서 수리하시오.

4-1. 미등 및 제동등 회로 수리

5안 참조 - p.239

MEMO

Industrial Engineer
Motor Vehicles
Maintenance

Appendix

Industrial Engineer
Motor Vehicles
Maintenance

자동차정비산업기사 실기

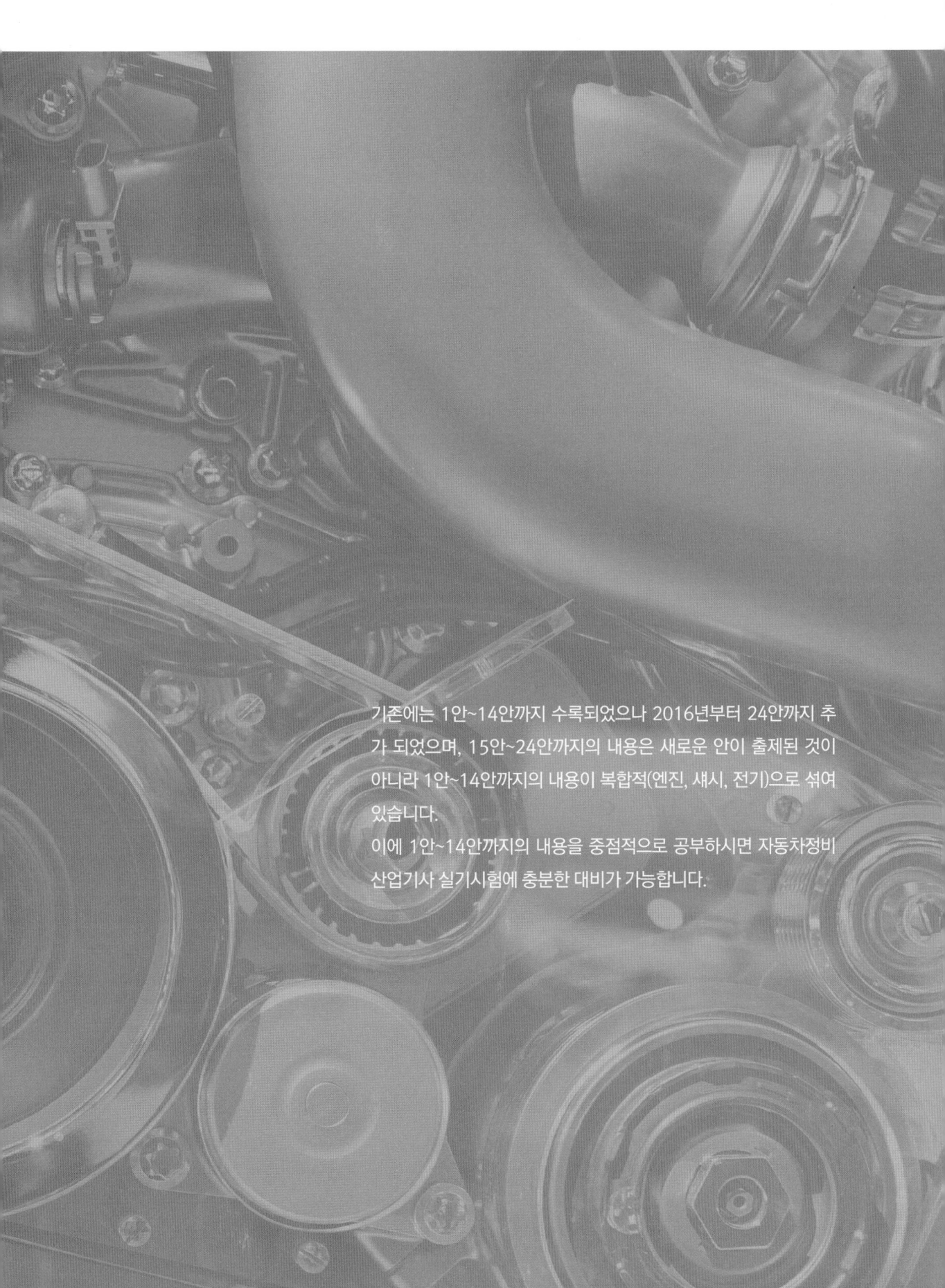

기존에는 1안~14안까지 수록되었으나 2016년부터 24안까지 추가 되었으며, 15안~24안까지의 내용은 새로운 안이 출제된 것이 아니라 1안~14안까지의 내용이 복합적(엔진, 섀시, 전기)으로 섞여 있습니다.
이에 1안~14안까지의 내용을 중점적으로 공부하시면 자동차정비 산업기사 실기시험에 충분한 대비가 가능합니다.

자동차정비산업기사 실기시험 공개문제

기존에는 1안~14안까지 수록되었으나 2016년부터 24안까지 추가 되었으며, 15안~24안까지의 내용은 새로운 1안이 출제된 것이 아니라 1안~14안까지의 내용이 복합적(엔진, 섀시, 전기)으로 섞여 있습니다.
이에 1안~14안까지의 내용을 중점적으로 공부하시면 자동차정비산업기사 실기시험에 충분히 대비가 가능합니다.

구분			1	2	3	4	5	6	7	8	9	10	11	12	13	14
엔진	1	분해, 조립 / 측정	엔진 분해 조립 / 메인저널 오일간극	엔진 분해 조립 / 캠축 휨	엔진 분해 조립 / 크랭크축 축방향 유격	엔진 분해 조립 / 피스톤링 엔드 갭	엔진 분해 조립 / 오일펌프 사이드간극	엔진 분해 조립 / 캠축 양정	엔진 분해 조립 / 실린더 헤드 변형도	엔진 분해 조립 / 실린더 마모량	엔진 분해 조립 / 메인저널 마모량	엔진 분해 조립 / 크랭크축 축방향 유격	엔진 분해 조립 / 메인저널 오일간극	엔진 분해 조립 / 메인저널 오일간극	엔진 분해 조립 / 크랭크축 축방향 유격	엔진 분해 조립 / 캠축 휨
	2	시동						1개 부품 탈, 부착 / 관련 부품 이상개소(시동회로, 점화회로, 연료장치 중 2개소를 점검 및 수리하여 시동									
	3	측정	공회전속도, 배기가스 (CO, HC)	공회전속도, 인체티 파형	공회전속도, 배기가스 (CO, HC)	공회전속도, 인체티 파형	공회전속도, 배기가스 (CO, HC)	공회전속도, 연료 압력	공회전속도, 배기가스 (CO, HC)	파워 컨트롤 S/V	공회전속도, 배기가스 (CO, HC)	공회전속도, 연료 압력	공회전속도, 인체티 파형	공회전속도, 배기가스 (CO, HC)	공회전속도, 인체티 파형	공회전속도, 배기가스 (CO, HC)
	4	파형	맵 센서	맵 센서	산소 센서	스텝 모터	점화 1차	점화 1차	흡입공기 유량센서	점화 1차	스텝 모터	TDC 센서	디젤 엔진 인체티 파형	점화 1차	맵 센서	산소 센서
	5	탈, 부착 / 측정	인체티 / 연료 압력	연료 압력 센서 / 매연	연료 압력 조절 밸브 / 연료 압력	연료 압력 센서 / 매연	연료 압력 조절 밸브 / 인체티 리타(배리드)	연료 압력 조절 밸브 / 매연	연료 압력 조절 밸브 / 인체티 리타(배리드)	인체티 / 매연	연료 압력 센서 / 공회전속도	인체티 / 매연	인체티 / 매연	연료 압력 조절 밸브 / 연료 압력	연료 압력 센서 / 매연	연료 압력 조절 밸브 / 연료 압력
섀시	1	탈, 부착 / 측정	전륜 숙업소버 스프링	후륜 숙업소버 스프링	전륜 코일 스프링	CV 조인트 부트	클러치 마스터 실린더	A/T 시프트 S/V 오일펌프 및 밸브	클러치 어셈블리	파워 스티어링 오일 펌프 및 벨트	파워 스티어링 오일 펌프 및 벨트	전륜 허브 및 너클	사이드 시브 및 스페이서	숙업소버 스프링	전륜 코일 스프링	CV 조인트 부트
	2	측정 / 조정	배캐시, 런 아웃 / 링기어	최소 회전반경 / 타이로드 엔드	캠버, 토 / 타이로드 엔드	셋백, 토 / 타이로드 엔드	캐스터, 토 / 타이로드 엔드	페달 자유간극 / 타이로드 엔드	최소 회전반경 / 타이로드 엔드	배캐시, 런 아웃 / 링기어	배캐시, 런 아웃 / 링기어	캠버, 토 / 타이로드 엔드	셋백, 토 / 타이로드 엔드	캐스터, 토 / 타이로드 엔드	페달 자유간극 / 타이로드 엔드	최소 회전반경 / 타이로드 엔드
	3	탈, 부착	브레이크 패드	브레이크 패드	브레이크 휠 실린더(켈리퍼)	브레이크 다이닝 슈	브레이크 휠 실린더	브레이크 켈리퍼	브레이크 마스터 실린더	브레이크 테이퍼	브레이크 켈리퍼	브레이크 휠 실린더	브레이크 켈리퍼	브레이크 패드	브레이크 휠 실린더	브레이크 다이닝 슈 및 패드
	4	측정							전 or 후 제동력 측정							
	5	이상내용	A/T	ABS	A/T	ABS	A/T	ABS	A/T	ABS	A/T	ABS	A/T	ABS	A/T	ABS
전기	1	탈, 부착 / 측정	기동모터 / 크랭킹 소모 전류 및 전압 강하	발전기 / 출력 전압 및 출력 전류	기동모터 / 크랭킹 소모 전류 및 전압 강하	발전기 / 점류다이오드 및 로터 코일	에어컨 벨트 불로워 모터 / 에어컨 압력	기동모터 (전기자 코일 숏테노이드 풀인, 홀드 인)	발전기 (다이오드 및 브러시)	와이퍼 모터 / 와이퍼 소모 전류	점바네이션 스위치 / 경음기 음향	파워 윈도우 레귤레이터 / 모터 소모 전류	에어컨 벨트 불로워 모터 / 에어컨 압력	기동모터 / 크랭킹 전압 강하	발전기 / 점류다이오드 및 로터 코일	기동모터 / 크랭킹 소모 전류 및 전압 강하
	2	측정								전조등 광도, 광축						
	3	ETACS	감광식 룸 램프	센트럴 도어 록킹 스위치	에어컨 외기온도	열선 스위치	와이퍼 간헐시간 조정스위치	점화 키 홀 조명	에바포레이터 온도 센서	에어컨 외기온도	센트럴 도어 록킹 스위치	편의장치 전원전압	와이퍼 간헐시간 조정스위치	열선 스위치	열선 스위치	와이퍼 간헐시간 조정스위치
	4	회로 수리 (2개소)	와이퍼	에어컨	전조등	파워 윈도우	미등 및 제동등	경음기	방향지시등	미등 및 번호등	와이퍼	실내등 및 도어 오픈 경고등	파워 윈도우	전조등	방향지시등	미등 및 제동등

국가기술자격검정 실기시험문제

자격종목	자동차정비산업기사	과제명	자동차정비작업

※ 문제지는 시험종료 후 본인이 가져갈 수 있습니다.

비번호		시험일시		시험장명	

※ **시험시간**: 5시간 30분 | 엔진: 140분   섀시: 120분   전기: 70분
시험문제 ① ~ ⑭형의 [엔진, 섀시, 전기] 과제 중 세부항목을 조합하여 출제되며, 일부 내용이 변경될 수 있음

☑ 요구사항

가. 엔진

1) 주어진 엔진을 기록표의 측정항목(크랭크축 메인저널 오일간극)까지 분해하여 기록표의 요구사항을 측정 및 점검하고 본래 상태로 조립하시오.
2) 주어진 자동차의 전자제어 엔진에서 시험위원의 지시에 따라 1가지 부품을 탈거한 후(시험위원에게 확인), 다시 부착하고 시동에 필요한 관련 부분의 이상개소(시동회로, 점화회로, 연료장치 중 2개소)를 점검 및 수리하여 시동하시오.
3) 2의 시동된 엔진에서 공회전속도를 확인하고 시험위원의 지시에 따라 배기가스를 측정하여 기록표에 기록하시오. (단, 시동이 정상적으로 되지 않은 경우 본 항의 작업은 할 수 없음)
4) 주어진 자동차의 엔진에서 맵 센서의 파형을 분석하여 그 결과를 기록표에 기록하시오.(측정조건: 급가속 시)
5) 주어진 전자제어 디젤 엔진에서 인젝터를 탈거한 후(시험위원에게 확인), 다시 부착하여 시동을 걸고, 공회전 시 연료 압력을 점검하여 기록표에 기록하시오.

나. 섀시

1) 주어진 자동차에서 전륜 현가장치의 쇽업소버를 탈거한 후(시험위원에게 확인), 다시 부착하여 작동상태를 확인하시오.
2) 주어진 종 감속 장치에서 링 기어의 백래시와 런 아웃을 측정하여 기록표에 기록한 후, 백래시가 규정값이 되도록 조정하시오.
3) ABS가 설치된 주어진 자동차에서 브레이크 패드를 탈거한 후(시험위원에게 확인), 다시 부착하여 브레이크 작동상태를 점검하시오.
4) 3의 작업 자동차에서 시험위원 지시에 따라 전(앞) 또는 후(뒤) 제 동력을 측정하여 기록표에 기록하시오.
5) 주어진 자동차의 자동변속기에서 자기진단기(스캐너)를 이용하여 각종 센서 및 시스템 작동 상태를 점검하고 기록표에 기록하시오.

다. 전기

1) 주어진 자동차에서 기동모터를 탈거한 후(시험위원에게 확인), 다시 부착하여 작동상태를 확인하고, 크랭킹 시 전류소모 및 전압강하 시험하여 기록표에 기록하시오.
2) 주어진 자동차에서 전조등 시험기로 전조등을 점검하여 기록표에 기록하시오.
3) 주어진 자동차에서 감광식 룸 램프 기능이 작동 시 편의장치(ETACS 또는 ISU) 커넥터에서 작동 전압의 변화를 측정하고 이상 여부를 확인하여 기록 표에 기록하시오.
4) 주어진 자동차에서 와이퍼 회로를 점검하여 이상 개소(2곳)를 찾아서 수리 하시오.

1. 국가기술자격검정 실기시험문제 결과기록표

| 자격종목 | 자동차정비산업기사 | 과제명 | 자동차정비작업 |

※ 기록표는 문항별로 구분, 절단하여 배부하고 각 문항별로 종료 시 회수한다.

[엔진 1] 시험결과 기록표

자동차 번호 :

항목	① 측정(또는 점검)		② 판정 및 정비(또는 조치)사항		득점
	측정값	규정(정비한계)값	판정 (□에 'V'표)	정비 및 조치할 사항	
크랭크축 메인저널 오일간극			□ 양호 □ 불량		

[엔진 3] 시험결과 기록표

자동차 번호 :

항목	① 측정(또는 점검)		② 판정 (□에 'V'표)	득점
	측정값	기준값		
CO			□ 양호 □ 불량	
HC				

[엔진 4] 시험결과 기록표

자동차 번호 :

측정항목	파형상태	득점
파형 측정	요구사항 조건에 맞는 파형을 프린트하여 아래사항을 분석 후 뒷면에 첨부 ① 파형에 불량요소가 있는 경우에는 반드시 표기 및 설명되어야 함 ② 파형의 주요 특징에 대하여 표기 및 설명되어야 함	

[엔진 5] 시험결과 기록표

자동차 번호 :

항목	① 측정(또는 점검)		② 판정 및 정비(또는 조치)사항		득점
	측정값	기준값	판정 (□에 'V'표)	정비 및 조치할 사항	
연료 압력 (고압)			□ 양호 □ 불량		

[섀시 2] 시험결과 기록표

자동차 번호 :

항목	① 측정(또는 점검)		② 판정 및 정비(또는 조치)사항		득점
	측정값	규정(정비한계)값	판정 (□에 'V'표)	정비 및 조치할 사항	
백래시			□ 양호 □ 불량		
런 아웃					

[섀시 4] 시험결과 기록표

자동차 번호 :

<table>
<tr><th colspan="2">① 측정(또는 점검)</th><th></th><th></th><th colspan="2">② 판정</th><th rowspan="2">득점</th></tr>
<tr><th>항목</th><th>구분</th><th>측정값</th><th>기준값(%)
(□에 'V'표)</th><th>산출근거</th><th>판정
(□에 'V'표)</th></tr>
<tr><td rowspan="2">제동력위치
(□에 'V'표)
□ 앞
□ 뒤</td><td>좌</td><td></td><td>□ 앞 축중의
□ 뒤</td><td>편차</td><td rowspan="2">□ 양호
□ 불량</td></tr>
<tr><td>우</td><td></td><td>제동력
편차

제동력
합</td><td>합</td></tr>
</table>

[섀시 5] 시험결과 기록표

자동차 번호 :

<table>
<tr><th rowspan="2">항목</th><th colspan="2">① 측정(또는 점검)</th><th>② 정비(또는 조치)사항</th><th rowspan="2">득점</th></tr>
<tr><th>이상부위</th><th>내용 및 상태</th><th>정비 및 조치할 사항</th></tr>
<tr><td rowspan="2">A/T
자기진단</td><td></td><td></td><td></td></tr>
<tr><td></td><td></td><td></td></tr>
</table>

[전기 1] 시험결과 기록표

자동차 번호 :

항목	① 측정(또는 점검)		② 판정 및 정비(또는 조치)사항		득점
	측정값	규정(정비한계)값	판정 (□에 'V'표)	정비 및 조치할 사항	
전압 강하			□ 양호 □ 불량		
소모 전류		소모 전류 규정값 산출근거 기록			

[전기 2] 시험결과 기록표

자동차 번호 :

① 측정(또는 점검)				② 판정 (□에 'V'표)	득점
구분	측정항목	측정값	기준값		
□에 'V'표 □ 좌 □ 우	광도		_____ 이상	□ 양호 □ 불량	
설치높이 □ ≤ 1.0m □ > 1.0m	진폭			□ 양호 □ 불량	

※ 측정 위치는 시험위원이 지정하는 위치에 ☑ 표시합니다.
※ 자동차검사기준 및 방법에 의하여 기록·판정합니다.

[전기 3] 시험결과 기록표

자동차 번호 :

측정항목	① 측정(또는 점검)		② 판정 및 정비(또는 조치)사항		득점
	감광시간	전압(V) 변화	판정 (□에 'V'표)	정비 및 조치할 사항	
작동 변화			□ 양호 □ 불량		

2 국가기술자격검정 실기시험문제

자격종목	자동차정비산업기사	과제명	자동차정비작업

※ 문제지는 시험종료 후 본인이 가져갈 수 있습니다.

비번호		시험일시		시험장명	

※ **시험시간** : 5시간 30분 | 엔진 : 140분   섀시 : 120분   전기 : 70분
시험문제 ① ~ ⑭형의 [엔진, 섀시, 전기] 과제 중 세부항목을 조합하여 출제되며, 일부 내용이 변경될 수 있음

☑ 요구사항

가. 엔진

1) 주어진 엔진을 기록표의 측정항목(캠축 휨)까지 분해하여 기록표의 요구사항을 측정 및 점검하고 본래 상태로 조립하시오.
2) 주어진 자동차의 전자제어 엔진에서 시험위원의 지시에 따라 1가지 부품을 탈거한 후(시험위원에게 확인), 다시 부착하고 시동에 필요한 관련 부분의 이상개소(시동회로, 점화회로, 연료장치 중 2개소)를 점검 및 수리하여 시동하시오.
3) 2의 시동된 엔진에서 공회전속도를 확인하고 시험위원의 지시에 따라 인젝터 파형을 측정 및 분석하여 기록표에 기록하시오. (단, 시동이 정상적으로 되지 않은 경우 본 항의 작업은 할 수 없음)
4) 주어진 자동차의 엔진에서 맵 센서의 파형을 분석하여 그 결과를 기록표에 기록하시오.(측정조건 : 급가감속 시)
5) 주어진 전자제어 디젤 엔진에서 연료 압력 센서를 탈거한 후(시험위원에게 확인), 다시 부착하여 시동을 걸고, 매연을 측정하여 기록표에 기록하시오.

나. 섀시

1) 주어진 자동차에서 후륜 현가장치의 쇽업소버 스프링을 탈거한 후 (시험위원에게 확인), 다시 부착하여 작동상태를 확인하시오.
2) 주어진 자동차에서 최소 회전반경을 측정하여 기록표에 기록하고, 타이 로드 엔드를 탈거한 후(시험위원에게 확인), 다시 부착하여 토(toe)가 규정값이 되도록 조정하시오.
3) ABS가 설치된 주어진 자동차에서 브레이크 패드를 탈거한 후(시험위원 에게 확인), 다시 부착하여 브레이크 작동상태를 점검하시오.
4) 3의 작업 자동차에서 시험위원 지시에 따라 전(앞) 또는 후(뒤) 제동력을 측정하여 기록표에 기록하시오.
5) 주어진 자동차의 ABS에서 자기진단기(스캐너)를 이용하여 각종 센서 및 시스템의 작동 상태를 점검하고 기록표에 기록하시오.

다. 전기

1) 주어진 자동차에서 발전기를 탈거한 후(시험위원에게 확인), 다시 부착하여 작동상태를 확인하고, 출력 전압 및 출력 전류를 점검하여 기록표에 기록하시오.
2) 주어진 자동차에서 전조등 시험기로 전조등을 점검하여 기록표에 기록하시오.
3) 주어진 자동차에서 센트럴 도어 록킹(도어 중앙 잠금장치) 스위치 조작 시 편의장치(ETACS 또는 ISU) 및 운전석 도어모듈(DDM) 커넥터에서 작동 신호를 측정하고 이상여부를 확인하여 기록표에 기록하시오.
4) 주어진 자동차에서 에어컨 작동회로를 점검하여 이상개소(2곳)를 찾아서 수리하시오.

2 국가기술자격검정 실기시험문제 결과기록표

| 자격종목 | 자동차정비산업기사 | 과제명 | 자동차정비작업 |

※ 기록표는 문항별로 구분, 절단하여 배부하고 각 문항별로 종료 시 회수한다.

[엔진 1] 시험결과 기록표

자동차 번호 :

항목	① 측정(또는 점검)		② 판정 및 정비(또는 조치)사항		득점
	측정값	규정(정비한계)값	판정 (□에 'V'표)	정비 및 조치할 사항	
캠축 휨			□ 양호 □ 불량		

[엔진 3] 시험결과 기록표

자동차 번호 :

항목	① 측정(또는 점검)		② 판정 및 정비(또는 조치)사항		득점
	측정값	규정(정비한계)값	판정 (□에 'V'표)	정비 및 조치할 사항	
분사 시간			□ 양호 □ 불량		
서지 전압					

[엔진 4] 시험결과 기록표

자동차 번호 :

측정항목	파형상태	득점
파형 측정	요구사항 조건에 맞는 파형을 프린트하여 아래사항을 분석 후 뒷면에 첨부 ① 파형에 불량요소가 있는 경우에는 반드시 표기 및 설명되어야 함 ② 파형의 주요 특징에 대하여 표기 및 설명되어야 함	

[엔진 5] 시험결과 기록표

자동차 번호 :

① 측정(또는 점검)						② 판정		득점
차종	연식	기준값	측정값		측정	산출근거 (계산)기록	판정 (□에 'V'표)	
					1회 : 2회 : 3회 :		□ 양호 □ 불량	

[섀시 2] 시험결과 기록표

자동차 번호 :

항목	① 측정(또는 점검)			② 판정 및 정비(또는 조치)사항		득점
	측정값		기준값 (최소 회전반경)	산출근거	판정 (□에 'V'표)	
회전방향 (□에'V'표) □ 좌 □ 우	r				□ 양호 □ 불량	
	축거					
	최대 조향 시 각도	좌(바퀴)				
		우(바퀴)				
	최소 회전반경					

[섀시 4] 시험결과 기록표

자동차 번호 :

| 항목 | 구분 | ① 측정(또는 점검) | | ② 판정 | | 득점 |
		측정값	기준값(%) (□에 'V'표)	산출근거	판정 (□에 'V'표)	
제동력위치 (□에 'V'표) □ 앞 □ 뒤	좌		□ 앞 □ 뒤 축중의	편차	□ 양호 □ 불량	
	우		제동력 편차	합		
			제동력 합			

[섀시 5] 시험결과 기록표

자동차 번호 :

| 항목 | ① 측정(또는 점검) | | ② 정비(또는 조치)사항 | 득점 |
	고장부분	내용 및 상태	정비 및 조치할 사항	
ABS 자기진단				

[전기 1] 시험결과 기록표

자동차 번호 :

항목	① 측정(또는 점검)		② 판정 및 정비(또는 조치)사항		득점
	측정값	규정(정비한계)값	판정 (□에 'V'표)	정비 및 조치할 사항	
충전 전류			□ 양호 □ 불량	없음	
충전 전압					

[전기 2] 시험결과 기록표

자동차 번호 :

① 측정(또는 점검)				② 판정 (□에 'V'표)	득점
구분	측정항목	측정값	기준값		
□에 'V'표 □ 좌 □ 우	광도		_____ 이상	□ 양호 □ 불량	
설치높이 □ ≤ 1.0m □ > 1.0m	진폭			□ 양호 □ 불량	

※ 측정 위치는 시험위원이 지정하는 위치에 ☑ 표시합니다.
※ 자동차검사기준 및 방법에 의하여 기록 · 판정합니다.

[전기 3] 시험결과 기록표

자동차 번호 :

<table>
<tr><th rowspan="2">측정항목</th><th colspan="2">① 측정(또는 점검)</th><th colspan="2">② 판정 및 정비(또는 조치)사항</th><th rowspan="2">득점</th></tr>
<tr><th>측정값</th><th>전압(V)변화</th><th>판정
(□에 'V'표)</th><th>정비 및 조치할 사항</th></tr>
<tr><td rowspan="2">록(Lock)</td><td>On</td><td></td><td></td><td rowspan="4">□ 양호
□ 불량</td><td rowspan="4"></td><td rowspan="4"></td></tr>
<tr><td>Off</td><td></td><td></td></tr>
<tr><td rowspan="2">언록
(Unlock)</td><td>On</td><td></td><td></td></tr>
<tr><td>Off</td><td></td><td></td></tr>
</table>

3. 국가기술자격검정 실기시험문제

자격종목	자동차정비산업기사	과제명	자동차정비작업

※ 문제지는 시험종료 후 본인이 가져갈 수 있습니다.

비번호		시험일시		시험장명	

※ 시험시간 : 5시간 30분 | 엔진 : 140분   섀시 : 120분   전기 : 70분
시험문제 ① ~ ⑭형의 [엔진, 섀시, 전기] 과제 중 세부항목을 조합하여 출제되며, 일부 내용이 변경될 수 있음

☑ 요구사항

가. 엔진

1) 주어진 엔진을 기록표의 측정항목(크랭크축 축방향 유격)까지 분해하여 기록표의 요구사항을 측정 및 점검하고 본래 상태로 조립하시오.
2) 주어진 자동차의 전자제어 엔진에서 시험위원의 지시에 따라 1가지 부품을 탈거한 후(시험위원에게 확인), 다시 부착하고 시동에 필요한 관련 부분의 이상개소(시동회로, 점화회로, 연료장치 중 2개소)를 점검 및 수리하여 시동하시오.
3) 2의 시동된 엔진에서 공회전속도를 확인하고, 시험위원의 지시에 따라 공회전 시 배기가스를 측정하여 기록표에 기록하시오. (단, 시동이 정상적으로 되지 않은 경우 본 항의 작업은 할 수 없음)
4) 주어진 자동차의 엔진에서 산소 센서의 파형을 출력·분석하여 그 결과를 기록표에 기록하시오.(측정조건 : 공회전 상태)
5) 주어진 전자제어 디젤 엔진에서 연료 압력 조절 밸브를 탈거한 후(시험위원에게 확인), 다시 부착하여 시동을 걸고, 공회전 시 연료 압력을 점검하여 기록표에 기록하시오.

나. 섀시

1) 주어진 자동차에서 전륜 현가장치의 스트럿 어셈블리(또는 코일 스프링)을 탈거한 후(시험위원 에게 확인), 다시 부착하여 작동상태를 확인하시오.
2) 주어진 자동차에서 휠 얼라인먼트 시험기로 캠버와 토(toe) 값을 측정 하여 기록표에 기록한 후, 타이 로드 엔드를 탈거한 후(시험위원에게 확인), 다시 부착하여 토(toe)가 규정값이 되도록 조정하시오.
3) 주어진 자동차에서 브레이크 휠 실린더(또는 캘리퍼)를 탈거한 후(감독 위원에게 확인), 다시 부착하여 브레이크 작동상태를 점검하시오.
4) 3의 작업 자동차에서 시험위원 지시에 따라 전(앞) 또는 후(뒤) 제동력을 측정하여 기록표에 기록하시오.
5) 주어진 자동차의 자동변속기에서 자기진단기(스캐너)를 이용하여 각종 센서 및 시스템의 작동 상태를 점검하고 기록표에 기록하시오.

다. 전기

1) 주어진 자동차에서 기동모터를 탈거한 후(시험위원에게 확인), 다시 부착 하여 작동상태를 확인하고, 크랭킹 시 전류소모 및 전압강하 시험하여 기록표에 기록하시오.
2) 주어진 자동차에서 전조등 시험기로 전조등을 점검하여 기록표에 기록하시오.
3) 주어진 자동차의 에어컨 회로에서 외기온도 입력 신호값을 점검하여 이상 여부를 확인하여 기록표에 기록하시오.
4) 주어진 자동차에서 전조등 회로를 점검하여 이상 개소(2곳)를 찾아서 수리하시오.

3 국가기술자격검정 실기시험문제 결과기록표

| 자격종목 | 자동차정비산업기사 | 과제명 | 자동차정비작업 |

※ 기록표는 문항별로 구분, 절단하여 배부하고 각 문항별로 종료 시 회수한다.

[엔진 1] 시험결과 기록표

자동차 번호 :

항목	① 측정(또는 점검)		② 판정 및 정비(또는 조치)사항		득점
	측정값	규정(정비한계)값	판정 (□에 'V'표)	정비 및 조치할 사항	
크랭크축 축 방향 유격			□ 양호 □ 불량		

[엔진 3] 시험결과 기록표

자동차 번호 :

항목	① 측정(또는 점검)		② 판정 (□에 'V'표)	득점
	측정값	기준값		
CO			□ 양호 □ 불량	
HC				

[엔진 4] 시험결과 기록표

자동차 번호 :

측정항목	파형상태	득점
파형 측정	요구사항 조건에 맞는 파형을 프린트하여 아래사항을 분석 후 뒷면에 첨부 ① 파형에 불량요소가 있는 경우에는 반드시 표기 및 설명되어야 함 ② 파형의 주요 특징에 대하여 표기 및 설명되어야 함	

[엔진 5] 시험결과 기록표

자동차 번호 :

항목	① 측정(또는 점검)		② 판정 및 정비(또는 조치)사항		득점
	측정값	기준값	판정 (□에 'V'표)	정비 및 조치할 사항	
연료 압력 (고압)			□ 양호 □ 불량		

[섀시 2] 시험결과 기록표

자동차 번호 :

항목	① 측정(또는 점검)		② 판정 및 정비(또는 조치)사항		득점
	측정값	규정(정비한계)값	판정 (□에 'V'표)	정비 및 조치할 사항	
캠버			□ 양호 □ 불량		
토(toe)					

[섀시 4] 시험결과 기록표

자동차 번호 :

항목	구분	① 측정(또는 점검)			② 판정		득점
		측정값	기준값(%) (□에 'V'표)		산출근거	판정 (□에 'V'표)	
제동력위치 (□에 'V'표) □ 앞 □ 뒤	좌		□ 앞 □ 뒤	축중의	편차	□ 양호 □ 불량	
	우		제동력 편차		합		
			제동력 합				

[섀시 5] 시험결과 기록표

자동차 번호 :

항목	① 측정(또는 점검)		② 정비(또는 조치)사항	득점
	이상부위	내용 및 상태	정비 및 조치할 사항	
A/T 자기진단				

[전기 1] 시험결과 기록표

자동차 번호 :

<table>
<tr><th rowspan="2">항목</th><th colspan="2">① 측정(또는 점검)</th><th colspan="2">② 판정 및 정비(또는 조치)사항</th><th rowspan="2">득점</th></tr>
<tr><th>측정값</th><th>규정(정비한계)값</th><th>판정
(□에 'V'표)</th><th>정비 및 조치할 사항</th></tr>
<tr><td>전압 강하</td><td></td><td></td><td rowspan="2">□ 양호
□ 불량</td><td rowspan="2"></td></tr>
<tr><td>소모 전류</td><td></td><td>소모 전류 규정값
산출근거 기록</td></tr>
</table>

[전기 2] 시험결과 기록표

자동차 번호 :

<table>
<tr><th colspan="4">① 측정(또는 점검)</th><th rowspan="2">② 판정
(□에 'V'표)</th><th rowspan="2">득점</th></tr>
<tr><th>구분</th><th>측정항목</th><th>측정값</th><th>기준값</th></tr>
<tr><td>□에 'V'표
□ 좌
□ 우</td><td>광도</td><td></td><td>_____ 이상</td><td>□ 양호
□ 불량</td><td></td></tr>
<tr><td>설치높이
□ ≤ 1.0m
□ > 1.0m</td><td>진폭</td><td></td><td></td><td>□ 양호
□ 불량</td><td></td></tr>
</table>

※ 측정 위치는 시험위원이 지정하는 위치에 ☑ 표시합니다.
※ 자동차검사기준 및 방법에 의하여 기록·판정합니다.

[전기 3] 시험결과 기록표

자동차 번호 :

항목	① 측정(또는 점검)		② 판정 및 정비(또는 조치)사항		득점
	측정값	규정(정비한계)값	판정 (□에 'V'표)	정비 및 조치할 사항	
외기온도 입력 신호값			□ 양호 □ 불량		

4 국가기술자격검정 실기시험문제

자격종목	자동차정비산업기사	과제명	자동차정비작업

※ 문제지는 시험종료 후 본인이 가져갈 수 있습니다.

비번호		시험일시		시험장명	

※ **시험시간** : 5시간 30분 | 엔진 : 140분   섀시 : 120분   전기 : 70분
시험문제 ① ~ ⑭형의 [엔진, 섀시, 전기] 과제 중 세부항목을 조합하여 출제되며, 일부 내용이 변경될 수 있음

✅ 요구사항

가. 엔진

1) 주어진 엔진을 기록표의 측정항목(피스톤 링 엔드 갭)까지 분해하여 기록표의 요구사항을 측정 및 점검하고 본래 상태로 조립하시오.
2) 주어진 자동차의 전자제어 엔진에서 시험위원의 지시에 따라 1가지 부품을 탈거한 후(시험위원에게 확인), 다시 부착하고 시동에 필요한 관련 부분의 이상개소(시동회로, 점화회로, 연료장치 중 2개소)를 점검 및 수리하여 시동하시오.
3) 2의 시동된 엔진에서 공회전상태를 확인하고, 시험위원의 지시에 따라 인젝터 파형을 분석하여 기록표에 기록하시오.(단, 시동이 정상적으로 되지 않은 경우 본 항의 작업은 할 수 없음)
4) 주어진 자동차의 엔진에서 스텝 모터(또는 ISA)의 파형을 출력·분석하여 그 결과를 기록표에 기록하시오.(측정조건 : 공회전 상태)
5) 주어진 전자제어 디젤 엔진에서 연료 압력 센서를 탈거한 후(시험위원에게 확인), 다시 부착하여 시동을 걸고, 매연을 점검하여 기록표에 기록하시오.

나. 섀시

1) 주어진 전륜구동 자동차에서 드라이브 액슬 축을 탈거하고 액슬 축 부트를 탈거한 후(시험위원에게 확인), 다시 부착하여 작동상태를 확인하시오.
2) 주어진 자동차에서 휠 얼라인먼트 시험기로 셋백(setback)과 토(toe) 값을 측정하여 기록표에 기록하고, 타이 로드 엔드를 탈거한 후(시험위원에게 확인), 다시 부착하여 토(toe)가 규정값이 되도록 조정하시오.
3) 주어진 자동차에서 브레이크 라이닝 슈(또는 패드)를 탈거한 후(시험위원 에게 확인), 다시 부착하여 브레이크 작동상태를 점검하시오.
4) 3의 작업 자동차에서 시험위원 지시에 따라 전(앞) 또는 후(뒤) 제동력을 측정하여 기록표에 기록하시오.
5) 주어진 자동차의 ABS에서 자기진단기(스캐너)를 이용하여 각종 센서 및 시스템의 작동 상태를 점검하고 기록표에 기록하시오.

다. 전기

1) 주어진 발전기를 분해한 후 정류 다이오드 및 로터 코일의 상태를 점검하여 기록표에 기록하고, 다시 본래대로 조립하여 작동상태를 확인하시오.
2) 주어진 자동차에서 전조등 시험기로 전조등을 점검하여 기록표에 기록하시오.
3) 주어진 자동차에서 열선 스위치 조작 시 편의장치(ETACS 또는 ISU) 커넥터 에서 스위치 입력신호(전압)를 측정하고 이상 여부를 확인하여 기록표에 기록하시오.
4) 주어진 자동차에서 파워 윈도우 회로를 점검하여 이상 개소(2곳)를 찾아서 수리 하시오.

4 국가기술자격검정 실기시험문제 결과기록표

| 자격종목 | 자동차정비산업기사 | 과제명 | 자동차정비작업 |

※ 기록표는 문항별로 구분, 절단하여 배부하고 각 문항별로 종료 시 회수한다.

[엔진 1] 시험결과 기록표

자동차 번호 :

항목	① 측정(또는 점검)		② 판정 및 정비(또는 조치)사항		득점
	측정값	규정(정비한계)값	판정 (□에 'V'표)	정비 및 조치할 사항	
피스톤링 엔드 갭 (이음간극)			□ 양호 □ 불량		

[엔진 3] 시험결과 기록표

자동차 번호 :

항목	① 측정(또는 점검)		② 판정 (□에 'V'표)	득점
	측정값	기준값		
CO			□ 양호 □ 불량	
HC				

[엔진 4] 시험결과 기록표

자동차 번호 :

측정항목	파형상태	득점
파형 측정	요구사항 조건에 맞는 파형을 프린트하여 아래사항을 분석 후 뒷면에 첨부 ① 파형에 불량요소가 있는 경우에는 반드시 표기 및 설명되어야 함 ② 파형의 주요 특징에 대하여 표기 및 설명되어야 함	

[엔진 5] 시험결과 기록표

자동차 번호 :

① 측정(또는 점검)					② 판정		득점
차종	연식	기준값	측정값	측정	산출근거 (계산)기록	판정 (□에 'V'표)	
				1회 : 2회 : 3회 :		□ 양호 □ 불량	

[섀시 2] 시험결과 기록표

자동차 번호 :

항목	① 측정(또는 점검)		② 판정 및 정비(또는 조치)사항		득점
	측정값	규정(정비한계)값	판정 (□에 'V'표)	정비 및 조치할 사항	
셋백 (setback)			□ 양호 □ 불량		
토(toe)					

[섀시 4] 시험결과 기록표

자동차 번호 :

<table>
<tr><th colspan="5">① 측정(또는 점검)</th><th colspan="2">② 판정</th><th rowspan="2">득점</th></tr>
<tr><th>항목</th><th>구분</th><th>측정값</th><th colspan="2">기준값(%)
(□에 'V'표)</th><th>산출근거</th><th>판정
(□에 'V'표)</th></tr>
<tr><td rowspan="3">제동력위치
(□에 'V'표)
□ 앞
□ 뒤</td><td>좌</td><td></td><td colspan="2">□ 앞 축중의
□ 뒤</td><td>편차</td><td rowspan="3">□ 양호
□ 불량</td></tr>
<tr><td rowspan="2">우</td><td rowspan="2"></td><td>제동력
편차</td><td></td><td rowspan="2">합</td></tr>
<tr><td>제동력
합</td><td></td></tr>
</table>

[섀시 5] 시험결과 기록표

자동차 번호 :

<table>
<tr><th rowspan="2">항목</th><th colspan="2">① 측정(또는 점검)</th><th>② 정비(또는 조치)사항</th><th rowspan="2">득점</th></tr>
<tr><th>고장부분</th><th>내용 및 상태</th><th>정비 및 조치할 사항</th></tr>
<tr><td rowspan="2">ABS
자기진단</td><td></td><td></td><td></td></tr>
<tr><td></td><td></td><td></td></tr>
</table>

[전기 1] 시험결과 기록표

자동차 번호 :

항목	① 측정(또는 점검)		② 판정 및 정비(또는 조치)사항		득점
	측정값	규정(정비한계)값	판정 (□에 'V'표)	정비 및 조치할 사항	
(+) 다이오드	(양 : 개), (부 : 개)		□ 양호 □ 불량		
(-) 다이오드	(양 : 개), (부 : 개)				
로터 코일 저항					

[전기 2] 시험결과 기록표

자동차 번호 :

구분	① 측정(또는 점검)			② 판정 (□에 'V'표)	득점
	측정항목	측정값	기준값		
□에 'V'표 □ 좌 □ 우 설치높이 □ ≤ 1.0m □ > 1.0m	광도		_____ 이상	□ 양호 □ 불량	
	진폭			□ 양호 □ 불량	

※ 측정 위치는 시험위원이 지정하는 위치에 ☑ 표시합니다.
※ 자동차검사기준 및 방법에 의하여 기록 · 판정합니다.

[전기 3] 시험결과 기록표

자동차 번호 :

항목		① 측정(또는 점검)		② 판정 및 정비(또는 조치)사항		득점
		측정값	규정(정비한계)값	판정 (□에 'V'표)	정비 및 조치할 사항	
열선 스위치	On			□ 양호 □ 불량		
	Off					

국가기술자격검정 실기시험문제

자격종목	자동차정비산업기사	과제명	자동차정비작업

※ 문제지는 시험종료 후 본인이 가져갈 수 있습니다.

비번호		시험일시		시험장명	

※ 시험시간 : 5시간 30분 | 엔진 : 140분   섀시 : 120분   전기 : 70분
시험문제 ① ~ ⑭형의 [엔진, 섀시, 전기] 과제 중 세부항목을 조합하여 출제되며, 일부 내용이 변경될 수 있음

✅ 요구사항

가. 엔진

1) 주어진 엔진을 기록표의 측정항목(오일펌프 사이드 간극)까지 분해하여 기록표의 요구사항을 측정 및 점검하고 본래 상태로 조립하시오.
2) 주어진 자동차의 전자제어 엔진에서 시험위원의 지시에 따라 1가지 부품을 탈거한 후(시험위원에게 확인), 다시 부착하고 시동에 필요한 관련 부분의 이상 개소(시동회로, 점화회로, 연료장치 중 2개소)를 점검 및 수리하여 시동하시오.
3) 2의 시동된 엔진에서 공회전상태를 확인하고, 시험위원의 지시에 따라 배기가스를 측정하고 기록표에 기록하시오.(단, 시동이 정상적으로 되지 않은 경우 본 항의 작업은 할 수 없음)
4) 주어진 자동차의 엔진에서 점화 코일의 1차 파형을 측정하고 그 결과를 분석하여 출력물에 기록·판정하시오.(측정조건 : 공회전 상태)
5) 주어진 전자제어 디젤 엔진에서 연료 압력 센서를 탈거한 후(시험위원에게 확인), 다시 부착하여 시동을 걸고, 인젝터 리턴(백리크)량을 측정하여 기록표에 기록하시오.

나. 섀시

1) 주어진 자동차의 유압클러치에서 클러치 마스터 실린더를 탈거한 후(감독 위원에게 확인), 다시 부착하여 작동 상태를 확인하시오.
2) 주어진 자동차에서 휠 얼라인먼트 시험기로 캐스터와 토(toe) 값을 측정하여 기록표에 기록한 후, 타이 로드 엔드를 교환하여 토(toe)가 규정값이 되도록 조정하시오.
3) 주어진 자동차에서 후륜의 브레이크 휠 실린더를 교환(탈, 부착)하고, 브레이크 및 허브 베어링 작동상태를 점검하시오.
4) 3의 작업 자동차에서 시험위원 지시에 따라 전(앞) 또는 후(뒤) 제동력을 측정하여 기록표에 기록하시오.
5) 주어진 자동차의 자동변속기에서 자기진단기(스캐너)를 이용하여 각종 센서 및 시스템의 작동 상태를 점검하고 기록표에 기록하시오.

다. 전기

1) 자동차에서 에어컨 벨트와 블로워 모터를 탈거한 후(시험위원에게 확인), 다시 부착하여 작동상태를 확인하고, 에어컨의 압력을 측정하여 기록표에 기록하시오.
2) 주어진 자동차에서 전조등 시험기로 전조등을 점검하여 기록표에 기록하시오.
3) 주어진 자동차에서 와이퍼 간헐(INT)시간 조정스위치 조작 시 편의장치(ETACS 또는 ISU) 커넥터에서 스위치 신호(전압)를 측정하고 이상여부를 확인하여 기록표에 기록하시오.
4) 주어진 자동차에서 미등 및 제동등(브레이크) 회로를 점검하여 이상개소 (2곳)를 찾아서 수리하시오.

5. 국가기술자격검정 실기시험문제 결과기록표

자격종목	자동차정비산업기사	과제명	자동차정비작업

※ 기록표는 문항별로 구분, 절단하여 배부하고 각 문항별로 종료 시 회수한다.

[엔진 1] 시험결과 기록표

자동차 번호 :

항목	① 측정(또는 점검)		② 판정 및 정비(또는 조치)사항		득점
	측정값	규정(정비한계)값	판정 (□에 'V'표)	정비 및 조치할 사항	
오일펌프 사이드 간극			□ 양호 □ 불량		

[엔진 3] 시험결과 기록표

자동차 번호 :

항목	① 측정(또는 점검)		② 판정 (□에 'V'표)	득점
	측정값	기준값		
CO			□ 양호 □ 불량	
HC				

[엔진 4] 시험결과 기록표

자동차 번호 :

측정항목	파형상태	득점
파형 측정	요구사항 조건에 맞는 파형을 프린트하여 아래사항을 분석 후 뒷면에 첨부 ① 파형에 불량요소가 있는 경우에는 반드시 표기 및 설명되어야 함 ② 파형의 주요 특징에 대하여 표기 및 설명되어야 함	

[엔진 5] 시험결과 기록표

자동차 번호 :

항목	① 측정(또는 점검)							② 판정 및 정비(또는 조치)사항		득점
	측정값						규정 (정비한계)값	판정 (□에 'V'표)	정비 및 조치할 사항	
인젝터 리턴 (백리크)량	1	2	3	4	5	6		□ 양호 □ 불량		

[섀시 2] 시험결과 기록표

자동차 번호 :

항목	① 측정(또는 점검)		② 판정 및 정비(또는 조치)사항		득점
	측정값	규정(정비한계)값	판정 (□에 'V'표)	정비 및 조치할 사항	
캐스터			□ 양호 □ 불량		
토(toe)					

[섀시 4] 시험결과 기록표

자동차 번호 :

<table>
<tr><th colspan="5">① 측정(또는 점검)</th><th colspan="2">② 판정</th><th rowspan="2">득점</th></tr>
<tr><th>항목</th><th>구분</th><th>측정값</th><th>기준값(%)
(□에 'V'표)</th><th></th><th>산출근거</th><th>판정
(□에 'V'표)</th></tr>
<tr><td rowspan="3">제동력위치
(□에 'V'표)
□ 앞
□ 뒤</td><td>좌</td><td></td><td colspan="2">□ 앞
　　　　축중의
□ 뒤</td><td>편차</td><td rowspan="3">□ 양호
□ 불량</td></tr>
<tr><td rowspan="2">우</td><td rowspan="2"></td><td>제동력
편차</td><td></td><td rowspan="2">합</td></tr>
<tr><td>제동력
합</td><td></td></tr>
</table>

[섀시 5] 시험결과 기록표

자동차 번호 :

<table>
<tr><th rowspan="2">항목</th><th colspan="2">① 측정(또는 점검)</th><th>② 정비(또는 조치)사항</th><th rowspan="2">득점</th></tr>
<tr><th>이상부위</th><th>내용 및 상태</th><th>정비 및 조치할 사항</th></tr>
<tr><td rowspan="2">A/T
자기진단</td><td></td><td></td><td></td></tr>
<tr><td></td><td></td><td></td></tr>
</table>

[전기 1] 시험결과 기록표

자동차 번호 :

항목	① 측정(또는 점검)		② 판정 및 정비(또는 조치)사항		득점
	측정값	규정(정비한계)값	판정 (□에 'V'표)	정비 및 조치할 사항	
저압			□ 양호 □ 불량		
고압			□ 양호 □ 불량		

[전기 2] 시험결과 기록표

자동차 번호 :

구분	① 측정(또는 점검)			② 판정 (□에 'V'표)	득점
	측정항목	측정값	기준값		
□에 'V'표 □ 좌 □ 우	광도		_____ 이상	□ 양호 □ 불량	
설치높이 □ ≤ 1.0m □ > 1.0m	진폭			□ 양호 □ 불량	

※ 측정 위치는 시험위원이 지정하는 위치에 ☑ 표시합니다.
※ 자동차검사기준 및 방법에 의하여 기록 · 판정합니다.

[전기 3] 시험결과 기록표

자동차 번호 :

항목		① 측정(또는 점검) 상태	② 판정 및 정비(또는 조치)사항		득점
			판정 (□에 'V'표)	정비 및 조치할 사항	
와이퍼 간헐시간 조정스위치 작동신호(전압)	INT S/W 전압	On 시 : Off 시 :	☐ 양호 ☐ 불량		
	INT S/W 위치별 전압	FAST(빠름) - SLOW(느림)전압 기록 전압 :			

6 국가기술자격검정 실기시험문제

자격종목	자동차정비산업기사	과제명	자동차정비작업

※ 문제지는 시험종료 후 본인이 가져갈 수 있습니다.

비번호		시험일시		시험장명	

※ 시험시간 : 5시간 30분 | 엔진 : 140분   섀시 : 120분   전기 : 70분
시험문제 ① ~ ⑭형의 [엔진, 섀시, 전기] 과제 중 세부항목을 조합하여 출제되며, 일부 내용이 변경될 수 있음

✅ 요구사항

가. 엔진

1) 주어진 엔진을 기록표의 측정항목(캠축 양정)까지 분해하여 기록표의 요구사항을 측정 및 점검하고 본래 상태로 조립하시오.
2) 주어진 자동차의 전자제어 엔진에서 시험위원의 지시에 따라 1가지 부품을 탈거한 후(시험위원에게 확인), 다시 부착하고 시동에 필요한 관련 부분의 이상개소(시동회로, 점화회로, 연료장치 중 2개소)를 점검 및 수리하여 시동하시오.
3) 2의 시동된 엔진에서 공회전 상태를 확인하고, 시험위원의 지시에 따라 연료 공급 시스템의 연료 압력을 측정하여 기록표에 기록하시오.(단, 시동이 정상적으로 되지 않은 경우 본 항의 작업은 할 수 없음)
4) 주어진 자동차의 엔진에서 점화코일의 1차 파형을 측정하고 그 결과를 분석하여 출력물에 기록·판정하시오.(측정조건 : 공회전 상태)
5) 주어진 전자제어 디젤 엔진에서 연료 압력 조절 밸브를 탈거한 후(시험위원에게 확인), 다시 부착하여 시동을 걸고, 매연을 측정하여 기록표에 기록하시오.

나. 섀시

1) 주어진 자동변속기에서 밸브 보디의 변속조절 솔레노이드 밸브, 오일펌프 및 필터를 탈거한 후(시험위원에게 확인), 다시 부착하여 자기진단기(스캐너)를 이용하여 변속레버의 작동상태를 확인하시오.
2) 주어진 자동차의 브레이크에서 페달 자유간극을 측정하여 기록표에 기록한 후, 페달 자유간극과 페달 높이가 규정값이 되도록 조정하시오.
3) 주어진 자동차에서 전륜의 브레이크 캘리퍼를 탈거한 후(시험위원에게 확인), 다시 부착하여 브레이크 작동상태를 점검하시오.
4) 3의 작업 자동차에서 시험위원 지시에 따라 전(앞) 또는 후(뒤) 제동력을 측정하여 기록표에 기록하시오.
5) 주어진 자동차의 ABS에서 자기진단기(스캐너)를 이용하여 각종 센서 및 시스템의 작동 상태를 점검하고 기록표에 기록하시오.

다. 전기

1) 주어진 기동모터를 분해한 후 전기자 코일과 솔레노이드(풀인, 홀드인) 상태를 점검하여 기록표에 기록하고, 본래 상태로 조립하여 작동상태를 확인 하시오.
2) 주어진 자동차에서 전조등 시험기로 전조등을 점검하여 기록표에 기록하시오.
3) 주어진 자동차에서 점화 키 홀 조명 기능이 작동 시 편의장치(ETACS 또는 ISU) 커넥터에서 출력신호(전압)를 측정하고 이상여부를 확인하여 기록표에 기록하시오.
4) 주어진 자동차에서 경음기 회로를 점검하여 이상개소(2곳)를 찾아서 수리 하시오.

6 국가기술자격검정 실기시험문제 결과기록표

| 자격종목 | 자동차정비산업기사 | 과제명 | 자동차정비작업 |

※ 기록표는 문항별로 구분, 절단하여 배부하고 각 문항별로 종료 시 회수한다.

[엔진 1] 시험결과 기록표

자동차 번호 :

항목	① 측정(또는 점검)		② 판정 및 정비(또는 조치)사항		득점
	측정값	규정(정비한계)값	판정 (□에 'V'표)	정비 및 조치할 사항	
캠축 양정			□ 양호 □ 불량		

[엔진 3] 시험결과 기록표

자동차 번호 :

항목	① 측정(또는 점검)		② 판정 및 정비(또는 조치)사항		득점
	측정값	규정(정비한계)값	판정 (□에 'V'표)	정비 및 조치할 사항	
연료 압력			□ 양호 □ 불량		

[엔진 4] 시험결과 기록표

자동차 번호 :

측정항목	파형상태	득점
파형 측정	요구사항 조건에 맞는 파형을 프린트하여 아래사항을 분석 후 뒷면에 첨부 ① 파형에 불량요소가 있는 경우에는 반드시 표기 및 설명되어야 함 ② 파형의 주요 특징에 대하여 표기 및 설명되어야 함	

[엔진 5] 시험결과 기록표

자동차 번호 :

① 측정(또는 점검)					② 판정		득점
차종	연식	기준값	측정값	측정	산출근거 (계산)기록	판정 (□에 'V'표)	
				1회 : 2회 : 3회 :		□ 양호 □ 불량	

[섀시 2] 시험결과 기록표

자동차 번호 :

항목	① 측정(또는 점검)		② 판정 및 정비(또는 조치)사항		득점
	측정값	규정(정비한계)값	판정 (□에 'V'표)	정비 및 조치할 사항	
자유간극			□ 양호 □ 불량		
페달높이					

[섀시 4] 시험결과 기록표

자동차 번호 :

<table>
<tr><th rowspan="2" colspan="2">① 측정(또는 점검)</th><th colspan="3"></th><th colspan="2">② 판정</th><th rowspan="2">득점</th></tr>
<tr><th>항목</th><th>구분</th><th>측정값</th><th>기준값(%)
(□에 'V'표)</th><th></th><th>산출근거</th><th>판정
(□에 'V'표)</th></tr>
<tr><td rowspan="3">제동력위치
(□에 'V'표)
□ 앞
□ 뒤</td><td>좌</td><td></td><td>□ 앞
□ 뒤</td><td rowspan="1">축중의
편차</td><td></td><td rowspan="3">□ 양호
□ 불량</td><td rowspan="3"></td></tr>
<tr><td rowspan="2">우</td><td rowspan="2"></td><td>제동력
편차</td><td rowspan="2">합</td><td rowspan="2"></td></tr>
<tr><td>제동력
합</td></tr>
</table>

[섀시 5] 시험결과 기록표

자동차 번호 :

<table>
<tr><th rowspan="2">항목</th><th colspan="2">① 측정(또는 점검)</th><th>② 정비(또는 조치)사항</th><th rowspan="2">득점</th></tr>
<tr><th>고장부분</th><th>내용 및 상태</th><th>정비 및 조치할 사항</th></tr>
<tr><td rowspan="2">ABS
자기진단</td><td></td><td></td><td></td><td rowspan="2"></td></tr>
<tr><td></td><td></td><td></td></tr>
</table>

[전기 1] 시험결과 기록표

자동차 번호 :

항목	① 측정(또는 점검) 상태 (이상부위의 □에 'V'표)	② 판정 및 정비(또는 조치)사항		득점
		판정 (□에 'V'표)	정비 및 조치할 사항	
전기자코일 (단선, 단락, 접지)	□ 정상 □ 단선 □ 단락 □ 접지	□ 양호 □ 불량		
솔레노이드 스위치 (풀 인, 홀드 인)	□ 정상 □ 풀 인 □ 홀드 인			

[전기 2] 시험결과 기록표

자동차 번호 :

① 측정(또는 점검)				② 판정 (□에 'V'표)	득점
구분	측정항목	측정값	기준값		
□에 'V'표 □ 좌 □ 우	광도		_____ 이상	□ 양호 □ 불량	
설치높이 □ ≤ 1.0m □ > 1.0m	진폭			□ 양호 □ 불량	

※ 측정 위치는 시험위원이 지정하는 위치에 ☑ 표시합니다.
※ 자동차검사기준 및 방법에 의하여 기록 · 판정합니다.

[전기 3] 시험결과 기록표

자동차 번호 :

항목		① 측정(또는 점검) 상태		② 판정 및 정비(또는 조치)사항		득점
		측정값	규정값	판정 (□에 'V'표)	정비 및 조치할 사항	
키 홀 조명제어 전압	On			□ 양호 □ 불량		
	Off					

국가기술자격검정 실기시험문제

자격종목	자동차정비산업기사	과제명	자동차정비작업

※ 문제지는 시험종료 후 본인이 가져갈 수 있습니다.

비번호		시험일시		시험장명	

※ 시험시간 : 5시간 30분 | 엔진 : 140분   섀시 : 120분   전기 : 70분
시험문제 ① ~ ⑭형의 [엔진, 섀시, 전기] 과제 중 세부항목을 조합하여 출제되며, 일부 내용이 변경될 수 있음

☑ 요구사항

가. 엔진

1) 주어진 엔진을 기록표의 측정항목(실린더 헤드 변형도)까지 분해하여 기록표의 요구사항을 측정 및 점검하고 본래 상태로 조립하시오.
2) 주어진 자동차의 전자제어 엔진에서 시험위원의 지시에 따라 1가지 부품을 탈거한 후(시험위원에게 확인), 다시 부착하고 시동에 필요한 관련 부분의 이상개소(시동 회로, 점화 회로, 연료장치 중 2개소)를 점검 및 수리하여 시동하시오.
3) 2의 시동된 엔진에서 공회전 상태를 확인하고, 시험위원의 지시에 따라 공회전 시 배기가스를 측정하여 기록표에 기록하시오. (단, 시동이 정상적으로 되지 않은 경우 본 항의 작업은 할 수 없음)
4) 주어진 자동차의 엔진에서 흡입공기 유량센서의 파형을 출력·분석하여 그 결과를 기록표에 기록하시오.(측정조건 : 공회전 상태)
5) 주어진 전자제어 디젤 엔진에서 연료 압력 조절 밸브를 탈거한 후(시험위원 에게 확인), 다시 부착하여 시동을 걸고, 인젝터 리턴(백리크)량을 측정하여 기록표에 기록하시오.

나. 섀시

1) 주어진 엔진에서 클러치 어셈블리를 탈거한 후(시험위원에게 확인), 다시 부착하여 클러치 디스크의 장착 상태를 확인하시오.
2) 주어진 자동차에서 최소 회전반경을 측정하여 기록표에 기록하고, 타이 로드 엔드를 탈거한 후(시험위원에게 확인), 다시 부착하여 토(toe)가 규정값이 되도록 조정하시오.
3) 주어진 자동차에서 시험위원의 지시에 따라 브레이크 마스터 실린더를 탈거한 후(시험위원에게 확인), 다시 부착하여 브레이크 작동상태를 점검 하시오.
4) 3의 작업 자동차에서 시험위원 지시에 따라 전(앞) 또는 후(뒤) 제동력을 측정하여 기록표에 기록하시오.
5) 주어진 자동차의 자동변속기에서 자기진단기(스캐너)를 이용하여 각종 센서 및 시스템의 작동 상태를 점검하고 기록표에 기록하시오.

다. 전기

1) 주어진 발전기를 분해한 후 다이오드 및 브러시의 상태를 점검하여 기록표에 기록하고, 다시 본래대로 조립하여 작동상태를 확인하시오.
2) 주어진 자동차에서 전조등 시험기로 전조등을 점검하여 기록표에 기록 하시오.
3) 주어진 자동차의 에어컨 컴프레서가 작동 중일 때 증발기(evaporator) 온도 센서 출력 값을 점검하여 이상여부를 확인하여 기록표에 기록하시오.
4) 주어진 자동차에서 방향지시등 회로를 점검하여 이상개소(2곳)를 찾아서 수리하시오.

7 국가기술자격검정 실기시험문제 결과기록표

| 자격종목 | 자동차정비산업기사 | 과제명 | 자동차정비작업 |

※ 기록표는 문항별로 구분, 절단하여 배부하고 각 문항별로 종료 시 회수한다.

[엔진 1] 시험결과 기록표

자동차 번호 :

항목	① 측정(또는 점검)		② 판정 및 정비(또는 조치)사항		득점
	측정값	규정(정비한계)값	판정 (□에 'V'표)	정비 및 조치할 사항	
실린더 헤드 변형도			□ 양호 □ 불량		

[엔진 3] 시험결과 기록표

자동차 번호 :

항목	① 측정(또는 점검)		② 판정 (□에 'V'표)	득점
	측정값	기준값		
CO			□ 양호 □ 불량	
HC				

[엔진 4] 시험결과 기록표

자동차 번호 :

측정항목	파형상태	득점
파형 측정	요구사항 조건에 맞는 파형을 프린트하여 아래사항을 분석 후 뒷면에 첨부 ① 파형에 불량요소가 있는 경우에는 반드시 표기 및 설명되어야 함 ② 파형의 주요 특징에 대하여 표기 및 설명되어야 함	

[엔진 5] 시험결과 기록표

자동차 번호 :

항목	① 측정(또는 점검)							② 판정 및 정비(또는 조치)사항		득점
	측정값						규정 (정비한계)값	판정 (□에 'V'표)	정비 및 조치할 사항	
인젝터 리턴 (백리크)량	1	2	3	4	5	6		□ 양호 □ 불량		

[섀시 2] 시험결과 기록표

자동차 번호 :

항목	① 측정(또는 점검)			② 판정 및 정비(또는 조치)사항		득점
	측정값		기준값 (최소 회전반경)	산출근거	판정 (□에 'V'표)	
회전방향 (□에'V'표) □ 좌 □ 우	r				□ 양호 □ 불량	
	축거					
	최대 조향 시 각도	좌(바퀴)				
		우(바퀴)				
	최소 회전반경					

[섀시 4] 시험결과 기록표

자동차 번호 :

<table>
<tr><th rowspan="2" colspan="5">① 측정(또는 점검)</th><th colspan="2">② 판정</th><th rowspan="2">득점</th></tr>
<tr><th>항목</th><th>구분</th><th>측정값</th><th>기준값(%)
(□에 'V'표)</th><th>산출근거</th><th>판정
(□에 'V'표)</th></tr>
<tr><td rowspan="2">제동력위치
(□에 'V'표)
□ 앞
□ 뒤</td><td>좌</td><td></td><td>□ 앞   축중의
□ 뒤</td><td>편차</td><td rowspan="2">□ 양호
□ 불량</td></tr>
<tr><td rowspan="2">우</td><td rowspan="2"></td><td>제동력
편차</td><td rowspan="2">합</td></tr>
<tr><td>제동력
합</td></tr>
</table>

[섀시 5] 시험결과 기록표

자동차 번호 :

<table>
<tr><th rowspan="2">항목</th><th colspan="2">① 측정(또는 점검)</th><th>② 정비(또는 조치)사항</th><th rowspan="2">득점</th></tr>
<tr><th>이상부위</th><th>내용 및 상태</th><th>정비 및 조치할 사항</th></tr>
<tr><td rowspan="2">A/T
자기진단</td><td></td><td></td><td></td></tr>
<tr><td></td><td></td><td></td></tr>
</table>

[전기 1] 시험결과 기록표

자동차 번호 :

항목	① 측정(또는 점검)		② 판정 및 정비(또는 조치)사항		득점
	측정값	규정(정비한계)값	판정 (□에 'V'표)	정비 및 조치할 사항	
다이오드 (+)	(양 : 개), (부 : 개)		☐ 양호 ☐ 불량		
다이오드 (-)	(양 : 개), (부 : 개)				
다이오드 (여자)	(양 : 개), (부 : 개)				
브러시 마모					

[전기 2] 시험결과 기록표

자동차 번호 :

구분	① 측정(또는 점검)			② 판정 (□에 'V'표)	득점
	측정항목	측정값	기준값		
□에 'V'표 ☐ 좌 ☐ 우	광도		_____ 이상	☐ 양호 ☐ 불량	
설치높이 ☐ ≤ 1.0m ☐ > 1.0m	진폭			☐ 양호 ☐ 불량	

※ 측정 위치는 시험위원이 지정하는 위치에 ☑ 표시합니다.
※ 자동차검사기준 및 방법에 의하여 기록 · 판정합니다.

[전기 3] 시험결과 기록표

자동차 번호 :

항목	① 측정(또는 점검) 상태		② 판정 및 정비(또는 조치)사항		득점
	측정값	규정값	판정 (□에 'V'표)	정비 및 조치할 사항	
에바포레이터 온도 센서 출력값			□ 양호 □ 불량		

8 국가기술자격검정 실기시험문제

자격종목	자동차정비산업기사	과제명	자동차정비작업

※ 문제지는 시험종료 후 본인이 가져갈 수 있습니다.

비번호		시험일시		시험장명	

※ 시험시간 : 5시간 30분 | 엔진 : 140분   섀시 : 120분   전기 : 70분
시험문제 ① ~ ⑭형의 [엔진, 섀시, 전기] 과제 중 세부항목을 조합하여 출제되며, 일부 내용이 변경될 수 있음

☑ 요구사항

가. 엔진

1) 주어진 엔진을 기록표의 측정항목(실린더 마모량)까지 분해하여 기록표의 요구사항을 측정 및 점검하고 본래 상태로 조립하시오.
2) 주어진 자동차의 전자제어 엔진에서 시험위원의 지시에 따라 1가지 부품을 탈거한 후(시험위원에게 확인), 다시 부착하고 시동에 필요한 관련 부분의 이상개소(시동회로, 점화회로, 연료장치 중 2개소)를 점검 및 수리하여 시동 하시오.
3) 2의 시동된 엔진에서 증발가스 제어장치의 퍼지 컨트롤 솔레노이드 밸브를 점검하여 기록표에 기록하시오.(단, 시동이 정상적으로 되지 않은 경우 본 항의 작업은 할 수 없음)
4) 주어진 자동차의 엔진에서 점화 코일의 1차 파형을 측정하고 그 결과를 분석하여 출력물에 기록·판정하시오.(측정조건 : 공회전 상태)
5) 주어진 전자제어 디젤 엔진에서 인젝터를 탈거한 후(시험위원에게 확인), 다시 부착하여 시동을 걸고 매연을 측정하여 기록표에 기록하시오.

나. 섀시

1) 주어진 자동차에서 파워 스티어링 오일펌프 및 벨트를 탈거한 후(시험위원 에게 확인), 다시 부착하고 에어빼기 작업을 하여 작동상태를 확인하시오.
2) 주어진 종 감속 장치에서 링 기어의 백래시와 런 아웃을 측정하여 기록표에 기록한 후, 백래시가 규정값이 되도록 조정하시오.
3) 주어진 자동차에서 후륜의 주차 브레이크 레버(또는 브레이크 슈)를 탈거한 후(시험위원에게 확인), 다시 부착하여 작동상태를 점검하시오.
4) 3의 작업 자동차에서 시험위원 지시에 따라 전(앞) 또는 후(뒤) 제동 력을 측정하여 기록표에 기록하시오.
5) 주어진 자동차의 ABS에서 자기진단기(스캐너)를 이용하여 각종 센서 및 시스템 작동 상태를 점검하고 기록표에 기록하시오.

다. 전기

1) 주어진 자동차에서 와이퍼 모터를 탈거한 후(시험위원에게 확인), 다시 부착 하여 와이퍼 브러시의 작동상태를 확인하고, 와이퍼 작동 시 소모 전류를 점검하여 기록표에 기록하시오.
2) 주어진 자동차에서 전조등 시험기로 전조등을 점검하여 기록표에 기록하시오.
3) 주어진 자동차의 에어컨 회로에서 외기온도 입력 신호값을 점검하여 이상 여부를 확인하여 기록표에 기록하시오.
4) 주어진 자동차에서 미등 및 번호등 회로를 점검하여 이상개소(2곳)를 찾아서 수리하시오.

국가기술자격검정 실기시험문제 결과기록표

| 자격종목 | 자동차정비산업기사 | 과제명 | 자동차정비작업 |

※ 기록표는 문항별로 구분, 절단하여 배부하고 각 문항별로 종료 시 회수한다.

[엔진 1] 시험결과 기록표

자동차 번호 :

항목	① 측정(또는 점검)		② 판정 및 정비(또는 조치)사항		득점
	측정값	규정(정비한계)값	판정 (□에 'V'표)	정비 및 조치할 사항	
실린더 마모량			□ 양호 □ 불량		

[엔진 3] 시험결과 기록표

자동차 번호 :

항목	① 측정(또는 점검)		② 판정 및 정비(또는 조치)사항		득점
	공급전압	진공유지 또는 진공해제 기록	판정 (□에 'V'표)	정비 및 조치할 사항	
퍼지 컨트롤 솔레노이드 밸브	작동 시 : 비 작동 시 :		□ 양호 □ 불량		

[엔진 4] 시험결과 기록표

자동차 번호 :

측정항목	파형상태	득점
파형 측정	요구사항 조건에 맞는 파형을 프린트하여 아래사항을 분석 후 뒷면에 첨부 ① 파형에 불량요소가 있는 경우에는 반드시 표기 및 설명되어야 함 ② 파형의 주요 특징에 대하여 표기 및 설명되어야 함	

[엔진 5] 시험결과 기록표

자동차 번호 :

① 측정(또는 점검)					② 판정		득점
차종	연식	기준값	측정값	측정	산출근거 (계산)기록	판정 (□에 'V'표)	
				1회 : 2회 : 3회 :		□ 양호 □ 불량	

[섀시 2] 시험결과 기록표

자동차 번호 :

항목	① 측정(또는 점검)		② 판정 및 정비(또는 조치)사항		득점
	측정값	규정(정비한계)값	판정 (□에 'V'표)	정비 및 조치할 사항	
백래시			□ 양호 □ 불량		
런 아웃					

[섀시 4] 시험결과 기록표

자동차 번호 :

<table>
<tr><th colspan="5">① 측정(또는 점검)</th><th colspan="2">② 판정</th><th rowspan="2">득점</th></tr>
<tr><th>항목</th><th>구분</th><th>측정값</th><th colspan="2">기준값(%)
(□에 'V'표)</th><th>산출근거</th><th>판정
(□에 'V'표)</th></tr>
<tr><td rowspan="4">제동력위치
(□에 'V'표)
□ 앞
□ 뒤</td><td rowspan="2">좌</td><td rowspan="2"></td><td colspan="2" rowspan="2">□ 앞
□ 뒤   축중의</td><td>편차</td><td rowspan="4">□ 양호
□ 불량</td></tr>
<tr><td rowspan="3">합</td></tr>
<tr><td rowspan="2">우</td><td rowspan="2"></td><td>제동력
편차</td><td></td></tr>
<tr><td>제동력
합</td><td></td></tr>
</table>

[섀시 5] 시험결과 기록표

자동차 번호 :

<table>
<tr><th rowspan="2">항목</th><th colspan="2">① 측정(또는 점검)</th><th>② 정비(또는 조치)사항</th><th rowspan="2">득점</th></tr>
<tr><th>고장부분</th><th>내용 및 상태</th><th>정비 및 조치할 사항</th></tr>
<tr><td rowspan="2">ABS
자기진단</td><td></td><td></td><td></td></tr>
<tr><td></td><td></td><td></td></tr>
</table>

[전기 1] 시험결과 기록표

자동차 번호 :

항목		① 측정(또는 점검)		② 판정 및 정비(또는 조치)사항		득점
		측정값	규정(정비한계)값	판정 (□에 'V'표)	정비 및 조치할 사항	
소모 전류	Low 모드			□ 양호 □ 불량	없음	
	High 모드					

[전기 2] 시험결과 기록표

자동차 번호 :

	① 측정(또는 점검)			② 판정 (□에 'V'표)	득점
구분	측정항목	측정값	기준값		
□에 'V'표 □ 좌 □ 우	광도		_____ 이상	□ 양호 □ 불량	
설치높이 □ ≤ 1.0m □ > 1.0m	진폭			□ 양호 □ 불량	

※ 측정 위치는 시험위원이 지정하는 위치에 ☑ 표시합니다.
※ 자동차검사기준 및 방법에 의하여 기록·판정합니다.

[전기 3] 시험결과 기록표

자동차 번호 :

항목	① 측정(또는 점검) 상태		② 판정 및 정비(또는 조치)사항		득점
	측정값	규정값	판정 (□에 'V'표)	정비 및 조치할 사항	
외기온도 입력 신호값			□ 양호 □ 불량		

9 국가기술자격검정 실기시험문제

자격종목	자동차정비산업기사	과제명	자동차정비작업

※ 문제지는 시험종료 후 본인이 가져갈 수 있습니다.

비번호		시험일시		시험장명	

※ 시험시간 : 5시간 30분 | 엔진 : 140분   섀시 : 120분   전기 : 70분
시험문제 ① ~ ⑭형의 [엔진, 섀시, 전기] 과제 중 세부항목을 조합하여 출제되며, 일부 내용이 변경될 수 있음

☑ 요구사항

가. 엔진

1) 주어진 엔진을 기록표의 측정항목(메인저널 마모량)까지 분해하여 기록표의 요구사항을 측정 및 점검하고 본래 상태로 조립하시오.
2) 주어진 자동차의 전자제어 엔진에서 시험위원의 지시에 따라 1가지 부품을 탈거한 후(시험위원에게 확인), 다시 부착하고 시동에 필요한 관련 부분의 이상개소(시동회로, 점화회로, 연료장치 중 2개소)를 점검 및 수리하여 시동하시오.
3) 2의 시동된 엔진에서 공회전 상태를 확인하고, 공회전 시 배기가스를 측정하여 기록표에 기록하시오.(단, 시동이 정상적으로 되지 않은 경우 본 항의 작업은 할 수 없음)
4) 주어진 자동차의 엔진에서 스텝 모터(또는 ISA)의 파형을 출력·분석하여 그 결과를 기록표에 기록하시오.(측정조건 : 공회전 상태)
5) 주어진 전자제어 디젤 엔진에서 연료 압력 센서를 탈거한 후(시험위원에게 확인), 다시 부착하여 시동을 걸고, 공회전속도를 점검하여 기록표에 기록하시오.

나. 섀시

1) 주어진 자동차에서 파워 스티어링 오일펌프 및 벨트를 탈거한 후 (시험위원 에게 확인), 다시 부착하고 에어빼기 작업을 하여 작동상태를 확인하시오.
2) 주어진 종 감속 장치에서 링 기어의 백래시와 런 아웃을 측정하여 기록표에 기록한 후, 백래시가 규정값이 되도록 조정하시오.
3) 주어진 자동차에서 전륜의 브레이크 캘리퍼를 탈거한 후(시험위원에게 확인), 다시 부착하고 브레이크 작동 상태를 점검하시오.
4) 3의 작업 자동차에서 시험위원 지시에 따라 전(앞) 또는 후(뒤) 제동력을 측정하여 기록표에 기록하시오.
5) 주어진 자동차의 자동변속기에서 자기진단기(스캐너)를 이용하여 각종 센서 및 시스템 작동 상태를 점검하고 기록표에 기록하시오.

다. 전기

1) 주어진 자동차에서 다기능(컴비네이션) 스위치를 교환(탈, 부착)하여 스위치 작동 상태를 확인하고, 경음기 음량 상태를 점검하여 기록표에 기록하시오.
2) 주어진 자동차에서 전조등 시험기로 전조등을 점검하여 기록표에 기록하시오.
3) 주어진 자동차에서 도어 센트럴 록킹(도어 중앙 잠금장치) 스위치 조작 시 편의장치(ETACS 또는 ISU) 및 운전석 도어모듈(DDM) 커넥터에서 작동 신호를 측정하고 이상여부를 확인하여 기록표에 기록하시오.
4) 주어진 자동차에서 와이퍼 회로를 점검하여 이상 개소(2곳)를 찾아서 수리하시오.

국가기술자격검정 실기시험문제 결과기록표

| 자격종목 | 자동차정비산업기사 | 과제명 | 자동차정비작업 |

※ 기록표는 문항별로 구분, 절단하여 배부하고 각 문항별로 종료 시 회수한다.

[엔진 1] 시험결과 기록표

자동차 번호 :

항목	① 측정(또는 점검)		② 판정 및 정비(또는 조치)사항		득점
	측정값	규정(정비한계)값	판정 (□에 'V'표)	정비 및 조치할 사항	
크랭크축 메인저널 마모량			□ 양호 □ 불량		

[엔진 3] 시험결과 기록표

자동차 번호 :

항목	① 측정(또는 점검)		② 판정 (□에 'V'표)	득점
	측정값	기준값		
CO			□ 양호 □ 불량	
HC				

[엔진 4] 시험결과 기록표

자동차 번호 :

측정항목	파형상태	득점
파형 측정	요구사항 조건에 맞는 파형을 프린트하여 아래사항을 분석 후 뒷면에 첨부 ① 파형에 불량요소가 있는 경우에는 반드시 표기 및 설명되어야 함 ② 파형의 주요 특징에 대하여 표기 및 설명되어야 함	

[엔진 5] 시험결과 기록표

자동차 번호 :

항목	① 측정(또는 점검)		② 판정 (□에 'V'표)	득점
	측정값	기준값		
공회전속도			□ 양호 □ 불량	

[섀시 2] 시험결과 기록표

자동차 번호 :

항목	① 측정(또는 점검)		② 판정 및 정비(또는 조치)사항		득점
	측정값	규정(정비한계)값	판정 (□에 'V'표)	정비 및 조치할 사항	
백래시			□ 양호 □ 불량		
런 아웃					

[섀시 4] 시험결과 기록표

자동차 번호 :

<table>
<tr><th rowspan="2" colspan="5">① 측정(또는 점검)</th><th colspan="2">② 판정</th><th rowspan="2">득점</th></tr>
<tr><th>산출근거</th><th>판정
(□에 'V'표)</th></tr>
<tr><th>항목</th><th>구분</th><th>측정값</th><th>기준값(%)
(□에 'V'표)</th><th></th><th></th><th></th><th></th></tr>
<tr><td rowspan="2">제동력위치
(□에 'V'표)
□ 앞
□ 뒤</td><td>좌</td><td></td><td colspan="2">□ 앞 축중의
□ 뒤</td><td>편차</td><td rowspan="2">□ 양호
□ 불량</td><td rowspan="2"></td></tr>
<tr><td rowspan="2">우</td><td rowspan="2"></td><td>제동력
편차</td><td rowspan="2"></td><td rowspan="2">합</td></tr>
<tr><td>제동력
합</td></tr>
</table>

[섀시 5] 시험결과 기록표

자동차 번호 :

<table>
<tr><th rowspan="2">항목</th><th colspan="2">① 측정(또는 점검)</th><th>② 정비(또는 조치)사항</th><th rowspan="2">득점</th></tr>
<tr><th>이상부위</th><th>내용 및 상태</th><th>정비 및 조치할 사항</th></tr>
<tr><td rowspan="2">A/T
자기진단</td><td></td><td></td><td></td><td rowspan="2"></td></tr>
<tr><td></td><td></td><td></td></tr>
</table>

[전기 1] 시험결과 기록표

자동차 번호 :

항목	① 측정(또는 점검)		② 판정 및 정비(또는 조치)사항		득점
	측정값	규정(정비한계)값	판정 (□에 'V'표)	정비 및 조치할 사항	
경음기 음량		_____ 이상 _____ 이하	□ 양호 □ 불량		

[전기 2] 시험결과 기록표

자동차 번호 :

① 측정(또는 점검)				② 판정 (□에 'V'표)	득점
구분	측정항목	측정값	기준값		
□에 'V'표 □ 좌 □ 우 설치높이 □ ≤ 1.0m □ 〉 1.0m	광도		_____ 이상	□ 양호 □ 불량	
	진폭			□ 양호 □ 불량	

※ 측정 위치는 시험위원이 지정하는 위치에 ☑ 표시합니다.
※ 자동차검사기준 및 방법에 의하여 기록·판정합니다.

[전기 3] 시험결과 기록표

자동차 번호 :

측정항목		① 측정(또는 점검)		② 판정 및 정비(또는 조치)사항		득점
		측정값	전압(V)변화	판정 (□에 'V'표)	정비 및 조치할 사항	
록(Lock)	On			□ 양호 □ 불량		
	Off					
언록 (Unlock)	On					
	Off					

10 국가기술자격검정 실기시험문제

자격종목	자동차정비산업기사	과제명	자동차정비작업

※ 문제지는 시험종료 후 본인이 가져갈 수 있습니다.

비번호		시험일시		시험장명	

※ 시험시간 : 5시간 30분 | 엔진 : 140분   섀시 : 120분   전기 : 70분
시험문제 ① ~ ⑭형의 [엔진, 섀시, 전기] 과제 중 세부항목을 조합하여 출제되며, 일부 내용이 변경될 수 있음

✅ 요구사항

가. 엔진

1) 주어진 엔진을 기록표의 측정항목(크랭크축 축 방향 유격)까지 분해하여 기록표의 요구사항을 측정 및 점검하고 본래 상태로 조립하시오.
2) 주어진 자동차의 전자제어 엔진에서 시험위원의 지시에 따라 1가지 부품을 탈거한 후(시험위원에게 확인), 다시 부착하고 시동에 필요한 관련 부분의 이상개소(시동회로, 점화회로, 연료장치 중 2개소)를 점검 및 수리하여 시동 하시오.
3) 2의 시동된 엔진에서 공회전 상태를 확인하고, 시험위원의 지시에 따라 연료 공급 시스템의 연료 압력을 측정하여 기록표에 기록하시오. (단, 시동이 정상적으로 되지 않은 경우 본 항의 작업은 할 수 없음)
4) 주어진 자동차의 엔진에서 TDC 센서(또는 캠각 센서)의 파형을 출력·분석 하여 그 결과를 기록표에 기록하시오.(측정조건 : 공회전 상태)
5) 주어진 전자제어 디젤 엔진에서 인젝터를 탈거한 후(시험위원에게 확인), 다시 부착하여 시동을 걸고, 매연을 측정하여 기록표에 기록하시오.

나. 섀시

1) 주어진 자동차의 전륜에서 허브 및 너클을 탈거한 후(시험위원에게 확인), 다시 부착하여 작동상태를 확인하시오.
2) 주어진 자동차에서 휠 얼라인먼트 시험기(측정 전 준비사항이 완료된 상태)로 토(toe) 값을 측정하여 기록표에 기록한 후, 타이 로드를 이용하여 규정에 맞도록 조정하시오.
3) 주어진 자동차에서 후륜의 브레이크 휠 실린더를 탈거한 후(시험위원에게 확인), 다시 부착하여 브레이크 작동상태를 점검하시오.
4) 3의 작업 자동차에서 시험위원 지시에 따라 전(앞) 또는 후(뒤) 제동 력을 측정하여 기록표에 기록하시오.
5) 주어진 자동차의 ABS에서 자기진단기(스캐너)를 이용하여 각종 센서 및 시스템 작동 상태를 점검하고 기록표에 기록하시오.

다. 전기

1) 주어진 자동차에서 파워 윈도우 레귤레이터를 탈거한 후(시험위원에게 확인), 다시 부착하여 작동상태를 확인 후 윈도우 모터의 작동 소모 전류 시험을 하여 기록표에 기록하시오.
2) 주어진 자동차에서 전조등 시험기로 전조등을 점검하여 기록표에 기록하시오.
3) 주어진 자동차의 편의장치(ETACS 또는 ISU) 커넥터에서 전원전압을 점검하여 기록표에 기록하시오.
4) 주어진 자동차에서 실내등 및 도어 오픈 경고등 회로를 점검하여 이상 개소(2곳)를 찾아서 수리하시오.

국가기술자격검정 실기시험문제 결과기록표

| 자격종목 | 자동차정비산업기사 | 과제명 | 자동차정비작업 |

※ 기록표는 문항별로 구분, 절단하여 배부하고 각 문항별로 종료 시 회수한다.

[엔진 1] 시험결과 기록표

자동차 번호 :

항목	① 측정(또는 점검)		② 판정 및 정비(또는 조치)사항		득점
	측정값	규정(정비한계)값	판정 (□에 'V'표)	정비 및 조치할 사항	
크랭크축 축 방향 유격			□ 양호 □ 불량		

[엔진 3] 시험결과 기록표

자동차 번호 :

항목	① 측정(또는 점검)		② 판정 및 정비(또는 조치)사항		득점
	측정값	규정(정비한계)값	판정 (□에 'V'표)	정비 및 조치할 사항	
연료 압력			□ 양호 □ 불량		

[엔진 4] 시험결과 기록표

자동차 번호 :

측정항목	파형상태	득점
파형 측정	요구사항 조건에 맞는 파형을 프린트하여 아래사항을 분석 후 뒷면에 첨부 ① 파형에 불량요소가 있는 경우에는 반드시 표기 및 설명되어야 함 ② 파형의 주요 특징에 대하여 표기 및 설명되어야 함	

[엔진 5] 시험결과 기록표

자동차 번호 :

① 측정(또는 점검)						② 판정		득점
차종	연식	기준값	측정값	측정		산출근거 (계산)기록	판정 (□에 'V'표)	
				1회 : 2회 : 3회 :			□ 양호 □ 불량	

[섀시 2] 시험결과 기록표

자동차 번호 :

항목	① 측정(또는 점검)		② 판정 및 정비(또는 조치)사항		득점
	측정값	규정(정비한계)값	판정 (□에 'V'표)	정비 및 조치할 사항	
캠버			□ 양호 □ 불량		
토(toe)					

[섀시 4] 시험결과 기록표

자동차 번호 :

<table>
<tr><th colspan="5">① 측정(또는 점검)</th><th colspan="2">② 판정</th><th rowspan="2">득점</th></tr>
<tr><th>항목</th><th>구분</th><th>측정값</th><th colspan="2">기준값(%)
(□에 'V'표)</th><th>산출근거</th><th>판정
(□에 'V'표)</th></tr>
<tr><td rowspan="2">제동력위치
(□에 'V'표)
□ 앞
□ 뒤</td><td>좌</td><td></td><td colspan="2">□ 앞   축중의
□ 뒤</td><td>편차</td><td rowspan="2">□ 양호
□ 불량</td></tr>
<tr><td>우</td><td></td><td>제동력
편차</td><td></td><td rowspan="2">합</td></tr>
<tr><td colspan="3"></td><td>제동력
합</td><td></td><td></td></tr>
</table>

[섀시 5] 시험결과 기록표

자동차 번호 :

<table>
<tr><th rowspan="2">항목</th><th colspan="2">① 측정(또는 점검)</th><th>② 정비(또는 조치)사항</th><th rowspan="2">득점</th></tr>
<tr><th>고장부분</th><th>내용 및 상태</th><th>정비 및 조치할 사항</th></tr>
<tr><td rowspan="2">ABS
자기진단</td><td></td><td></td><td></td></tr>
<tr><td></td><td></td><td></td></tr>
</table>

[전기 1] 시험결과 기록표

자동차 번호 :

항목	① 측정(또는 점검)		② 판정 및 정비(또는 조치)사항		득점
	측정값	규정(정비한계)값	판정 (□에 'V'표)	정비 및 조치할 사항	
소모 전류 시험	올림 :		□ 양호 □ 불량		
	내림 :				

[전기 2] 시험결과 기록표

자동차 번호 :

① 측정(또는 점검)				② 판정 (□에 'V'표)	득점
구분	측정항목	측정값	기준값		
□에 'V'표 □ 좌 □ 우 설치높이 □ ≤ 1.0m □ 〉 1.0m	광도		_____ 이상	□ 양호 □ 불량	
	진폭			□ 양호 □ 불량	

※ 측정 위치는 시험위원이 지정하는 위치에 표시합니다.
※ 자동차검사기준 및 방법에 의하여 기록 · 판정합니다.

[전기 3] 시험결과 기록표

자동차 번호 :

항목		① 측정(또는 점검) 상태		② 판정 및 정비(또는 조치)사항		득점
		측정값	규정(정비한계)값	판정 (□에 'V'표)	정비 및 조치할 사항	
컨트롤 유닛의 기본입력 전압	+			□ 양호 □ 불량		
	-					
	IG					

11 국가기술자격검정 실기시험문제

자격종목	자동차정비산업기사	과제명	자동차정비작업

※ 문제지는 시험종료 후 본인이 가져갈 수 있습니다.

비번호		시험일시		시험장명	

※ 시험시간 : 5시간 30분 | 엔진 : 140분   섀시 : 120분   전기 : 70분
시험문제 ①~⑭형의 [엔진, 섀시, 전기] 과제 중 세부항목을 조합하여 출제되며, 일부 내용이 변경될 수 있음

✓ 요구사항

가. 엔진

1) 주어진 엔진을 기록표의 측정항목(핀 저널 오일간극)까지 분해하여 기록표의 요구사항을 측정 및 점검하고 본래 상태로 조립하시오.
2) 주어진 자동차의 전자제어 엔진에서 시험위원의 지시에 따라 1가지 부품을 탈거한 후(시험위원에게 확인), 다시 부착하고 시동에 필요한 관련 부분의 이상개소(시동회로, 점화회로, 연료장치 중 2개소)를 점검 및 수리하여 시동하시오.
3) 2의 시동된 엔진에서 공회전속도를 확인하고 시험위원의 지시에 따라 인젝터 파형을 측정 및 분석하여 기록표에 기록하시오.(단, 시동이 정상적으로 되지 않은 경우 본 항의 작업은 할 수 없음)
4) 주어진 자동차의 엔진에서 흡입공기량센서의 파형을 출력·분석하여 기록표에 기록하시오. (측정조건 : 급가·감속시)
5) 주어진 전자제어 디젤 엔진에서 인젝터를 탈거한 후(시험위원에게 확인), 다시 조립하여 시동을 걸고, 매연을 측정하여 기록표에 기록하시오.

나. 섀시

1) 주어진 후륜차량의 종 감속기어 어셈블리에서 사이드 기어의 시임 및 스페이서를 탈거한 후(시험위원에게 확인), 다시 부착하여 링 기어 백래시와 접촉면 상태를 바르게 조정 및 확인하시오.
2) 주어진 자동차에서 휠 얼라인먼트 시험기로 셋백(setback)과 토(toe) 값을 측정하여 기록표에 기록하고, 타이 로드 엔드를 탈거한 후(시험위원에게 확인), 다시 부착하여 토(toe)가 규정값이 되도록 조정하시오.
3) 주어진 자동차에서 전륜의 브레이크 캘리퍼를 탈거한 후(시험위원에게 확인), 다시 부착하여 브레이크 작동상태를 점검하시오.
4) 3의 작업 자동차에서 시험위원 지시에 따라 전(앞) 또는 후(뒤) 제동 력을 측정하여 기록표에 기록하시오.
5) 주어진 자동차의 자동변속기에서 자기진단기(스캐너)를 이용하여 각종 센서 및 시스템 작동 상태를 점검하고 기록표에 기록하시오.

다. 전기

1) 자동차에서 에어컨 벨트와 블로워 모터를 탈거한 후(시험위원에게 확인), 다시 부착하여 작동상태를 확인하고, 에어컨의 압력을 측정하여 기록표에 기록하시오.
2) 주어진 자동차에서 전조등 시험기로 전조등을 점검하여 기록표에 기록하시오.
3) 주어진 자동차에서 와이퍼 간헐(INT)시간 조정스위치 조작 시 편의장치 (ETACS 또는 ISU) 커넥터에서 스위치 신호(전압)를 측정하고 이상 여부를 확인하여 기록표에 기록하시오.
4) 주어진 자동차에서 파워 윈도우 회로를 점검하여 이상개소(2곳)를 찾아서 수리하시오.

11 국가기술자격검정 실기시험문제 결과기록표

| 자격종목 | 자동차정비산업기사 | 과제명 | 자동차정비작업 |

※ 기록표는 문항별로 구분, 절단하여 배부하고 각 문항별로 종료 시 회수한다.

[엔진 1] 시험결과 기록표

자동차 번호 :

항목	① 측정(또는 점검)		② 판정 및 정비(또는 조치)사항		득점
	측정값	규정(정비한계)값	판정 (□에 'V'표)	정비 및 조치할 사항	
핀 저널 오일간극			□ 양호 □ 불량		

[엔진 3] 시험결과 기록표

자동차 번호 :

항목	① 측정(또는 점검)		② 판정 및 정비(또는 조치)사항		득점
	측정값	규정(정비한계)값	판정 (□에 'V'표)	정비 및 조치할 사항	
분사 시간			□ 양호 □ 불량		
서지 전압					

[엔진 4] 시험결과 기록표

자동차 번호 :

측정항목	파형상태	득점
파형 측정	요구사항 조건에 맞는 파형을 프린트하여 아래사항을 분석 후 뒷면에 첨부 ① 파형에 불량요소가 있는 경우에는 반드시 표기 및 설명되어야 함 ② 파형의 주요 특징에 대하여 표기 및 설명되어야 함	

[엔진 5] 시험결과 기록표

자동차 번호 :

① 측정(또는 점검)						② 판정		득점
차종	연식	기준값	측정값	측정		산출근거 (계산)기록	판정 (□에 'V'표)	
				1회 : 2회 : 3회 :			□ 양호 □ 불량	

[섀시 2] 시험결과 기록표

자동차 번호 :

항목	① 측정(또는 점검)		② 판정 및 정비(또는 조치)사항		득점
	측정값	규정(정비한계)값	판정 (□에 'V'표)	정비 및 조치할 사항	
셋백 (setback)			□ 양호 □ 불량		
토(toe)					

[섀시 4] 시험결과 기록표

자동차 번호 :

<table>
<tr><th colspan="4">① 측정(또는 점검)</th><th colspan="2">② 판정</th><th rowspan="2">득점</th></tr>
<tr><th>항목</th><th>구분</th><th>측정값</th><th>기준값(%)
(□에 'V'표)</th><th>산출근거</th><th>판정
(□에 'V'표)</th></tr>
<tr><td rowspan="2">제동력위치
(□에 'V'표)
□ 앞
□ 뒤</td><td>좌</td><td></td><td>□ 앞
축중의
□ 뒤</td><td>편차</td><td rowspan="2">□ 양호
□ 불량</td></tr>
<tr><td>우</td><td></td><td>제동력
편차

제동력
합</td><td>합</td></tr>
</table>

[섀시 5] 시험결과 기록표

자동차 번호 :

<table>
<tr><th rowspan="2">항목</th><th colspan="2">① 측정(또는 점검)</th><th>② 정비(또는 조치)사항</th><th rowspan="2">득점</th></tr>
<tr><th>이상부위</th><th>내용 및 상태</th><th>정비 및 조치할 사항</th></tr>
<tr><td>A/T
자기진단</td><td></td><td></td><td></td></tr>
</table>

[전기 1] 시험결과 기록표

자동차 번호 :

항목	① 측정(또는 점검)		② 판정 및 정비(또는 조치)사항		득점
	측정값	규정(정비한계)값	판정 (□에 'V'표)	정비 및 조치할 사항	
저압			□ 양호 □ 불량		
고압			□ 양호 □ 불량		

[전기 2] 시험결과 기록표

자동차 번호 :

구분	① 측정(또는 점검)			② 판정 (□에 'V'표)	득점
	측정항목	측정값	기준값		
□에 'V'표 □ 좌 □ 우 설치높이 □ ≤ 1.0m □ > 1.0m	광도		_____ 이상	□ 양호 □ 불량	
	진폭			□ 양호 □ 불량	

※ 측정 위치는 시험위원이 지정하는 위치에 ☑ 표시합니다.
※ 자동차검사기준 및 방법에 의하여 기록 · 판정합니다.

[전기 3] 시험결과 기록표

자동차 번호 :

항목		① 측정(또는 점검) 상태	② 판정 및 정비(또는 조치)사항		득점
			판정 (□에 'V'표)	정비 및 조치할 사항	
와이퍼 간헐시간 조정스위치 작동신호 (전압)	INT S/W 전압	On 시 : Off 시 :	□ 양호 □ 불량		
	INT S/W 위치별 전압	FAST(빠름) - SLOW(느림)전압 기록 전압 :			

12 국가기술자격검정 실기시험문제

자격종목	자동차정비산업기사	과제명	자동차정비작업

※ 문제지는 시험종료 후 본인이 가져갈 수 있습니다.

비번호		시험일시		시험장명	

※ **시험시간** : 5시간 30분 | 엔진 : 140분 섀시 : 120분 전기 : 70분
시험문제 ① ~ ⑭형의 [엔진, 섀시, 전기] 과제 중 세부항목을 조합하여 출제되며, 일부 내용이 변경될 수 있음

☑ 요구사항

가. 엔진

1) 주어진 엔진을 기록표의 측정항목(크랭크축 메인저널 오일간극)까지 분해하여 기록표의 요구사항을 측정 및 점검하고 본래 상태로 조립하시오.
2) 주어진 자동차의 전자제어 엔진에서 시험위원의 지시에 따라 1가지 부품을 탈거한 후(시험위원에게 확인), 다시 부착하고 시동에 필요한 관련 부분의 이상개소(시동회로, 점화회로, 연료장치 중 2개소)를 점검 및 수리하여 시동하시오.
3) 2의 시동된 엔진에서 공회전속도를 확인하고, 시험위원의 지시에 따라 공회전 시 배기가스를 측정하여 기록표에 기록하시오.(단, 시동이 정상적으로 되지 않은 경우 본 항의 작업은 할 수 없음)
4) 주어진 자동차의 엔진에서 점화코일의 1차 파형을 측정하고 그 결과를 분석하여 출력물에 기록·판정하시오.(측정조건 : 공회전 상태)
5) 주어진 전자제어 디젤 엔진에서 연료압력 조절밸브를 탈거한 후 (시험위원에게 확인), 다시 부착하여 시동을 걸고, 공회전시 연료압력을 점검하여 기록표에 기록하시오.

나. 섀시

1) 주어진 자동차에서 후륜 현가장치의 쇽업소버 스프링을 탈거한 후(감독 위원에게 확인), 다시 부착하여 작동상태를 확인하시오.
2) 주어진 자동차에서 휠 얼라인먼트 시험기로 캐스터와 토(toe) 값을 측정 하여 기록표에 기록한 후, 타이 로드 엔드를 교환하여 토(toe)가 규정값이 되도록 조정하시오.
3) ABS가 설치된 주어진 자동차에서 브레이크 패드를 탈거한 후(시험위원 에게 확인), 다시 부착하여 브레이크 작동상태를 점검하시오.
4) 3의 작업 자동차에서 시험위원 지시에 따라 전(앞) 또는 후(뒤) 제동 력을 측정하여 기록표에 기록하시오.
5) 주어진 자동차의 ABS기에서 자기진단기(스캐너)를 이용하여 각종 센서 및 시스템 작동 상태를 점검하고 기록표에 기록하시오.

다. 전기

1) 주어진 자동차에서 시동모터를 탈거한 후(시험위원에게 확인), 다시 부착하여 작동상태를 확인하고, 크랭킹 시 소모전류 및 전압 강하 시험을 하여 기록표에 기록하시오.
2) 주어진 자동차에서 전조등 시험기로 전조등을 점검하여 기록표에 기록하시오.
3) 주어진 자동차에서 열선 스위치 조작 시 편의장치(ETACS 또는 ISU) 커넥터 에서 스위치 입력신호(전압)를 측정하고 이상여부를 확인하여 기록표에 기록하시오.
4) 주어진 자동차에서 전조등 회로를 점검하여 이상개소(2곳)를 찾아서 수리하시오.

12. 국가기술자격검정 실기시험문제 결과기록표

자격종목	자동차정비산업기사	과제명	자동차정비작업

※ 기록표는 문항별로 구분, 절단하여 배부하고 각 문항별로 종료 시 회수한다.

[엔진 1] 시험결과 기록표

자동차 번호 :

항목	① 측정(또는 점검)		② 판정 및 정비(또는 조치)사항		득점
	측정값	규정(정비한계)값	판정 (□에 'V'표)	정비 및 조치할 사항	
크랭크축 메인저널 오일간극			□ 양호 □ 불량		

[엔진 3] 시험결과 기록표

자동차 번호 :

항목	① 측정(또는 점검)		② 판정 (□에 'V'표)	득점
	측정값	기준값		
CO			□ 양호 □ 불량	
HC				

[엔진 4] 시험결과 기록표

자동차 번호 :

측정항목	파형상태	득점
파형 측정	요구사항 조건에 맞는 파형을 프린트하여 아래사항을 분석 후 뒷면에 첨부 ① 파형에 불량요소가 있는 경우에는 반드시 표기 및 설명되어야 함 ② 파형의 주요 특징에 대하여 표기 및 설명되어야 함	

[엔진 5] 시험결과 기록표

자동차 번호 :

항목	① 측정(또는 점검)		② 판정 및 정비(또는 조치)사항		득점
	측정값	기준값	판정 (□에 'V'표)	정비 및 조치할 사항	
연료 압력 (고압)			□ 양호 □ 불량		

[섀시 2] 시험결과 기록표

자동차 번호 :

항목	① 측정(또는 점검)		② 판정 및 정비(또는 조치)사항		득점
	측정값	규정(정비한계)값	판정 (□에 'V'표)	정비 및 조치할 사항	
캐스터			□ 양호 □ 불량		
토(toe)					

[섀시 4] 시험결과 기록표

자동차 번호 :

<table>
<tr><th rowspan="2">항목</th><th colspan="4">① 측정(또는 점검)</th><th colspan="2">② 판정</th><th rowspan="2">득점</th></tr>
<tr><th>구분</th><th>측정값</th><th colspan="2">기준값(%)
(□에 'V'표)</th><th>산출근거</th><th>판정
(□에 'V'표)</th></tr>
<tr><td rowspan="4">제동력위치
(□에 'V'표)
□ 앞
□ 뒤</td><td>좌</td><td></td><td colspan="2">□ 앞
□ 뒤 축중의</td><td>편차</td><td rowspan="4">□ 양호
□ 불량</td></tr>
<tr><td rowspan="3">우</td><td rowspan="3"></td><td rowspan="2">제동력
편차</td><td rowspan="2"></td><td rowspan="3">합</td></tr>
<tr></tr>
<tr><td>제동력
합</td><td></td></tr>
</table>

[섀시 5] 시험결과 기록표

자동차 번호 :

<table>
<tr><th rowspan="2">항목</th><th colspan="2">① 측정(또는 점검)</th><th>② 정비(또는 조치)사항</th><th rowspan="2">득점</th></tr>
<tr><th>고장부분</th><th>내용 및 상태</th><th>정비 및 조치할 사항</th></tr>
<tr><td rowspan="2">ABS
자기진단</td><td></td><td></td><td></td></tr>
<tr><td></td><td></td><td></td></tr>
</table>

[전기 1] 시험결과 기록표

자동차 번호 :

항목	① 측정(또는 점검)		② 판정 및 정비(또는 조치)사항		득점
	측정값	규정(정비한계)값	판정 (□에 'V'표)	정비 및 조치할 사항	
전압 강하			☐ 양호 ☐ 불량		
소모 전류		소모 전류 규정값 산출근거 기록			

[전기 2] 시험결과 기록표

자동차 번호 :

구분	① 측정(또는 점검)			② 판정 (□에 'V'표)	득점
	측정항목	측정값	기준값		
□에 'V'표 ☐ 좌 ☐ 우	광도		_____ 이상	☐ 양호 ☐ 불량	
설치높이 ☐ ≤ 1.0m ☐ > 1.0m	진폭			☐ 양호 ☐ 불량	

※ 측정 위치는 시험위원이 지정하는 위치에 ☑ 표시합니다.
※ 자동차검사기준 및 방법에 의하여 기록 · 판정합니다.

[전기 3] 시험결과 기록표

자동차 번호 :

항목		① 측정(또는 점검)		② 판정 및 정비(또는 조치)사항		득점
		측정값	규정(정비한계)값	판정 (□에 'V'표)	정비 및 조치할 사항	
열선 스위치	On			□ 양호 □ 불량		
	Off					

13 국가기술자격검정 실기시험문제

자격종목	자동차정비산업기사	과제명	자동차정비작업

※ 문제지는 시험종료 후 본인이 가져갈 수 있습니다.

비번호		시험일시		시험장명	

※ **시험시간: 5시간 30분 | 엔진: 140분   섀시: 120분   전기: 70분**
시험문제 ① ~ ⑭형의 [엔진, 섀시, 전기] 과제 중 세부항목을 조합하여 출제되며, 일부 내용이 변경될 수 있음

☑ 요구사항

가. 엔진

1) 주어진 엔진을 기록표의 측정항목(크랭크축 축 방향 유격)까지 분해하여 기록표의 요구사항을 측정 및 점검하고 본래 상태로 조립하시오.
2) 주어진 자동차의 전자제어 엔진에서 시험위원의 지시에 따라 1가지 부품을 탈거한 후(시험위원에게 확인), 다시 부착하고 시동에 필요한 관련 부분의 이상개소(시동회로, 점화회로, 연료장치 중 2개소)를 점검 및 수리하여 시동 하시오.
3) 2의 시동된 엔진에서 공회전속도를 확인하고 시험위원의 지시에 따라 인젝터 파형을 측정 및 분석하여 기록표에 기록하시오.(단, 시동이 정상적으로 되지 않은 경우 본 항의 작업은 할 수 없음)
4) 주어진 자동차의 엔진에서 맵 센서의 파형을 분석하여 그 결과를 기록 표에 기록하시오.(측정조건 : 급가감속 시)
5) 주어진 전자제어 디젤엔진에서 연료 압력 센서를 탈거한 후(시험위원에게 확인), 다시 부착하여 시동을 걸고, 매연을 측정하여 기록표에 기록하시오.

나. 섀시

1) 주어진 자동차에서 전륜 현가장치의 스트럿 어셈블리(또는 코일 스프링)을 탈거한 후(시험위원에게 확인), 다시 부착하여 작동상태를 확인하시오.
2) 주어진 자동차의 브레이크에서 페달 자유간극을 측정하여 기록표에 기록한 후, 페달 자유간극과 페달 높이가 규정값이 되도록 조정하시오.
3) 주어진 자동차에서 브레이크 휠 실린더(또는 캘리퍼)를 탈거한 후(시험위원에게 확인), 다시 부착하여 브레이크 작동상태를 점검하시오.
4) 3의 작업 자동차에서 시험위원 지시에 따라 전(앞) 또는 후(뒤) 제동력을 측정하여 기록표에 기록하시오.
5) 주어진 자동차의 자동변속기에서 자기진단기(스캐너)를 이용하여 각종 센서 및 시스템 작동 상태를 점검하고 기록표에 기록하시오.

다. 전기

1) 주어진 발전기를 분해한 후 정류 다이오드 및 로터 코일의 상태를 점검하여 기록표에 기록하고, 다시 본래대로 조립하여 작동상태를 확인하시오.
2) 주어진 자동차에서 전조등 시험기로 전조등을 점검하여 기록표에 기록하시오.
3) 주어진 자동차에서 열선 스위치 조작 시 편의장치(ETACS 또는 ISU) 커넥터에서 스위치 입력신호(전압)를 측정하고 이상 여부를 확인하여 기록표에 기록하시오.
4) 주어진 자동차에서 방향지시등 회로를 점검하여 이상개소(2곳)를 찾아서 수리 하시오.

13 국가기술자격검정 실기시험문제 결과기록표

| 자격종목 | 자동차정비산업기사 | 과제명 | 자동차정비작업 |

※ 기록표는 문항별로 구분, 절단하여 배부하고 각 문항별로 종료 시 회수한다.

[엔진 1] 시험결과 기록표

자동차 번호 :

항목	① 측정(또는 점검)		② 판정 및 정비(또는 조치)사항		득점
	측정값	규정(정비한계)값	판정 (□에 'V'표)	정비 및 조치할 사항	
크랭크축 축 방향 유격			□ 양호 □ 불량		

[엔진 3] 시험결과 기록표

자동차 번호 :

항목	① 측정(또는 점검)		② 판정 및 정비(또는 조치)사항		득점
	측정값	규정(정비한계)값	판정 (□에 'V'표)	정비 및 조치할 사항	
분사 시간			□ 양호 □ 불량		
서지 전압					

[엔진 4] 시험결과 기록표

자동차 번호 :

측정항목	파형상태	득점
파형 측정	요구사항 조건에 맞는 파형을 프린트하여 아래사항을 분석 후 뒷면에 첨부 ① 파형에 불량요소가 있는 경우에는 반드시 표기 및 설명되어야 함 ② 파형의 주요 특징에 대하여 표기 및 설명되어야 함	

[엔진 5] 시험결과 기록표

자동차 번호 :

① 측정(또는 점검)					② 판정		득점
차종	연식	기준값	측정값	측정	산출근거 (계산)기록	판정 (□에 'V'표)	
				1회 : 2회 : 3회 :		□ 양호 □ 불량	

[섀시 2] 시험결과 기록표

자동차 번호 :

항목	① 측정(또는 점검)		② 판정 및 정비(또는 조치)사항		득점
	측정값	규정(정비한계)값	판정 (□에 'V'표)	정비 및 조치할 사항	
자유간극			□ 양호 □ 불량		
페달높이					

[섀시 4] 시험결과 기록표

자동차 번호 :

<table>
<tr><th rowspan="2">항목</th><th colspan="4">① 측정(또는 점검)</th><th colspan="2">② 판정</th><th rowspan="2">득점</th></tr>
<tr><th>구분</th><th>측정값</th><th colspan="2">기준값(%)
(□에 'V'표)</th><th>산출근거</th><th>판정
(□에 'V'표)</th></tr>
<tr><td rowspan="3">제동력위치
(□에 'V'표)
□ 앞
□ 뒤</td><td>좌</td><td></td><td colspan="2">□ 앞
　　　축중의
□ 뒤</td><td>편차</td><td rowspan="3">□ 양호
□ 불량</td></tr>
<tr><td rowspan="2">우</td><td></td><td>제동력
편차</td><td></td><td rowspan="2">합</td></tr>
<tr><td></td><td>제동력
합</td><td></td></tr>
</table>

[섀시 5] 시험결과 기록표

자동차 번호 :

<table>
<tr><th rowspan="2">항목</th><th colspan="2">① 측정(또는 점검)</th><th>② 정비(또는 조치)사항</th><th rowspan="2">득점</th></tr>
<tr><th>이상부위</th><th>내용 및 상태</th><th>정비 및 조치할 사항</th></tr>
<tr><td rowspan="2">A/T
자기진단</td><td></td><td></td><td></td></tr>
<tr><td></td><td></td><td></td></tr>
</table>

[전기 1] 시험결과 기록표

자동차 번호 :

항목	① 측정(또는 점검)		② 판정 및 정비(또는 조치)사항		득점
	측정값	규정(정비한계)값	판정 (□에 'V'표)	정비 및 조치할 사항	
(+) 다이오드	(양 : 개), (부 : 개)		□ 양호 □ 불량		
(-) 다이오드	(양 : 개), (부 : 개)				
로터 코일 저항					

[전기 2] 시험결과 기록표

자동차 번호 :

① 측정(또는 점검)				② 판정 (□에 'V'표)	득점
구분	측정항목	측정값	기준값		
□에 'V'표 □ 좌 □ 우 설치높이 □ ≤ 1.0m □ > 1.0m	광도		_____ 이상	□ 양호 □ 불량	
	진폭			□ 양호 □ 불량	

※ 측정 위치는 시험위원이 지정하는 위치에 ☑ 표시합니다.
※ 자동차검사기준 및 방법에 의하여 기록 · 판정합니다.

[전기 3] 시험결과 기록표

자동차 번호 :

항목		① 측정(또는 점검)		② 판정 및 정비(또는 조치)사항		득점
		측정값	규정(정비한계)값	판정 (□에 'V'표)	정비 및 조치할 사항	
열선 스위치	On			□ 양호 □ 불량		
	Off					

14 국가기술자격검정 실기시험문제

자격종목	자동차정비산업기사	과제명	자동차정비작업

※ 문제지는 시험종료 후 본인이 가져갈 수 있습니다.

비번호		시험일시		시험장명	

※ 시험시간 : 5시간 30분 | 엔진 : 140분 섀시 : 120분 전기 : 70분
시험문제 ① ~ ⑭형의 [엔진, 섀시, 전기] 과제 중 세부항목을 조합하여 출제되며, 일부 내용이 변경될 수 있음

☑ 요구사항

가. 엔진

1) 주어진 엔진을 기록표의 측정항목(캠축 휨)까지 분해하여 기록표의 요구사항을 측정 및 점검하고 본래 상태로 조립하시오.
2) 주어진 자동차의 전자제어 엔진에서 시험위원의 지시에 따라 1가지 부품을 탈거한 후(시험위원에게 확인), 다시 부착하고 시동에 필요한 관련 부분의 이상개소(시동회로, 점화회로, 연료장치 중 2개소)를 점검 및 수리하여 시동하시오.
3) 2의 시동된 엔진에서 공회전속도를 확인하고, 시험위원의 지시에 따라 공회전 시 배기가스를 측정하여 기록표에 기록하시오. (단, 시동이 정상적으로 되지 않은 경우 본 항의 작업은 할 수 없음)
4) 주어진 자동차의 엔진에서 산소 센서의 파형을 출력·분석하여 그 결과를 기록표에 기록하시오. (측정조건 : 공회전 상태)
5) 주어진 전자제어 디젤 엔진에서 연료 압력 조절 밸브를 탈거한 후(시험위원에게 확인), 다시 부착하여 시동을 걸고, 공회전 시 연료 압력을 점검하여 기록표에 기록하시오.

나. 섀시

1) 주어진 전륜구동 자동차에서 드라이브 액슬 축을 탈거하여 액슬 축 부트를 탈거한 후(시험위원에게 확인), 다시 부착하여 작동상태를 확인하시오.
2) 주어진 자동차에서 최소 회전반경을 측정하여 기록표에 기록하고, 타이 로드 엔드를 탈거한 후(시험위원에게 확인), 다시 부착하여 토(toe)가 규정값이 되도록 조정하시오.
3) 주어진 자동차에서 브레이크 라이닝 슈 및 패드를 탈거한 후(시험위원에게 확인), 다시 부착하여 브레이크 작동상태를 점검하시오.
4) 3의 작업 자동차에서 시험위원 지시에 따라 전(앞) 또는 후(뒤) 제동력을 측정하여 기록표에 기록하시오.
5) 주어진 자동차의 ABS기에서 자기진단기(스캐너)를 이용하여 각종 센서 및 시스템 작동 상태를 점검하고 기록표에 기록하시오.

다. 전기

1) 주어진 자동차에서 시동모터를 탈거한 후(시험위원에게 확인), 다시 부착하여 작동상태를 확인하고, 크랭킹 시 전류소모 및 전압강하 시험하여 기록표에 기록하시오.
2) 주어진 자동차에서 전조등 시험기로 전조등을 점검하여 기록표에 기록 하시오.
3) 주어진 자동차에서 와이퍼 간헐(INT)시간 조정스위치 조작 시 편의장치 (ETACS 또는 ISU) 커넥터에서 스위치 신호(전압)를 측정하고 이상 여부를 확인하여 기록표에 기록하시오.
4) 주어진 자동차에서 미등 및 제동등(브레이크) 회로를 점검하여 이상 개소(2곳)를 찾아서 수리하시오.

14. 국가기술자격검정 실기시험문제 결과기록표

| 자격종목 | 자동차정비산업기사 | 과제명 | 자동차정비작업 |

※ 기록표는 문항별로 구분, 절단하여 배부하고 각 문항별로 종료 시 회수한다.

[엔진 1] 시험결과 기록표

자동차 번호 :

항목	① 측정(또는 점검)		② 판정 및 정비(또는 조치)사항		득점
	측정값	규정(정비한계)값	판정 (□에 'V'표)	정비 및 조치할 사항	
캠축 휨			□ 양호 □ 불량		

[엔진 3] 시험결과 기록표

자동차 번호 :

항목	① 측정(또는 점검)		② 판정 (□에 'V'표)	득점
	측정값	기준값		
CO			□ 양호 □ 불량	
HC				

[엔진 4] 시험결과 기록표

자동차 번호 :

측정항목	파형상태	득점
파형 측정	요구사항 조건에 맞는 파형을 프린트하여 아래사항을 분석 후 뒷면에 첨부 ① 파형에 불량요소가 있는 경우에는 반드시 표기 및 설명되어야 함 ② 파형의 주요 특징에 대하여 표기 및 설명되어야 함	

[엔진 5] 시험결과 기록표

자동차 번호 :

항목	① 측정(또는 점검)		② 판정 및 정비(또는 조치)사항		득점
	측정값	기준값	판정 (□에 'V'표)	정비 및 조치할 사항	
연료 압력 (고압)			□ 양호 □ 불량		

[섀시 2] 시험결과 기록표

자동차 번호 :

항목	① 측정(또는 점검)			② 판정 및 정비(또는 조치)사항		득점
	측정값		기준값 (최소 회전반경)	산출근거	판정 (□에 'V'표)	
회전방향 (□에'V'표) □ 좌 □ 우	r				□ 양호 □ 불량	
	축거					
	최대 조향 시 각도	좌(바퀴)				
		우(바퀴)				
	최소 회전반경					

[섀시 4] 시험결과 기록표

자동차 번호 :

<table>
<tr><th colspan="5">① 측정(또는 점검)</th><th colspan="2">② 판정</th><th rowspan="2">득점</th></tr>
<tr><th>항목</th><th>구분</th><th>측정값</th><th>기준값(%)
(□에 'V'표)</th><th></th><th>산출근거</th><th>판정
(□에 'V'표)</th></tr>
<tr><td rowspan="2">제동력위치
(□에 'V'표)
□ 앞
□ 뒤</td><td>좌</td><td></td><td colspan="2">□ 앞   축중의
□ 뒤</td><td>편차</td><td rowspan="2">□ 양호
□ 불량</td></tr>
<tr><td>우</td><td></td><td colspan="2">제동력
편차

제동력
합</td><td>합</td></tr>
</table>

[섀시 5] 시험결과 기록표

자동차 번호 :

<table>
<tr><th rowspan="2">항목</th><th colspan="2">① 측정(또는 점검)</th><th>② 정비(또는 조치)사항</th><th rowspan="2">득점</th></tr>
<tr><th>고장부분</th><th>내용 및 상태</th><th>정비 및 조치할 사항</th></tr>
<tr><td rowspan="2">ABS
자기진단</td><td></td><td></td><td></td></tr>
<tr><td></td><td></td><td></td></tr>
</table>

[전기 1] 시험결과 기록표

자동차 번호 :

항목	① 측정(또는 점검)		② 판정 및 정비(또는 조치)사항		득점
	측정값	규정(정비한계)값	판정 (□에 'V'표)	정비 및 조치할 사항	
전압 강하			□ 양호 □ 불량		
소모 전류		소모 전류 규정값 산출근거 기록			

[전기 2] 시험결과 기록표

자동차 번호 :

① 측정(또는 점검)				② 판정 (□에 'V'표)	득점
구분	측정항목	측정값	기준값		
□에 'V'표 □ 좌 □ 우	광도		_____ 이상	□ 양호 □ 불량	
설치높이 □ ≤ 1.0m □ 〉 1.0m	진폭			□ 양호 □ 불량	

※ 측정 위치는 시험위원이 지정하는 위치에 ☑ 표시합니다.
※ 자동차검사기준 및 방법에 의하여 기록·판정합니다.

[전기 3] 시험결과 기록표

자동차 번호 :

항목		① 측정(또는 점검) 상태	② 판정 및 정비(또는 조치)사항		득점
			판정 (□에 'V'표)	정비 및 조치할 사항	
와이퍼 간헐시간 조정스위치 작동신호 (전압)	INT S/W 전압	On 시 : Off 시 :	□ 양호 □ 불량		
	INT S/W 위치별 전압	FAST(빠름) - SLOW(느림)전압 기록 전압 :			

수험자 유의사항

1) 시험위원의 지시에 따라 실기작업에 임하며, 모든 작업은 안전사항을 준수합니다.
2) 기록표 작성은 본인의 비 번호와 엔진번호, 작업대 번호, 자동차 번호 등을 먼저 기록 하고, 시험위원의 지시에 따라 요구사항에 맞게 점검 및 측정하여 작성합니다.
3) 기록표는 매 과제가 끝날 때마다 시험위원에게 제출 합니다.
4) 부품 교환(또는 탈, 부착) 시 시험위원의 확인을 받은 후 다음 작업을 합니다.
   가) 수험자가 '완료'되었다는 의사표현이 있을 때 시험위원이 확인합니다.
   나) 과제 확인을 요청(완료 의사 표현)한 경우 해당 작업이 완료되었음을 의미하며, 완료 이후 동일 작업을 추가로 진행한 것은 채점대상에서 제외됩니다.
5) 모든 측정기 또는 시험기 등의 설치 및 조작은 반드시 수험자 본인이 직접 실시 하며 필요한 특수공구는 시험장에서 제공된 것 중 수험자 본인이 직접 선택하여 사용합니다.
6) 검정장비, 측정기기 및 시험기기 등 조심스럽게 다루며 안전사고 및 각종 기자재 손상이 발생하지 않도록 주의 합니다.
7) 전자제어 시스템 취급 시 안전수칙을 지켜 전자부품의 손상이 없도록 합니다.
8) 기준값에 관한 사항
   가) 회로도와 기록표의 규정(정비 한계, 기준)값은 시험장에서 제공하는 정비지침서, 측정장비(스캐너 포함) 등에서 수험자가 직접 찾아 참조 및 기록합니다.
   나) 자동차검사에 관련된 기준값은 제시하지 않습니다.(자동차관리법, 자동차 및 자동차부품의 성능과 기준에 관한 규칙, 대기환경보전법, 소음진동규제법 등)
9) 수치기록에 관한 사항
   가) 지침서 또는 장비 등에 표기된 단위를 사용하거나, SI 또는 MKS를 사용합니다.
   나) 자동차검사와 관련된 수치의 기록은 자동차검사 관련 법규를 준용합니다.
10) 기록표 작성에서 다음 각 항에 해당하는 경우는 틀린 것으로 합니다.
    가) 단위가 없거나 틀린 경우
    나) 의미가 달라질 수 있는 단위 접두어의 대소문자가 틀린 경우
    다) 측정조건이나 환경에 따라 변화하는 측정값에서 측정값만 있고 측정조건이 없는 경우
    라) 정비 및 조치사항에서 교환, 수리, 조정 후 연계되는 후속조치 사항이 없는 경우
    마) 기록표 기재사항에서 정정 날인 없이 정정된 개소(정정 시 시험위원이 입회·정정·날인해야 함)
11) 다음 각 항에 해당하는 경우 해당 항목을 "0"점 처리합니다.
    가) 요구사항 또는 시험위원의 지시사항과 다른 작업한 경우
    나) 과제별[엔진, 섀시, 전기] 시험시간을 초과하여 작업한 경우(과제별 소항목 작업시간은 시험위원의 지시에 따라 시행합니다.)

다) 소항목의 제한된 시간 또는 작업 횟수를 초과하는 경우 (소항목이 "0"점인 경우 연계된 작업은 할 수 없습니다.)
라) 최종 작업완료한 자동차(또는 엔진 등)의 주행(작동)이 불완전한 상태인 경우
마) 분해 및 탈거 부품을 미조립 또는 규정 토크로 조이지 않고 최종 완료한 경우
바) 파형분석에서 출력물이 시험위원이 제시한 측정조건과 일치하지 않는 경우
사) 파형분석에서 "출력물의 파형을 통해 분석해야 하는 내용 중 한 가지라도 누락되거나 틀린 경우
아) 작업 미숙으로 안전사고, 기재 손상 등이 우려되어 "기능미숙"에 해당되는 경우
자) 점검, 측정 항목에서 시험기 및 측정기 사용이 극히 미숙한 경우
차) 기록표에 흑색 또는 청색 필기구 외 다른 필기구를 사용한 경우(한 가지 색의 필기구만 연속 사용하며 연필과 기타 필기구를 사용한 기록표 항목은 "0"점 처리됩니다.)

12) 다음 사항에 대해서는 채점 대상에서 제외하니 특히 유의하시기 바랍니다.
　가) 기권
　　- 수험자 본인이 수험 도중 기권 의사를 표시하는 경우
　나) 실격
　　- 작업이 극히 미숙하여 안전사고 및 기자재 손상이 발생된 경우
　　- 과제별[엔진, 섀시, 전기]로 응시하지 않거나 어느 한 과제 전체가 "0"점일 경우
　　- 타인의 결과기록표를 보고 기록하거나 보여주는 경우
　　- 수험자 간 대화를 하거나 휴대폰 또는 기타 통신기기를 휴대하여 사용하는 경우
　　- 기타 시험과 관련된 부정행위를 하는 경우

자동차정비산업기사 실기

2013년 1월 30일 초   판 발행
2019년 2월 11일 개정5판 2쇄 발행
2020년 5월 10일 개정6판 발행
2023년 1월 5일   개정7판 발행
2024년 5월 10일 개정8판 발행
2025년 1월 30일 개정9판 발행

저　　자	|	김승수·김형진·김영직
발 행 인	|	조규백
발 행 처	|	도서출판 구민사
		(07293) 서울시 영등포구 문래북로 116, 604호(문래동 3가 46, 트리플렉스)
전　　화	|	(02) 701-7421
팩　　스	|	(02) 3273-9642
홈 페 이 지	|	www.kuhminsa.co.kr
신 고 번 호	|	제 2012-000055호(1980년 2월 4일)
I S B N	|	979-11-6875-457-7 (13500)
정　　가	|	34,000원

이 책은 구민사가 저작권자와 계약하여 발행했습니다.
본사의 서면 허락 없이는 어떠한 형태나 수단으로도 이 책의 내용을 이용할 수 없음을 알려드립니다.